应用型本科院校"十二五"规划教材/计算机类

U0223289

主　编　刘丕娥

副主编　王会英　刘玉　赵菲

主　审　线恒录

Visual FoxPro程序设计

（第2版）

Visual FoxPro Programming

哈尔滨工业大学出版社

内 容 简 介

本书是按照新的教学大纲要求以及教育部提出的计算机基础教学三层次要求,结合"计算机等级考试二级考试大纲(Visual FoxPro 程序设计)"的内容编写,全书共 11 章,分别为:数据库技术基础,数据及其运算,数据库与表的操作,结构化查询语言,Visual FoxPro 程序设计,表单设计与应用,查询与视图,报表,菜单与工具栏,Visual FoxPro 项目管理器和综合应用——小型的学籍信息管理系统设计。全书采用图文并茂的形式,结合大量实例,注重实践和应用能力培养,使读者逐步掌握 Visual FoxPro 的基本操作和数据库程序设计方法,并能够独立开发数据库应用系统。

本书可作为应用型本科院校及高职高专院校数据库基础课程的教材,也可作为欲参加计算机等级考试人员的参考书籍,还适合广大计算机用户使用。

图书在版编目(CIP)数据

Visual FoxPro 程序设计/刘丕娥主编. —2 版. —哈尔滨:哈尔滨工业大学出版社,2014.1(2014.12 重印)

应用型本科院校"十二五"规划教材

ISBN 978 – 7 – 5603 – 3476 – 9

Ⅰ.①V… Ⅱ.①刘… Ⅲ.①关系数据库系统–程序设计–高等学校–教材 Ⅳ.①TP311.138

中国版本图书馆 CIP 数据核字(2013)第 292599 号

策划编辑 杜 燕 赵文斌

责任编辑 唐 蕾

出版发行 哈尔滨工业大学出版社

社 址 哈尔滨市南岗区复华四道街 10 号 邮编 150006

传 真 0451 – 86414749

网 址 http://hitpress.hit.edu.cn

印 刷 黑龙江省委党校印刷厂

开 本 787mm×1092mm 1/16 印张 18.75 字数 439 千字

版 次 2012 年 1 月第 1 版 2014 年 1 月第 2 版
2014 年 12 月第 3 次印刷

书 号 ISBN 978 – 7 – 5603 – 3476 – 9

定 价 36.80 元

(如因印装质量问题影响阅读,我社负责调换)

《应用型本科院校"十二五"规划教材》编委会

主　任　修朋月　竺培国

副主任　王玉文　吕其诚　线恒录　李敬来

委　员　（按姓氏笔画排序）

丁福庆　于长福　马志民　王庄严　王建华

王德章　刘金祺　刘宝华　刘通学　刘福荣

关晓冬　李云波　杨玉顺　吴知丰　张幸刚

陈江波　林　艳　林文华　周方圆　姜思政

庹　莉　韩毓洁　臧玉英

序

哈尔滨工业大学出版社策划的《应用型本科院校"十二五"规划教材》即将付梓,诚可贺也。

该系列教材卷帙浩繁,凡百余种,涉及众多学科门类,定位准确,内容新颖,体系完整,实用性强,突出实践能力培养。不仅便于教师教学和学生学习,而且满足就业市场对应用型人才的迫切需求。

应用型本科院校的人才培养目标是面对现代社会生产、建设、管理、服务等一线岗位,培养能直接从事实际工作、解决具体问题、维持工作有效运行的高等应用型人才。应用型本科与研究型本科和高职高专院校在人才培养上有着明显的区别,其培养的人才特征是:①就业导向与社会需求高度吻合;②扎实的理论基础和过硬的实践能力紧密结合;③具备良好的人文素质和科学技术素质;④富于面对职业应用的创新精神。因此,应用型本科院校只有着力培养"进入角色快、业务水平高、动手能力强、综合素质好"的人才,才能在激烈的就业市场竞争中站稳脚跟。

目前国内应用型本科院校所采用的教材往往只是对理论性较强的本科院校教材的简单删减,针对性、应用性不够突出,因材施教的目的难以达到。因此亟须既有一定的理论深度又注重实践能力培养的系列教材,以满足应用型本科院校教学目标、培养方向和办学特色的需要。

哈尔滨工业大学出版社出版的《应用型本科院校"十二五"规划教材》,在选题设计思路上认真贯彻教育部关于培养适应地方、区域经济和社会发展需要的"本科应用型高级专门人才"精神,根据黑龙江省委书记吉炳轩同志提出的关于加强应用型本科院校建设的意见,在应用型本科试点院校成功经验总结的基础上,特邀请黑龙江省9所知名的应用型本科院校的专家、学者联合编写。

本系列教材突出与办学定位、教学目标的一致性和适应性,既严格遵照学科体系的知识构成和教材编写的一般规律,又针对应用型本科人才培养目标及与之相适应的教学特点,精心设计写作体例,科学安排知识内容,围绕应用讲授理论,做到"基础知识够用、实践技能实用、专业理论管用"。同时注意适当融入新理论、新技术、新工艺、新成果,并且制作了与本书配套的PPT多媒体教学课件,形成立体化教材,供教师参考使用。

《应用型本科院校"十二五"规划教材》的编辑出版,是适应"科教兴国"战略对复合型、应用型人才的需求,是推动相对滞后的应用型本科院校教材建设的一种有益尝试,在应用型创新人才培养方面是一件具有开创意义的工作,为应用型人才的培养提供了及时、可靠、坚实的保证。

希望本系列教材在使用过程中,通过编者、作者和读者的共同努力,厚积薄发、推陈出新、细上加细、精益求精,不断丰富、不断完善、不断创新,力争成为同类教材中的精品。

第 2 版前言

2011 年,我们针对应用型本科院校,编写了《Visual FoxPro 程序设计》这本教材,得到了专家和教师的好评,本次再版是考虑到,第一,一些章节需要进一步完善和修改(第 1、7 章);第二,在数据库库和表的操作中,给出有关联的例题,使学生能更好的理解;第三,原可视化程序设计部分专业性稍强,改成表单设计与应用后,学生更容易掌握;第四,在课后题中添加了部分国家计算机等级考试的真题;第五,增加了一个小型数据库系统。

全书共 11 章,分别为数据库技术基础,数据及其运算,数据库与表的操作,结构化查询语言,Visual FoxPro 程序设计,表单设计与应用,查询与视图,报表,菜单与工具栏,Visual FoxPro 项目管理器和综合应用——小型的学籍信息管理系统设计。书中有大量实例。每章均配有习题和实验,让学生通过实验进一步掌握所学知识并能熟练应用。

本书安排的教学内容具有很强的实用性和可操作性,编写人员多年从事教学工作,在教学过程中积累了丰富的经验。1、2、3 章由王会英编写,4、7、8、9、11 章由刘玉编写,5、6、10 章由赵菲编写。全书由刘丕娥教授组织和定稿,由线恒录教授主审。

对于本书的不足之处,希望读者提出宝贵意见。编者邮箱为 liupe2008@163.com。

编 者

2014 年 1 月

目　　录

第 **1** 章

数据库技术基础

人类进入信息时代的重要标志之一就是计算机技术的高速发展。随着计算机技术在数据处理、信息管理等领域的广泛应用,对数据采集、存储、加工处理、传播、管理的手段和技术要求越来越高。为了更加有效地管理各类数据,数据库技术应运而生,并不断地发展。

数据库技术是信息社会的基础技术之一,是计算机科学技术领域中发展最为迅速的重要分支。数据库技术的应用范围不断扩大,它不仅应用于事物处理,还应用于社会的各个领域。目前,数据库系统已经成为计算机应用系统的重要组成部分之一。

1.1 数据库系统概述

1.1.1 数据、信息及数据处理

1. 数据

数据是人们用来描述和记载客观事物属性的一些物理符号。例如,反映一个人的基本情况可用姓名、性别、年龄、文化程度、业务专长等数据来描述。

数据不仅包括数字、字母、文字和其他特殊字符组成的文本形式的数据,而且还包括声音、图形、图像等非文本形式的数据。

2. 信息

信息在一般意义上被认为是有一定含义的、经过加工处理的、对决策有价值的数据。例如,某班学生在期末考试中,一共考了语文、数学、英语三门课,可以由每名同学的三科成绩相加求出其总分,进而再排出名次,从而得到了有用的信息。又如,天气预报就是在综合多种所测得的数据的基础之上,得出未来天气情况的信息。

可见,所有的信息都是数据,而只有经过提炼和抽象之后具有使用价值的数据才能成为信息。经过加工所得到的信息仍以数据的形式表现,此时的数据是信息的载体,是人们认识信息的一种媒体。

3. 数据处理

数据处理是指对各种类型的数据进行收集、存储、分类、加工、排序、检索及传输的过

程。数据处理的目的是得到有用的信息,为进一步管理、决策提供依据。因此,数据处理有时也称为信息处理。在计算机近 70 年的发展史中,其应用的主要方面是从最初的数值计算发展到数据处理。

例如,某单位职工的工资为原始数据,经过计算得出平均工资和工资总数等,从而了解到员工的收入情况等,为今后提职或涨工资提供依据。

1.1.2 数据库系统的相关概念

在学习具体的数据库管理系统和 SQL(Structured Query Language,结构化查询语言)之前,首先应该了解有关数据库系统的一些概念。

1. 数据库

数据库(Database,简称 DB)是存储在计算机存储设备上、结构化的相关数据的集合。数据库中的数据按一定的数据模型组织、描述和存储,它不仅包括描述事物的数据本身,而且还包括数据之间的联系。数据库中存放的数据可以被多个用户或多个应用程序共享。例如,某航空公司票务管理系统的数据库,在同一时刻可能有多个售票场所都在访问或更改该数据库中的数据。

2. 数据库管理系统

数据库管理系统(Database Management System,简称 DBMS)是用来帮助用户创建、维护和使用数据库的一种系统软件,是用户和数据库之间的接口。数据库管理系统对数据库进行统一的管理和控制,以保证安全性和完整性,是数据库系统的核心。例如,Access,SQL Server,Oracle,Visual FoxPro 等都是数据库管理系统。

3. 数据库系统

数据库系统(Database System,简称 DBS)是指引进数据库技术后的计算机系统,实现有组织地、动态地存储大量相关数据,提供数据处理和信息资源共享的便利手段。数据库系统由硬件系统、数据库、数据库管理系统及相关软件、数据库管理员和用户等部分组成。

4. 数据库应用系统

数据库应用系统(Database Application System,简称 DBAS)是指系统开发人员利用数据库系统资源开发出来的,面向某一类实际应用的应用软件。它由两部分组成,分别是数据库和程序。数据库由数据库管理系统软件创建,而程序可以由任何支持数据库编程的程序设计语言编写,如 C 语言,Visual Basic,Java 等。

数据库应用系统分为两类:

(1)管理信息系统。这是面向机构内部业务和管理的数据库应用系统,如学生管理系统、财务管理系统、人力资源管理系统等。

(2)开放式信息服务系统。这是面向外部、提供动态信息查询功能,以满足不同信息需求的数据库应用系统,如网上订票系统、天气预报查询系统等。

图 1.1 描述了数据库、数据库管理系统和数据库应用系统之间的联系。

5. 数据库系统的有关人员

数据库系统的有关人员包括数据库应用系统开发人员、数据库管理员和最终用户。

(1)数据库应用系统开发人员是负责应用系统和数据库的分析、设计与开发的人员。

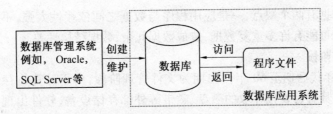

图 1.1 数据库、数据库管理系统和数据库应用系统之间的联系

(2)数据库管理员是管理、维护数据库系统的人员,起着联络数据库系统与用户的作用。大型数据库系统,一般配备专职数据库管理员;微型机数据库系统,数据库管理员一般由用户自己承担。

(3)最终用户是通过数据库应用系统的界面来使用数据库系统的人员。

1.1.3 数据库系统的特点

数据库系统的出现是计算机数据处理的重大进步,它具有以下特点:

(1)最低的数据冗余度。最低程度地减少了数据库系统中的重复数据,使存取速度更快,在有限的存储空间内可以存放更多的数据。

(2)较高的数据独立性。数据和应用程序彼此独立,应用程序不必随数据存储结构的改变而改变,使应用程序的开发更加自由。这是数据库一个最基本的优点。

(3)数据可以共享。可以使多个用户同时存取数据而不相互影响,使更多的用户更充分地使用已有数据资源,减少资料收集、数据采集等重复劳动和相应费用,降低了系统开发的成本,使用户提高了工作效率。

(4)数据安全性和完整性保障。数据库系统加入安全保密机制,可以防止数据丢失、被非法使用及存取;由于实行集中控制,可以保护数据的正确、有效和完整。

(5)并发控制和数据恢复。数据可以并发控制,避免并发程序之间的相互干扰,多用户操作可以进行并行调度;具有数据的恢复功能,在数据库被破坏或数据不可靠时,系统有能力把数据库恢复到最近某个时刻的正确状态。

1.2 数据库系统的发展

数据库系统的产生和发展与数据库技术的发展是相辅相成的。数据库技术就是数据管理技术,是对数据的分类、组织、编码、存储、检索和维护的技术。在计算机软、硬件发展的基础上,在应用需求的推动下,数据管理技术得到了很大的发展,它经历了人工管理、文件系统和数据库系统 3 个阶段。

1. 人工管理阶段

人工管理阶段指 20 世纪 50 年代初期,此阶段计算机主要用于科学计算,需要处理的数据量很小,没有专门管理数据的软件,也没有像磁盘这样可以随机存取的外部存储设备。因此,对数据的管理没有一定的格式,数据依附于处理它的应用程序,使得数据和应用程序一一对应,互相依赖。

人工管理数据有两个缺点,一是应用程序与数据之间依赖性太强,不独立;二是数据组和数据组之间可能有许多重复数据,造成数据冗余,数据结构性差。

2. 文件系统阶段

20 世纪 50 年代后期至 60 年代中期为文件管理阶段,由于计算机存储技术的发展,计算机硬件已经具有可直接存取的磁盘、磁带等外部存储设备,软件出现了操作系统,利用操作系统的文件管理功能,按一定的规则将数据组织成为一个文件,应用程序通过文件系统对文件中的数据进行存取、管理。

文件系统是数据库系统发展的初级阶段,它提供了简单的数据共享与数据管理功能,但无法提供完整的、统一的管理和数据共享功能,并且数据的冗余度大。

3. 数据库系统阶段

在 20 世纪 60 年代后期,计算机性能得到很大提高,人们克服了文件系统的不足,开发了一种软件系统,称之为数据库管理系统。从而将传统的数据管理技术推向一个新阶段,即数据库系统阶段。

一般而言,数据库系统由计算机软、硬件资源组成。它实现了有组织地、动态地存储大量关联数据,并且方便多用户访问。它与文件系统的重要区别是数据的充分共享、交叉访问、应用程序的高度独立性。通俗地讲,数据库系统可把日常一些表格、卡片等数据有组织地集合在一起,输入到计算机中,然后通过计算机进行处理,再按一定要求输出结果。所以,数据库系统相对于文件系统来说,主要解决了 3 个问题。

(1)有效地组织数据,这主要指对数据进行合理设计,以便计算机存取。

(2)将数据方便地输入到计算机中。

(3)根据用户的要求将数据从计算机中抽取出来(这是人们处理数据的最终目的)。

数据库也是以文件方式存储数据的,但它是数据的一种高级组织形式。在应用程序和数据库之间有一个新的数据管理软件——数据库管理系统。数据库管理系统对数据的处理方式和文件系统不同,它把所有应用程序中使用的数据汇集在一起,并以记录为单位存储起来,便于应用程序查询和使用,其关系如图 1.2 所示。

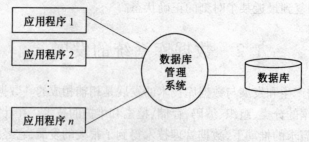

图 1.2 应用程序与数据的对应关系(数据库系统)

数据库系统和文件系统的区别是,数据库对数据的存储是按照同一结构进行的,不同的应用程序都可以直接操作这些数据(即应用程序的高度独立性)。数据库系统对数据的完整性、唯一性和安全性都提供一套有效的管理手段(即数据的充分共享性)。数据库系统还提供管理和控制数据的各种简单操作命令,使用户编写程序时容易掌握(即操作方便性)。

1.3 数据模型

1.3.1 基本概念

1. 实体

现实世界中的客观事物称为实体。实体可以是人或物,可以是实际的对象或抽象的事件。例如,一个学生张三、一个工人李四、一个部门计算机系、一个事件员工交水电费等。

2. 属性

实体所具有的某一特性称为属性。一个实体可以由若干个属性来刻画。例如,学生可由学号、姓名、年龄、系、年级等组成。

3. 域

属性的取值范围。例如,性别的域为(男、女)。

4. 实体型和实体值

实体名与其属性名集合共同构成实体型。例如,学生(学号、姓名、年龄、性别、系、年级);实体值是一个具体的实体,是实体型的一个特例。如学生(9808100,王平,21,男,计算机系,2)是一个实体值。

5. 实体集

相同类型的实体集合称为实体集。如全体学生。

1.3.2 实体间的关系

实体间的对应关系称为实体间的关系,即一个实体集中可能出现的每一个实体与另一个实体集中若干个实体间存在的关系。实体间的关系有如下 3 种类型。

1. 一对一关系(1∶1)

一个实体集中的每一个实体在另一个实体集中有且只有一个实体与之有关系,反之亦然。表示班长的实体集和表示班级的实体集间的关系就是一对一关系。一个班级只能有一个班长,反之,一个班长对应一个班级。见表 1.1 和表 1.2。

表 1.1 班长实体集

班级编号	班长姓名
20120101	张明
20120102	李丽
20130101	王美
20130102	付欣

表 1.2　班级实体集

班级编号	班级名称	班级人数
20120101	12 教育 1 班	41
20120102	12 教育 2 班	42
20130101	13 教育 1 班	43
20130102	13 教育 2 班	44

2. 一对多关系($1 : n$)

一个实体中的每一个实体在另一个实体集中有若干个实体与之有关系,反之,另一个实体集中的每一个实体在该实体集中至多只有一个实体与之有关系。表示班级的实体集和表示学生的实体集间的关系就是一对多关系。一个班级可以有若干个学生,反之,一个学生只能对应一个班级。见表 1.2 和表 1.3。

表 1.3　学生实体集

学号	姓名	性别	入学成绩
2012010101	张明	男	450
2012010102	王好	女	430
2012010201	李明	男	425
2012010202	江天	男	415
2012010203	吴珊	女	408

3. 多对多关系($m : n$)

一个实体中的每一个实体在另一个实体集中有若干个实体与之有关系,反之亦然。表示教师的实体集和表示学生的实体集间的关系就是多对多关系。一个教师可以为若干个学生授课,反之,一个学生也有多位任课教师。见表 1.3 和表 1.4。

表 1.4　教师实体集

教师编号	姓名	课程名称
008981	王晶	心理学
008982	张凡	教育学
008983	李铁	卫生学

1.3.3　数据模型

从现实世界到信息世界和信息世界到数据世界这两个转换过程,是数据不断抽象化、概念化的过程,这个抽象和表达的过程就是依靠数据模型实现的。数据模型是数据库系统的核心和基础。

数据模型是对客观事物及其联系的数据描述,它反映实体内部和实体之间的联系。由于采用的数据模型不同,相应的数据库管理系统也就完全不同。在数据库系统中,常用的数据模型有 3 种类型,即层次模型、网状模型和关系模型。

1. 层次模型(Hierarchical Model)

用树形结构来表示实体及实体间关系的数据模型称为层次模型。在这种模型中,数据被组织成一棵倒长的由"根"开始的"树"。树是由结点和连线组成的,结点表示实体,连线表示数据之间的联系。上层结点与下层结点之间为一对多的关系。

层次模型的基本特点:

(1)有且仅有一个结点无父结点。

(2)其他结点有且仅有一个父结点。

许多实体间的联系是层次模型。例如,一个学校行政机构就是一个层次模型,如图1.3 所示。

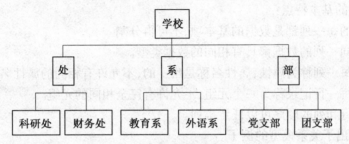

图 1.3　层次模型示例

层次模型利用树形数据结构来完成,可以表示一对多的联系,这是层次数据库的突出优点。

支持层次模型的数据库管理系统称为层次数据库管理系统,其中的数据库称为层次数据库,典型的层次数据库管理系统是 1968 年 IBM 公司推出的 IMS 系统。

2. 网状模型(Network Model)

用网络结构表示实体及实体间关系的数据模型称为网状模型。网状模型是一个以实体为结点的有向图,在该有向图中,任何结点间都可以发生联系,所以能够表示更为复杂的多对多的关系。

网状模型的基本特点:

(1)一个以上的结点无父结点。

(2)至少有一个结点有多于一个的父结点。

许多实体间的联系是网状模型。例如,城市之间交通图就是一个网状模型,如图1.4 所示。

网状模型利用网络数据结构来完成,可以直接表示多对多联系,这是网状数据库的突出优点。

支持网状模型的数据库管理系统称为网状数据库管理系统,其中的数据库称为网状数据库,典型的网状数据库管理系统是 1969 年美国数据系统研究会下属的数据库任务组提出的 DBTG 系统。

3. 关系模型(Relation Model)

用二维表结构来表示实体以及实体之间联系的模型称为关系模型。在关系模型中,把实体集看成是一个二维表,每一个二维表称为一个关系,每个关系有一个名称,称为关

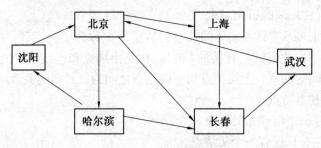

图 1.4 网状模型示例

系名。

关系模型的基本特点:

(1)表中的每一列都是数据的基本项,不可再分割。

(2)表中同一列的数据都具有相同的数据类型。

(3)表中每一列称为属性,属性名称是唯一的,不允许有相同的属性名称。

(4)表中每一行记录称为一个元组,不允许有完全相同的元组。

(5)表中行和列的顺序可以任意排列。

表 1.5 给出了关系模型的例子。

表 1.5 关系模型示例

学号	姓名	语文	数学	英语	总分
2011010101	张浩	90	96	66	252
2011010102	王晶	80	90	60	230
2011010201	李明	70	89	80	239
2011010202	江天	85	70	90	245
2011010203	吴珊	60	90	69	219

1.4 关系数据库

支持关系模型的数据库管理系统称为关系数据库管理系统,其中的数据库称为关系数据库。关系数据库是当今主流的数据库系统,在教育、科研、金融等众多领域中广泛应用。学习 Visual FoxPro,需要理解和掌握有关关系数据库的基本概念。

1.4.1 基本概念

1. 关系

一个关系就是一张二维表格,它由行和列组成,每个关系有一个关系名。

在 Visual FoxPro 中,一个关系就是一个以 .dbf 为扩展名的表文件,简称表。例如,表 1.6 就是一个关系,它的关系名是:Student。

表1.6 关系图

Sno	Sname	Sex	Birthday	Class
01	王明	男	08/09/91	05033
02	张凡	男	07/06/90	05031
07	许晶	女	09/06/92	05033
10	范佳	女	04/02/91	05031

2. 元组

关系中每一行称为一个元组,可以用来标识实体集中的一个实体。在 Visual FoxPro 中,元组被称做记录。例如,在 Student 表中,每一个学生的信息就是一个元组,表现形式就是一条记录。关系与元组的关系是:关系是元组的集合。

3. 属性

关系中的每一列称为属性,每一列都有一个名称即为属性名,表中的属性名不能相同。在 Visual FoxPro 中,属性被称做字段。例如,在 Student 表中,有 Sno, Sname, Sex, Birthday, Class5 个属性。

4. 域

属性的取值范围称为域,同列具有相同的域。例如,在"性别"属性中,属性值只能是"男"或"女"。在"是否为党员"属性中,属性值只能是"是"或"否"。

5. 关键字

关系中能够唯一标识一个元组的属性或属性组合称为该关系的一个关键字。

在选取字段作为关键字字段的时候要注意一点:被选择出来的字段在每一个元组中的取值必须是唯一的。如表1.6所示的"Student"表中,"Sno"可选做关键字,"Sname"却不可以。这是因为,姓名可能会出现重名现象,而学号不会出现重复的情况。

如果一个表中有多个字段都符合关键字的条件,则只能选择一个作为主关键字,其余的作为候选关键字。

6. 外部关键字

关系中某个属性或属性组合不是该关系的关键字,而是另一个关系的关键字,则此属性或属性组合称为外部关键字。

1.4.2 关系运算

对关系数据库进行查询时,需要找到有用的数据,这就需要对关系进行一定的关系运算。关系的基本运算有两类:一类是传统的集合运算(并、交、差),另一类是专门的关系运算(选择、投影、联接)。关系运算的结果仍然是关系。

1. 传统的集合运算

设有表1.7关系 R 和表1.8关系 S,相应的属性值取自同一个值域,则它们的并、交、差运算如下:

表 1.7　关系 R

A	B	C
a	1	a
b	1	b
a	2	c
b	2	d

表 1.8　关系 S

A	B	C
a	1	a
a	3	e

（1）并运算：关系 R 和关系 S 的并运算为 R∪S，并运算产生一个新关系，它由属于关系 R 和属于关系 S 的所有元组组成，见表 1.9。

（2）交运算：关系 R 和关系 S 的交运算为 R∩S，交运算产生一个新关系，它由既属于关系 R 又属于关系 S 的共有元组组成，见表 1.10。

（3）差运算：关系 R 和关系 S 的差运算为 R-S，差运算产生一个新关系，它由属于关系 R 但不属于关系 S 的所有元组组成，见表 1.11。

表 1.9　R∪S

A	B	C
a	1	a
b	1	b
a	2	c
b	2	d
a	3	e

表 1.10　R∩S

A	B	C
a	1	a

表 1.11　R-S

A	B	C
b	1	b
a	2	c
b	2	d

2. 专门的关系运算

（1）选择（Selection）：选择也称为筛选，是指从关系中找出满足给定条件的元组的操作。选择操作是在表中选择满足条件的行。例如，在表 1.12 人事档案表中找出所有男职员的元组，就可以用选择操作实现，条件是：性别等于"男"。操作结果见表 1.13。

表 1.12　人事档案表

编号	姓名	性别	婚否	出生年月	部门	职称	工资
001	李凡	女	否	85.10.10	教育系	助教	1 500.00
002	张伟	男	婚	76.09.23	电子系	讲师	2 000.00
003	沈义	女	婚	55.08.12	管理系	教授	3 000.00
004	王华	女	否	86.07.13	工商系	助教	1 500.00
005	任金	男	婚	72.12.03	汽车系	讲师	2 000.00
006	周铁	男	否	87.10.09	工商系	助教	1 500.00
007	张晶	女	婚	68.02.13	教育系	教授	3 000.00

表 1.13　男职员表

编号	姓名	性别	婚否	出生年月	部门	职称	工资
002	张伟	男	婚	76.09.23	电子系	讲师	2 000.00
005	任金	男	婚	72.12.03	汽车系	讲师	2 000.00
006	周铁	男	否	87.10.09	工商系	助教	1 500.00

(2)投影(Projection):投影是指从关系中选择某些属性列。例如,在表 1.12 人事档案表中找出职称为"助教"的所有职员的编号、姓名、工资,就可以用投影操作来实现。操作结果见表 1.14。

表 1.14　助教职员表

编号	姓名	性别	婚否	出生年月	部门	职称	工资
001	李凡	女	否	85.10.10	教育系	助教	1500.00
004	王华	女	否	86.07.13	工商系	助教	1500.00
006	周铁	男	否	87.10.09	工商系	助教	1500.00

(3)连接(Join):连接是两个关系按一定条件连接生成一个新的关系,新关系中包含原来两个关系中的部分或全部属性列及满足条件的元组。

例如,表 1.15 中的关系 R 和表 1.16 中的关系 S,条件为:R. 系号 = S. 系号的连接操作,所得结果为关系 X,见表 1.17。

表 1.15　关系 R

编号	姓名	系号	性别
0001	李珊	1	女
0002	王强	1	男
0006	周忆	4	男

表 1.16　关系 S

系号	系名
1	教育系
2	汽车系
3	工商系
4	管理系

表 1.17　关系 X

编号	姓名	系号	性别	系号	系名
0001	李珊	1	女	1	教育系
0002	王强	1	男	1	教育系
0006	周忆	3	男	3	工商系

连接条件中的属性称为连接属性,两个关系中的连接属性应该有相同的数据类型。

当连接条件中的算符为"="时,为等值连接。表1.17 为关系 R 和关系 S 在条件"R. 系号＝S. 系号"下的等值连接。若在等值连接的结果关系中去掉重复的属性或属性组,则此连接称为自然连接。如表1.18 关系 Y 是关系 R 和关系 S 在条件"R. 系号＝S. 系号"下的自然连接。

表1.18　关系 Y

编号	姓名	系号	性别	系名
0001	李珊	1	女	教育系
0002	王强	1	男	教育系
0006	周忆	3	男	工商系

1.4.3　关系的完整性约束

关系完整性是为保证数据库中数据的正确性和相容性,对关系模型提出的某种约束条件或规则。关系的完整性约束包括实体完整性、参照完整性和用户定义完整性。

1. 实体完整性

实体完整性要求关系的主关键字不能取空值。一个关系对应现实世界中一个实体集,现实世界中的实体是可以相互区分和识别的,即实体应具有某种唯一性标识。

2. 参照完整性

参照完整性是定义建立关系之间联系的主关键字与外部关键字引用的约束条件。

3. 用户定义完整性

实体完整性和参照完整性适用于任何关系型数据库系统。主要是对关系的主关键字和外部关键字取值必须做出有效的约束。用户定义完整性则是根据应用环境的要求和实际需要,对某一具体应用所涉及的数据提出约束条件。用户定义完整性主要包括字段有效性约束和记录有效性约束。

1.5　Visual FoxPro 的发展及特性

Visual FoxPro 6.0 是美国 Microsoft 公司为处理数据库和开发数据库应用程序,在 xBASE(dBASE,FoxBASE,FoxPro)的基础上设计的功能强大的、面向对象的可视化的、32位数据库管理系统。Visual FoxPro 6.0 既是数据库管理系统,也是数据库应用系统开发工具,它支持关系数据库的建立和管理。Visual FoxPro 6.0 是目前世界流行的小型数据库管理系统中版本最高、性能最好、功能最强的优秀软件之一。

1.5.1　Visual FoxPro 的发展

Visual FoxPro 的发展历程如下:

1. Ratliff 的贡献

1975 年,美国工程师 Ratliff 开发了一个在个人计算机上运行的交互式的数据库管理系统。

1980 年，Ratliff 和 3 个销售精英成立了 Aston-Tate 公司，直接将软件命名为 dBASE Ⅱ 而不是 dBASE Ⅰ。后来这套软件经过维护和优化，升级为 dBASE Ⅲ。

2. Fox Software 公司的改进

1986 年，Fox Software 公司在 dBASE Ⅲ 的基础上开发出了 FoxBASE 数据库管理系统。后来 Fox Software 公司又开发了 FoxBASE+，FoxPro 2.0 等版本。这些版本通常被称为 xBASE 系列产品。

3. 微软最终的影响力

1992 年，微软公司在收购 Fox Software 公司后，推出 FoxPro 2.5 版本，有 MS-DOS 和 Windows 两个版本，使程序可以直接在基于图形的 Windows 操作系统上稳定运行。

1995 年，微软公司推出了 Visual FoxPro 3.0 数据库管理系统，它使数据库系统的程序设计从面向过程发展成面向对象，是数据库设计理论的一个里程碑。

1997 年，微软公司推出了 Visual FoxPro 5.0 版本，Visual FoxPro 5.0 是面向对象的数据库开发系统，同时也引进了 Internet 和 Active 技术。

1998 年，微软公司在推出 Windows 98 操作系统的同时推出了 Visual FoxPro 6.0。

近年来，Visual FoxPro 7.0，Visual FoxPro 8.0 和 Visual FoxPro 9.0 也相继推出，这些版本都增强了软件的网络功能和兼容性。同时，微软公司推出了 Visual FoxPro 的中文版本。

1.5.2　Visual FoxPro 的特性

Visual FoxPro 6.0 系统是一个关系型数据库管理系统，它具有如下特性。

1. 良好的用户界面

Visual FoxPro 系统提供更为简洁友好、功能全面的用户界面。用户可以直接输入命令，也可以用菜单选择操作，而且所有从菜单选择操作的 Visual FoxPro 命令都显示在命令窗口。用户不用写任何命令而只是进行菜单选择便能够有效地实现 Visual FoxPro 的各种功能的操作，完成数据管理任务。

2. 面向对象的可视化编程环境

Visual FoxPro 的系统命令和语言功能强，有数百条命令和标准函数，它不仅支持传统的过程式编程技术，而且支持面向对象的可视化编程技术。

3. 强大的数据库操作功能

Visual FoxPro 系统中的数据库是以若干数据表的形式出现的。在 Visual FoxPro 系统环境下，每一个表有一个数据字典，允许用户为数据库中的每一个表增加规则、视图、永久关系以及连接。每个 Visual FoxPro 系统数据库都可以由用户扩展并通过语言和可视化设计工具来操作。

4. 快速创建应用程序

用户可以使用 Visual FoxPro 系统提供的项目管理器、向导、生成器、工具栏、设计器等软件开发和管理的工具，极大地提高了程序设计的自动化程度。这样可以大大减少程序的设计、编辑和运行时间，也方便了用户对程序的操作。

5. 多个用户可同时开发程序

Visual FoxPro 系统允许同时访问数据组件，使多个用户能够一起开发应用程序。

6. 互操作性和支持 Internet

Visual FoxPro 支持具有对象的链接与嵌入(OLE)拖放,可以在 Visual FoxPro 和其他应用程序之间,或在 Visual FoxPro 应用程序内部移动数据。、

7. 支持客户端/服务器开发模式

Visual FoxPro 既可作为数据库服务器,也可作为客户端,方便地访问其他数据库。系统可以相当方便地存储、检索和处理服务器平台上的关键信息,可以通过特定技术直接访问服务器语法,提供灵活、可靠、安全的客户端/服务器解决方案。

8. 兼容早期版本

Visual FoxPro 系统对 Visual FoxPro 生成的应用程序向下兼容。在 Visual FoxPro 环境下,用户可以直接运行 Visual FoxPro 程序,在 Visual FoxPro 环境可以编辑已有的 FoxPro,也可以更新 FoxPro 程序,从而提高程序的性能。

1.6　Visual　FoxPro 的安装、启动与退出

本节主要介绍 Visual FoxPro 6.0 系统的运行环境和安装步骤,并介绍 Visual FoxPro 6.0 的启动、退出的具体操作方法。

1.6.1　Visual FoxPro 6.0 的运行环境

1. 软件环境

Visual FoxPro 6.0 可以安装在以下操作系统:

(1)Windows 95/98/2000/XP。

(2)Windows NT 3.51/4.0。

2. 硬件环境

(1)586/133 MHz 或更高性能的处理器

(2)至少 16 MB 的内存,推荐 32 MB 以上的内存

(3)配有鼠标和 CD-ROM。

(4)VGA 或更高分辨率显示器。

(5)最小安装需要 15 MB 硬盘空间,典型安装需要 100 MB 硬盘空间,完全安装需要 240 MB 硬盘空间。

1.6.2　Visual FoxPro 6.0 的安装

1. 启动安装程序

将中文 Visual FoxPro 6.0 系统光盘插入到 CD-ROM/DVD 驱动器中。从"资源管理器"或"我的电脑"中找到光盘中的系统安装文件 Setup.exe,执行该文件。屏幕显示图1.5 所示的"Visual FoxPro 6.0 安装向导"对话框。

在"Visual FoxPro 6.0 安装向导"对话框中,单击"显示 Readme"按钮,将显示 Visual FoxPro 6.0 的 Readme 文件,其中给出了一些常见问题的解答。用户可以从中查找如何安装 Visual FoxPro 6.0 等。

2. 最终用户许可协议

在图 1.5"Visual FoxPro 6.0 安装向导"对话框中单击"下一步"按钮,显示"最终用户

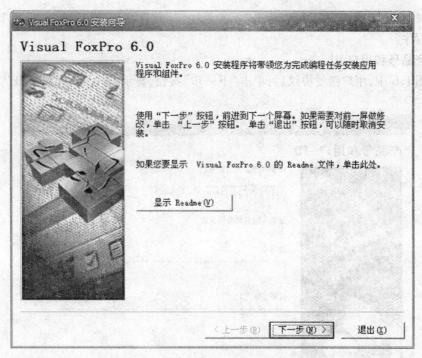

图 1.5　"Visual FoxPro 6.0 安装向导"对话框

许可协议",如图 1.6 所示。

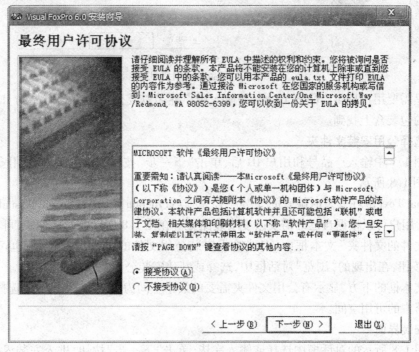

图 1.6　最终用户许可协议

如果用户同意接受该协议,可以单击"接受协议"单选按钮,则"下一步"按钮变得可

选;如果用户不同意该协议,可以单击"不接受协议"单选按钮,然后单击"退出"按钮,退出安装程序。

3. 产品号和用户 ID

在图 1.6 中,用户接受协议后,单击"下一步"按钮,显示"产品号和用户 ID",如图 1.7 所示。

图 1.7 产品号和用户 ID

这里需要用户提供产品的 ID 号,并输入用户姓名以及公司名称。产品的 ID 号可以在正品的包装盒上找到。

4. 选择公用安装文件夹

在图 1.7 中输入产品号和用户 ID 后,单击"下一步"按钮,显示"选择公用安装文件夹",如图 1.8 所示。

Visual FoxPro 在安装时缺省的安装路径是 C:\Program Files\Microsoft Visual Studio\Common,用户可以根据自己的需要改变安装路径。在图 1.8 所示的对话框中,可以在"选择公用文件的文件夹"文本框中,直接输入安装公用文件的文件夹的路径;也可以单击"浏览"按钮,在出现的"浏览"对话框中,选择或新建安装公用文件的文件夹。

在文本框的下方,显示有公用文件夹需要的最小空间为 50 MB,并显示所选择路径所在驱动器中的可用空间。

5. 安装界面

在图 1.8 所示的对话框中选择或输入完毕,单击"下一步"按钮,进入安装界面,如图 1.9 所示。显示欢迎使用 Visual FoxPro 6.0,并提示用户遵守《最终用户许可协议》。

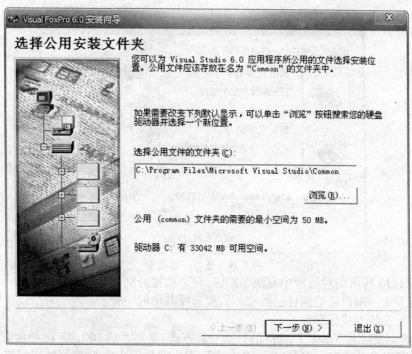

图 1.8　选择公用安装文件夹

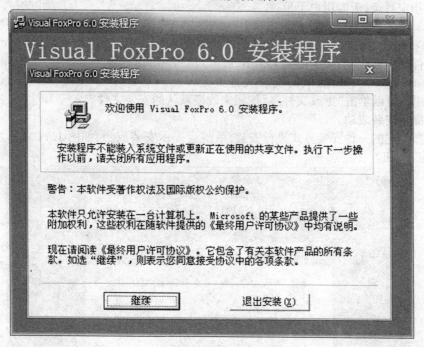

图 1.9　安装界面

6. 选择安装类型

在图 1.9 中单击"继续"按钮，Visual FoxPro 6.0 安装程序搜索安装组件，并显示如图 1.10 所示的对话框，从中可选择安装类型。

图 1.10　选择安装类型

在图 1.10 所示的对话框中有两个按钮,每个按钮分别代表着 Visual FoxPro 所提供的一种安装方式。用户可根据自己的实际需要选择其中的一种。

这两种安装方式分别为:

(1)典型安装是 Visual FoxPro 的标准安装方式,需要大约 100 MB 的硬盘空间。这种安装方式可以自动地进行安装过程,Visual FoxPro 安装程序会把必须的应用程序安装到硬盘的指定目录,无需用户干预。

(2)自定义安装。此种安装方法是为那些对 Visual FoxPro 较熟悉,并且只需要使用 Visual FoxPro 的部分组件的用户设计的。此种安装方式所占用的硬盘空间大小随用户选择的组件多少而改变,最少需要 15 MB,最多需要 240 MB。

Visual FoxPro 6.0 默认的安装文件夹是 C:\Program File\Microsoft Visual Studio\Vfp98,用户可以单击"更改文件夹"按钮来改变默认的安装文件夹。

7. 提示安装成功

选择上述的一种安装方式进行安装,系统会提示安装成功,如图 1.11 所示。然后单击"确定"按钮。

图 1.11　安装程序成功安装

1.6.3　Visual FoxPro 6.0 的启动

Visual FoxPro 6.0 的启动与 Windows 环境下的应用程序启动方法相同,常用的启动方法有以下几种。

(1)在"开始"菜单的"程序"选项中选择"Visual FoxPro 6.0"命令。

(2)如果在桌面上有 Visual FoxPro 6.0 的快捷方式,则双击该快捷方式即可。

(3)通过"资源管理器"或"我的电脑",在 Visual FoxPro 6.0 安装位置找到 VFP6. EXE,双击该程序文件。

第一次启动 Visual FoxPro 6.0 时,显示如图 1.12 所示的对话框,可以选择"以后不再显示此屏"复选框,并单击"关闭此屏"超链接,进入 Visual FoxPro 6.0 应用程序窗口。

图 1.12　Visual FoxPro 6.0 第一次启动时显示的界面

1.6.4　Visual FoxPro 6.0 的退出

当要退出 Visual FoxPro 6.0 系统时,可以使用以下几种方法。

(1)在"文件"菜单下,选择"退出"命令。

(2)在命令窗口中输入"QUIT"命令。

(3)按"Alt+F4"组合键。

(4)在 Visual FoxPro 6.0 中用鼠标单击窗口右上角的关闭按钮。

1.7 Visual FoxPro 的用户界面

启动 Visual FoxPro 6.0 后,进入 Visual FoxPro 6.0 的主窗口,如图 1.13 所示,窗口主要包括标题栏、菜单栏、工具栏、命令窗口、工作区、状态栏等内容。

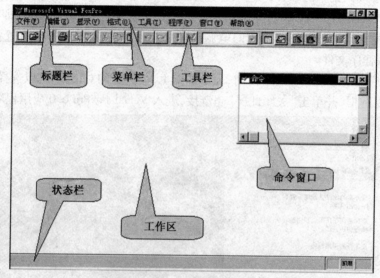

图 1.13　Visual FoxPro 6.0 的主窗口

1. 标题栏

如图 1.13,在主窗口最上方的是标题栏,标题栏用于显示正在编辑的文件名,标题栏主要包括 5 个部分,从左到右分别是控制菜单框、标题、最小化按钮、最大化按钮和关闭按钮。

2. 菜单栏

菜单栏位于屏幕的第一行,它是 Visual FoxPro 6.0 提供的命令及操作的集合,它包含文件、编辑等 8 个菜单。另外,伴随着用户的不同操作,系统菜单中还会动态地显示一些其他菜单,如表、数据库、项目、查询等。使用系统菜单能够实现数据库管理和应用程序开发的大部分功能。

3. 工具栏

Visual FoxPro 6.0 提供许多工具。选择"显示"菜单中"工具栏"命令将打开"工具栏"对话框。用户可以在这个对话框中选择要使用的工具栏。系统默认显示"常用"工具栏,其他工具栏在用户进行相关操作时才被自动打开或由用户选择后打开。

4. 状态栏

状态栏在 Visual FoxPro 窗口的底部,当用户进行各种操作时,在状态栏中将显示相应的提示信息。另外,状态栏还提供系统的状态信息。选择"工具"菜单中"选项"命令,弹出"选项"对话框,利用其中的"显示"选项卡来设置是否显示状态栏。

(1)菜单选项的功能。当选择了某一菜单命令时,在状态栏中会显示该命令的功能,使用户能及时了解所选命令的作用。

（2）系统对用户的反馈信息。命令执行以后,系统状态栏向用户反馈有关命令执行情况。状态栏右边有 3 个指示符框,如图 1.13 所示,使用方法为:

①左边的框用来设置是否处于插入/改写方式（用 Insert 键设置）。框内显示为空白时,表示编辑器处于插入方式;框内显示为"OVR"时,表示编辑器处于改写方式。

②中间的框用于表示小键盘是否处于数字方式（用 Num Lock 键设置）,显示 Num 小键盘,表示编辑器处于数字方式,否则,框内显示为空白。

③右边的方框用于指示键盘是否处于大写字母方式（用 Caps Lock 键设置）,框内显示为"Caps"时,表示编辑器处于大写方式,否则,显示框内显示为空白。

5. 命令窗口

命令窗口用来接收 Visual FoxPro 中的命令,是以交互方式执行命令的窗口。Visual FoxPro 中的命令大部分都可以在命令窗口中执行。

（1）命令窗口的打开与隐藏

命令窗口在通常状态下被设置为活动窗口。若要将处于活动状态的命令窗口隐藏起来,可以选择"窗口"菜单中的"隐藏"命令或单击命令窗口右上角的"关闭"按钮。若要将隐藏的命令窗口激活,按"Ctrl+F2"组合或在"窗口"菜单中选择"命令"。

（2）命令窗口的使用。

①Visual FoxPro 的命令工作方式。当命令窗口是活动窗口时,可以输入 Visual FoxPro 命令。输完一个命令,按下回车键,表示输入完毕并执行该命令,同时,将在主窗口内显示该命令的执行结果。

下面介绍 Visual FoxPro 的表达式输出命令,通过这个命令的执行,观察命令窗口的使用情况。

命令格式:

? |?? <表达式 1>[,<表达式 2>,…]

功能:依次计算并显示各表达式的值。

说明:? 命令是先换行再显示表达式的值。先发送出一个回车换行符,再显示各表达式结果。

?? 命令是从光标当前位置开始继续显示各表达式的值,即不发出回车换行符而直接显示各表达式结果。

②命令窗口自动响应菜单操作功能。当在系统菜单中选择某个菜单命令时,相应的 Visual FoxPro 命令也会自动反映到"命令"窗口,以供用户再次使用。

③命令窗口的命令记忆功能。系统在内存中设置了一个缓冲区,用于保存执行过的命令。操作方法是:通过使用命令窗口右侧的滚动条,或用键盘上的上、下光标键,选择曾经执行过的命令,进行修改后按下回车键可以再次执行。这样可以方便用户查看,再次使用保存在命令窗口的命令,对于纠正错误和调试程序是非常有用的。

6. 工作区

在工具栏与状态行之间的一大块空白区域是系统工作区,各种工作窗口将在这里展开。

1.8　Visual FoxPro 的操作概述

1.8.1　Visual FoxPro 的工作方式

1. Visual FoxPro 的工作方式

Visual FoxPro 系统为用户提供了几种各具特点的工作方式,用户可根据情况及应用的需要,选择合适的工作方式。Visual FoxPro 大致有如下 3 种工作方式。

菜单方式:利用菜单系统或工具栏按钮执行命令。

命令方式:在命令窗口直接输入命令进行交互操作。

程序方式:编写程序或利用生成器自动生成程序代码,再执行程序。

菜单方式和命令方式都是交互工作方式,能够立即获得命令的执行结果;程序方式是批命令方式,将一些命令按照一定的逻辑顺序和程序结构,组织成一个程序文件,然后一次性执行这些命令程序。

(1)菜单工作方式。菜单工作方式能够在交互方式下实现人机对话。在菜单方式下,很多操作是通过调用相关的菜单、向导、生成器、设计器工具等,以直观、简便、可视化方式完成对系统的操作。菜单方式的优点是直观、操作简单,但操作环节多。该方式适合于操作不熟练,又没有时间或不想花时间学习的用户使用。

(2)命令工作方式。命令工作方式是在命令窗口中逐条输入命令,直接操作指定对象的操作方式。命令工作方式为用户提供了一个直接操作的手段,其特点是能够直接使用系统的各种命令和函数,有效操作数据库,但是,要求熟练掌握各种命令和函数的格式、功能、用法等操作。

(3)程序工作方式。命令方式操作方便,用户每输入一个命令,机器马上执行,用户与机器交互多,导致执行速度慢。程序工作方式是预先将实现某种功能的命令序列存入程序文件(或称命令文件),用户需要时,只需要运行程序文件,就可实现程序功能。

程序工作方式以自动运行程序的方式来实现操作和管理数据库。其效率高,而且程序逻辑可重复执行。通过运行程序,为用户提供友好的操作界面,以达到操作的目的。

在掌握数据处理的各种命令的基础上,学好程序设计的基本方法,进而开发出实用的数据库应用系统是学习 Visual FoxPro 的根本目的。

2. Visual FoxPro 的可视化设计工具

Visual FoxPro 提供了向导、设计器、生成器等可视化设计工具,帮助用户方便、灵活、快速地开发应用程序。

(1)Visual FoxPro 的向导。向导是一个交互式编程工具。向导通过交互方式提问、用户回答来完成设计任务。Visual FoxPro 6.0 系统提供的向导及功能见表 1.19。

表 1.19　Visual FoxPro 6.0 系统提供的向导及功能

向导名称	向导功能
表向导	引导用户在 Visual FoxPro 表结构的基础上快速创建新表
报表向导	引导用户利用单独的表来快速创建报表
一对多报表向导	引导用户从相关的数据表中快速创建报表
标签向导	引导用户快速创建标签
分组/总计报表向导	引导用户快速创建分组统计报表
表单向导	引导用户快速创建表单
一对多表单向导	引导用户从相关的数据表中快速创建表单
查询向导	引导用户快速创建查询
交叉表向导	引导用户创建交叉表查询
本地视图向导	引导用户快速利用本地数据创建视图
远程视图向导	引导用户快速利用 ODBC 数据源创建视图
导入向导	引导用户导入或者添加数据
文档向导	引导用户从项目文件和程序文件的代码中产生格式化的文本文件
图表向导	引导用户快速创建图表
应用程序向导	引导用户快速创建 Visual FoxPro 应用程序
SQL 升迁向导	引导用户尽可能利用 Visual FoxPro 数据库功能创建 SQL Server 数据库
数据透视表向导	引导用户快速创建数据透视表
安装向导	引导用户从文件中创建一整套安装磁盘

（2）Visual FoxPro 的设计器。Visual FoxPro 系统提供的设计器（Designers），为用户提供了一个友好的图形界面，是可视化的开发工具，以窗口的方式提供了创建并定制数据表结构、数据库结构、报表格式和应用程序组件等。Visual FoxPro 6.0 系统提供的设计器及功能见表 1.20。

表 1.20　Visual FoxPro 6.0 系统提供的设计器及功能

设计器名称	设计器功能
表设计器	创建表并设置表索引
查询设计器	创建基于本地表的查询
视图设计器	创建基于远程数据源的可更新的查询
表单设计器	创建表单以便查看并编辑表中的数据
报表设计器	创建报表以便显示和打印数据
标签设计器	创建标签布局以便打印标签
数据库设计器	建立数据库，查看并创建表间的关系
连接设计器	为远程视图创建连接
菜单设计器	创建菜单栏或者快捷菜单
数据环境设计器	可视地创建和修改表单、表单集以及报表的数据环境

（3）Visual FoxPro 的生成器。生成器是简化开发过程的另一种工具，是一种带有选项卡的、可以简化表单及表单中复杂控件等设置操作的工具。Visual FoxPro 系统提供的生成器（Builders），可以简化创建和修改用户界面程序的设计过程，提高软件开发的质量。每个生成器都由一系列选项卡组成，允许用户访问并设置所选对象的属性。生成器向用户提出一系列关于加入到表单或需要修改的控件的问题，然后便会按照用户的定义自动地设置控件的属性。Visual FoxPro 6.0 系统提供的生成器及功能见表 1.21。

表 1.21　Visual FoxPro 6.0 系统提供的生成器及功能

生成器名称	生成器功能
自动格式生成器	用于格式化一组控件
组合框生成器	用于建立组合框
命令组生成器	用于建立命令按钮组
编辑框生成器	用于建立编辑框
表达式生成器	用于建立并编辑表达式
表单生成器	用于建立表单
网格生成器	用于建立网格
列表框生成器	用于建立列表框
选项组生成器	用于建立选项按钮组
文本框生成器	用于建立文本框
参照完整性生成器	用于建立参照完整性规则

1.8.2　Visual FoxPro 的环境参量设置

Visual FoxPro 系统的环境参量设置决定了系统的操作运行环境和工作方式。系统环境参量的设置是否合理、适当、直接影响系统的运行效率和操作的方便性。

设置 Visual FoxPro 的环境参量可以采用命令方式和菜单方式来进行。这两种方式设置 Visual FoxPro 环境参量的效果不一样。采用 set 命令方式设置的 Visual FoxPro 环境参量值仅在本次 Visual FoxPro 运行期间有效，一旦退出 Visual FoxPro 重新进入，则所有环境参量全部还原为原来的默认值。而采用菜单方式设置的环境参量值成为 Visual FoxPro 环境参量的默认值，只要不重新进行设置，每次启动 Visual FoxPro 后的环境参量均保持这些设定的值。为此，本书重点介绍第二种方式设置 Visual FoxPro 环境参量。

Visual FoxPro 的环境参量设置包括很多方面，常用的环境参量设置包括如下几方面。

1. 设置文件位置

打开"工具"菜单下的"选项"对话框，在"文件位置"选项卡中包含了系统中各种类型的文件位置，通常需要对"默认目录"进行重新设置，以方面系统到指定的工作路径去存取文件。

在"选项"对话框"文件位置"选项卡中，单击"文件类型"列表框中的"默认目录"选项，单击"修改"按钮，弹出如图 1.14 所示的"更改文件位置"对话框。选择"使用默认目录"复选框,单击"定位默认目录"文本旁的按钮,弹出如图 1.15 所示的"选择目录"对话框,选择默认目录所在的驱动器和目录后,单击"选定"按钮返回"更改文件位置"对话框。在"更改文件位置"对话框中单击"确定"按钮,返回"选项"对话框,在"选项"对话框中单击"设置为默认值"按钮,完成默认目录的设置,单击"确定"按钮,退出"选项"对话框。

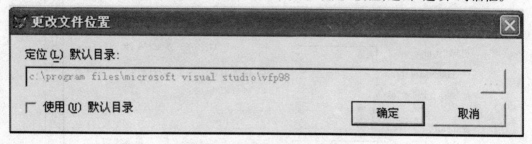

图 1.14　"更改文件位置"对话框

图 1.15　"选择目录"对话框

2. 设置日期和时间

在图 1.16 所示的"区域"选项卡中设置日期、时间、数字格式。

3. 设置 2000 兼容性

在图 1.17 所示的"常规"选项卡中设置 2000 兼容性的严格日期级别。

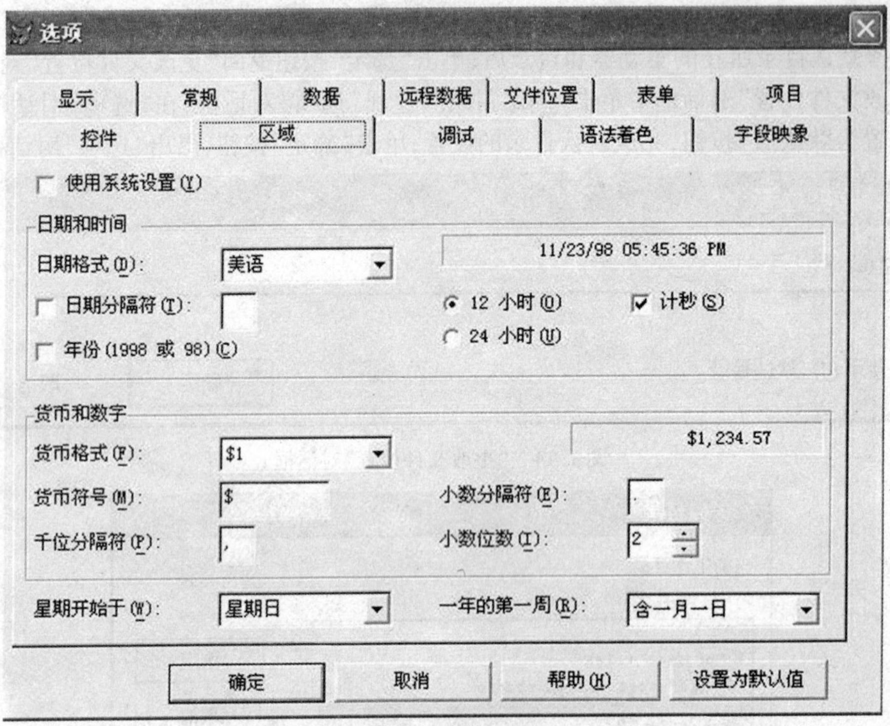

图 1.16 “区域”选项卡

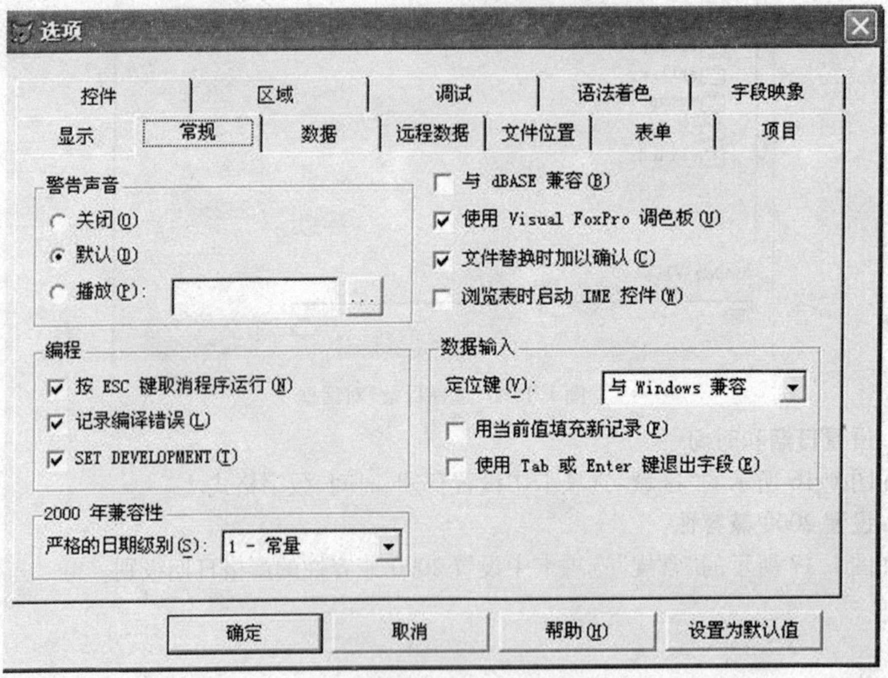

图 1.17 “常规”选项卡

习 题 1

一、选择题

1. (　　)不是常用的数据模型。

A. 层次模型　　　　B. 网状模型　　　　C. 概念模型　　　　D. 关系模型

2. (　　)不是关系模型的术语。

A. 元组　　　　　　B. 变量　　　　　　C. 属性　　　　　　D. 字段

3. (　　)不是关系数据库的术语。

A. 记录　　　　　　B. 字段　　　　　　C. 数据项　　　　　D. 模型

4. 关系数据库的表不必具有的性质是(　　)。

A. 数据项不可再分　　　　　　　　B. 同一列数据项要具有相同的数据类型

C. 记录的顺序可以任意排列　　　　D. 记录的顺序不可以任意排列

5. (　　)不是数据库系统的组成部分。

A. 说明书　　　　　B. 数据库　　　　　C. 软件　　　　　　D. 硬件

6. 已知某一数据库中的两个数据表,它们的主键与外键是一对多的关系,这两个表若要建立关联,则应该建立(　　)的永久联系。

A. 一对一　　　　　B. 多对多　　　　　C. 一对多　　　　　D. 多对一

7. 已知某一数据库中的两个数据表,它们的主键与外键是一对一的关系,这两个表若要建立关联,则应该建立(　　)的永久联系。

A. 一对一　　　　　B. 多对一　　　　　C. 一对多　　　　　D. 多对多

8. 已知某一数据库中的两个数据表,它们的主键与外键是多对一的关系,这两个表若要建立关联,则应该建立(　　)的永久联系。

A. 一对多　　　　　B. 一对一　　　　　C. 多对多　　　　　D. 多对一

9. 属性的集合表示一种实体的类型,称为(　　)。

A. 实体　　　　　　B. 实体集　　　　　C. 实体型　　　　　D. 属性集

10. DB,DBS 和 DBMS 三者之间的关系是(　　)。

A. DB 包含 DBS 和 DBMS　　　　　B. DBS 包含 DB 和 DBMS

C. DBMS 包含 DB 和 DBS　　　　　D. 三者的关系是相等的

11. 数据库系统的核心是(　　)。

A. 软件工具　　　　　　　　　　　B. 数据模型

C. 数据库管理系统　　　　　　　　D. 数据库

12. 下面关于数据库系统的描述中,正确的是(　　)。

A. 数据库系统中数据的一致性是指数据类型的一致

B. 数据库系统比文件系统能管理更多的数据

C. 数据库系统减少了数据冗余

D. 数据库系统避免了一切冗余

13. 关系数据库的数据及更新操作必须遵循(　　)等完整性规则。

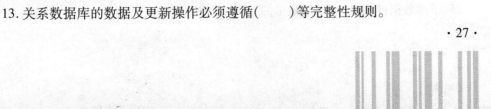

A. 参照完整性和用户定义的完整性

B. 实体完整性、参照完整性和用户定义的完整性

C. 实体完整性和参照完整性

D. 实体完整性和用户定义的完整性

14. 不属于数据管理技术发展三个阶段的是（　　　）。

A. 文件系统管理阶段　　　　　　　　　　B. 高级文件管理阶段

C. 人工管理阶段　　　　　　　　　　　　D. 数据库系统阶段

15. 在关系数据库中，用来表示实体之间联系的是（　　　）。

A. 二维表　　　　　B. 线形表　　　　　C. 网状结构　　　　　D. 树形结构

16. 数据模型所描述的内容包括三部分，它们是（　　　）。

A. 数据结构　　　　B. 数据操作　　　　C. 数据约束　　　　D. 以上答案都正确

17. 关系数据库管理系统能实现的专门关系运算包括（　　　）。

A. 关联、更新、排序　　　　　　　　　　B. 显示、打印、制表

C. 排序、索引、统计　　　　　　　　　　D. 选择、投影、连接

18. 支持数据库各种操作的软件系统叫做（　　　）。

A. 数据库系统　　　B. 操作系统　　　　C. 数据库管理系统　　D. 文件系统

19. 关于数据库系统的特点，下列说法正确的是（　　　）。

A. 数据的集成性　　　　　　　　　　　　B. 数据的高共享性与低冗余性

C. 数据的统一管理和控制　　　　　　　　D. 以上说法都正确

20. 关于数据模型的基本概念，下列说法正确的是（　　　）。

A. 数据模型是表示数据本身的一种结构

B. 数据模型是表示数据之间关系的一种结构

C. 数据模型是指客观事物及其联系的数据描述，具有描述数据和数据联系两方面的功能

D. 模型是指客观事物及其联系的数据描述，它只具有描述数据的功能

21. Visual FoxPro 6.0 属于（　　　）。

A. 层次数据库管理系统　　　　　　　　　B. 关系数据库管理系统

C. 面向对象数据库管理系统　　　　　　　D. 分布式数据库管理系统

22. 数据库系统由数据库和（　　　）组成。

A. DBMS、应用程序、支持数据库运行的软、硬件环境和 DBA

B. DBMS、应用程序、支持数据库运行的软件环境和 DBA

C. DBMS、应用程序和 DBA

D. DBMS 和 DBA

23. 层次模型采用（　　　）结构表示各类实体以及实体之间的联系.

A. 树形　　　　　　B. 网状　　　　　　C. 星形　　　　　　D. 二维表

24. （　　　）模型具有数据描述一致、模型概念单一的特点。

A. 层次　　　　　　B. 网状　　　　　　C. 关系　　　　　　D. 面向对象

25. 下列数据模型中，出现得最早的是（　　　）。

A. 层次数据模型 　　　　　　　　　　B. 网状数据模型

C. 关系数据模型 　　　　　　　　　　D. 面向对象数据模型

26. 下列不属于关系的三类完整性约束的是(　　　)。

A. 实体完整性　　　　B. 参照完整性　　　　C. 约束完整性　　　　D. 用户定义完整性

27. 下列不是关系的特点的是(　　　)。

A. 关系必须规范化

B. 同一个关系中不能出现相同的属性名

C. 关系中不允许有完全相同的元组,元组的次序无关紧要

D. 关系中列的次序至关重要,不能交换两列的位置

28. 传统的集合运算不包括(　　　)。

A. 并　　　　　　　B. 差　　　　　　　C. 交　　　　　　　D. 乘

29. 投影是从列的角度进行的运算,相当于对关系进行(　　　)。

A. 纵向分解　　　　B. 垂直分解　　　　C. 横向分解　　　　D. 水平分解

30. 数据库管理系统的英文简写是(　　　),数据库系统的英文简写是(　　　)。

A. DBS　DBMS　　　B. DBMS　DBS　　　C. DBMS　DB　　　D. DB　DBS

31. 不是数据库系统的特点的是(　　　)。

A. 实现数据共享

B. 采用特定的数据模型

C. 具有较高的数据独立性

D. 不具有统一的数据控制功能

32. 下列选项中,不属于 SQL 语言功能的是(　　　)。

A. 数据定义　　　　B. 查询　　　　　　C. 操纵和控制　　　　D. 建立报表

33. 数据的存取往往是(　　　)。

A. 平行的　　　　　B. 纵向的　　　　　C. 异步的　　　　　D. 并发的

34. 存储在计算机存储设备中的,结构化的相关数据的集合是(　　　)。

A. 数据处理　　　　B. 数据库　　　　　C. 数据库系统　　　　D. 数据库应用系统

35. 关系型数据库管理系统中,所谓的关系是指(　　　)。

A. 各条记录中的数据彼此有一定的关系

B. 一个数据库文件与另一个数据库文件之间有一定的关系

C. 数据模型满足一定条件的二维表格式

D. 数据库中各字段之间有一定的关系

36. 如果一个关系进行了一种关系运算后得到了一个新的关系,而且新的关系中属性的个数少于原来关系中的个数,这说明所进行的关系运算是(　　　)。

A. 投影　　　　　　B. 连接　　　　　　C. 并　　　　　　　D. 选择

37. 下列不属于 DBMS 的组成部分的是(　　　)。

A. 数据库运行控制程序　　　　　　　B. 数据操作语言及编译程序

C. 代码　　　　　　　　　　　　　　D. 数据定义语言及翻译处理程序

38. 在 Visual FoxPro 中,关系数据库管理系统所管理的关系是(　　　)。

A. 一个 DBF 文件   B. 若干个二维表

C. 一个 DEC 文件   D. 若干个 DBC 文件

39. 在关系数据库设计中经常存在的问题的是(   )。

A. 数据冗余   B. 插入异常

C. 删除异常和更新异常   D. 以上答案都正确

40. 下列关于数据的说法中,正确的是(   )。

A. 数据是指存储在某一种媒体上能够识别的物理符号

B. 数据只是用来描述事物特性的数据内容

C. 数据中包含的内容是数据、字母、文字和其他特殊字符

D. 数据就是文字数据

41. 数据库管理员的英文简写是(   )。

A. DB   B. DBS   C. DBMS   D. DBA

42. 为数据库的建立、使用和维护而配置的软件称为(   )。

A. 数据库应用系统   B. 数据库管理系统

C. 数据库系统   D. 以上都不是

43. 数据库管理系统 DBMS 提供了(   )功能。

A. 映象   B. 核心   C. 映射   D. 以上都不是

44. 实体之间的对应关系称为联系,两个实体之间的联系可以归纳为三种,下列联系不正确的是(   )。

A. 一对一联系   B. 一对多联系   C. 多对多联系   D. 一对二联系

45. 以下术语中,描述属性的取值范围的是(   )。

A. 字段   B. 域   C. 关键字   D. 元组

46. 以下关于关系的说法正确的是(   )。

A. 列的次序非常重要   B. 行的次序非常重要

C. 列的次序无关紧要   D. 关键字必须指定为第一列

47. 下列选项中,不属于数据库系统组成部分的是(   )。

A. 数据库   B. 用户应用   C. 数据库管理系统   D. 实体

48. 数据的最小访问单位是(   )。

A. 字段   B. 记录   C. 域   D. 元组

49. (   )运算需要两个关系作为操作对象。

A. 选择   B. 投影   C. 连接   D. 以上都不正确

50. 数据库管理系统是(   )。

A. 一种软件   B. 一台存有大量数据的计算机

C. 一种设备   D. 一个负责管理大量数据的机构

二、填空题

1. _____ 是数据库系统研究和处理的对象,本质上讲是描述事物的符号记录。

2. 数据模型是数据库系统的_____。

3. _____ 通常是指带有数据库的计算机应用系统。

4. 表中的每一_____是不可再分的,是最基本的数据单位。

5. 表中的每一记录的顺序可以_____。

6. 数据库的性质是由其依赖的_____所决定的。

7. 关系数据库是由若干个完成关系模型设计的_____组成的。

8. 每一记录由若干个以_____加以分类的数据项组成。

9. 一个_____标志一个独立的表文件。

10. 在关系数据库中,各表之间可以相互关联,表之间的这种联系是依靠每一个独立表内部的_____建立的。

11. 关系数据库具有高度的数据和程序的_____。

12. 硬件环境是数据库系统的物理支撑,它包括相当速率的CPU,足够大的内存空间,足够大的_____,以及配套的输入、输出设备。

13. 数据是数据库的基本内容,数据库又是数据库系统的管理对象,因此,数据是数据库系统必不可少的_____。

14. 在关系操作中,从表中取出满足条件的元组的操作称做_____。

15. 表设计的好坏直接影响数据库_____的设计及使用。

16. 数据库管理系统是位于_____之间的软件系统。

17. 数据库系统的数据完整性是指保证数据_____的特性。

18. _____用于将两个关系中的相关元组组合成单个元组。

19. 数据库系统由计算机硬件数据库和软件支持系统组成,其中计算机硬件是特质基础,软件支持系统中_____是不可缺少的,_____体现数据之间的联系。

20. 层次型、网状型和关系型数据的划分原则是_____。

21. 关系数据库中能实现的专门运算包括_____、连接和投影。

22. _____是指将数据转换为信息的过程。

23. _____是指系统开发人员利用数据库系统资源开发的面向某一类实际应用的软件系统。

24. 实体完整性约束要求关系数据库中元组的_____属性值不能为空。

25. 在二维表中,元组的_____不可再分成更小的数据项。

26. _____的主要目的是有效地管理和存取大量的数据资源。

27. 在数据库中,应为每个不同主题建立_____。

28. _____是从现实世界到机器世界的一个中间层次。

29. 一个教师可讲授多门课程,一门课程可由多个教师讲授,则实体教师和课程间的联系是_____。

30. _____是指客观存在并可相互区别的事物。

31. 数据库系统的数据_____是指保证数据正确的特性。

32. _____对数据库的理论和实践产生了很大的影响,已成为当今最流行的数据库模型。

33. 传统的集合运算包含_____、_____、_____。

34. 在关系模型中,把数据看成一个二维表,每一个二维表称为一个_____。

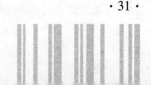

35. 实体之间的对应关系称为_____,它反映现实世界事物之间的相互关联。

36. _____是指在关系模式中指定若干属性组成新的关系。

37. 最常用的连接运算是_____。

38. 连接是关系的_____结合。

39. 关系型数据库中最普遍的联系是_____。

40. 连接运算需要_____个表作为操作对象。选择和投影运算操作对象是_____个表。

41. 关系的基本运算可以分为_____和_____两类。

42. 二维表中垂直方向的列称为_____。

43. 数据库的英文简写是_____。

44. 实体间的联系可分为_____、_____和_____三种。

45. 不同的关系数据库管理系统提供不同的数据库语言,称为该关系数据库管理系统的_____。

46. _____是针对某一具体关系数据库的约束条件,它反映某一具体应用所涉及的数据必须满足的语义要求。

47. _____负责整个数据库的建立、维护和协调工作。

48. _____是指基本关系的主属性,即主码的值不能取空值。

49. 一个基本关系对应现实世界中的一个_____。

50. 在关系数据库应用系统的开发过程中,_____是核心和基础。

实 验 1

熟练掌握 Visual FoxPro 程序的安装,启动和退出。

第 2 章

数据及其运算

2.1 数据类型

数据是反映客观事物属性的记录,有型和值之分,型是数据的分类或类型,值是数据的具体表示。数据类型决定了数据的存储方式和运算方式。数据处理的基本要求是对相同类型的数据进行选择归类。

Visual FoxPro 提供了 13 种数据类型:数值型(N),字符型(C),日期型(D),日期时间型(T),逻辑型(L),货币型(Y),整型(I),浮点型(F),双精度型(B),备注型(M),通用型(G),二进制字符型(C)和二进制备注型(M)。这些数据类型均适用于表中的字段变量,其中的数值型(N),字符型(C),日期型(D),日期时间型(T),逻辑型(L),货币型(Y)适用于内存变量。表 2.1 给出 Visual FoxPro 数据类型的相关描述。

表 2.1　Visual FoxPro 的数据类型

数据类型	说明	所占字节
数值型(Numeric)	用于表示数值数据:整数或实数。数值范围: $-0.9999999999E+19 \sim 0.9999999999E+20$	数据在内存中占 8 字节,在表中占 1~20 字节
字符型(Character)	由任意字符(字母、数字、空格、符号和汉字)组成,数字组成的字符型数据不能进行算术运算。字符型数据的长度最多为 254 个字符	每个西文字符占 1 个字节,每个中文字符占 2 个字节
日期型(Date)	用于表示日期的数据,日期型数据包括年、月、日三个部分,每部分间用规定的分隔符分开	8 个字节
日期时间型(DateTime)	用于描述日期和时间的数据,日期时间型数据除包括日期数据的年、月、日外,还包括时、分、秒以及上午(AM)、下午(PM)等内容	8 个字节
逻辑型(Logical)	用于描述客观事物真假的数据,用.T. 或.Y. 表示逻辑真值,而.F. 或.N. 表示逻辑假值	1 个字节

续表 2.1

数据类型	说明	所占字节
货币型(Currency)	用于表示货币类型的数据,会在数值型数据前加一个货币符号($)	8 个字节
整型(Integer)	用于在表中存储无小数的数值,它比数值型字段占用的空间要少。数值范围: −2147483647 ~ 2147483646	4 个字节
浮点型(Float)	与数值型数据完全等价,只是在存储形式上采取浮点格式且数据的精度要比数值型数据高。数值范围: − 922337203685477. 5808 ~ 922337203685477.5807	在表中占 1 ~ 20 字节
双精度型(Double)	用于在表中存储精度较高、位数固定的数值。数值范围: +/− 4. 94065645841247E − 324 ~ +/−8.9884656743115E307	8 个字节
备注型(Memory)	用于在表中存储数据块。在表中,备注字段含有一个 4 字节的引用,指向实际的备注内容,备注数据的真正大小取决于用户实际输入的数据量。备注型字段的内容存储于一个与表文件同名、扩展名为.FPT 的文件中	4 个字节
通用型(General)	用于存储表中的 OLE 对象。通用字段含有一个 4 字节的引用,指向该字段真正的内容,这些内容可以是:电子表格、字处理文档或用另一个应用程序创建的图片等	4 个字节
二进制字符型(Character binary)	同"字符型",但是当代码页更改时字符值不变,代码页是供计算机正确解释并显示数据的字符集	每个西文字符占 1 个字节,每个中文字符占 2 个字节
二进制备注型(Memory binary)	同"备注型",但是当代码页更改时备注不变	4 个字节

2.2　常　量

常量是在命令或程序中可直接引用,具有具体值的命名数据项,其特征是在整个操作过程中,它的值和表现形式保持不变。Visual FoxPro 按常量取值的数据类型,将常量分为 6 种类型:数值型常量(N)、货币型常量(Y)、字符型常量(C)、逻辑型常量(L)、日期型常量(D)和日期时间型常量(T),不同类型的常量有不同的表现形式。

2.2.1　数值型常量(N)

数值型常量用于表示数值数据,也就是常数。数值型常量由 0~9、正负号、小数点以及 e 和 E 所组成。例如,34,12.5,-6.54。为了表示很大或很小的数值型常量,也可以使用科学记数法形式书写,例如,2.345E10 表示 $2.345×10^{10}$,2.345E-10 表示 $2.345×10^{-10}$。

数值型常量在内存中用 8 个字节来表示,其取值范围为 $-0.9999999999E+19$ ~ $0.9999999999E+20$。

2.2.2　货币型常量(Y)

货币型常量用来表示货币值,书写格式与数据型常量类似,但要多加一个 $ 前置符号,例如, $88.75。货币型常量不能用科学记数法形式表示。货币型数据在存储和计算时采用 4 位小数,如果小数位多于 4 位,那么系统会自动将多余的小数位四舍五入。例如, $1.23456 将存储为 $1.2346。

货币型常量在内存中用 8 个字节来表示,其取值范围为 -922337203685477.5808 ~ 922337203685477.5807。

2.2.3　字符型常量(C)

字符型常量也称为字符串,由任意字符(字母、数字、空格、符号和汉字)所组成,数字组成的字符型数据不能进行算术运算。其表示方法是用英文半角的单引号、双引号或方括号把字符串括起来。例如,'剑桥学院',"123",[AB * % C&]。这里的单引号、双引号或方括号称为定界符。定界符用于确定字符串的起始和终止位置,它不作为字符型常量本身的内容。

注意:

(1)字符串常量的定界符要成对匹配,前后定界符必须一致,例如,'abcd"的表示形式是错误的。

(2)如果定界符本身是字符串常量的一部分,则应该使用其他的定界符作为字符串的定界符,例如,字符串 ab'cd 应表示为"ab'cd"或[ab'cd]。

(3)字符型常量中的字母大小写是区分的,比如,"abcd"和"ABCD"是不同的两个字符串。

(4)不包含任何字符的字符串("")叫空串,它与包含空格的字符串("　")是不同的。

2.2.4　逻辑型常量(L)

逻辑型数据只有逻辑真和逻辑假两个值。逻辑真的常量表示形式有:.T.,.t.,.Y.和.y.。逻辑假的常量表示形式有:.F.,.f.,.N.和.n.。前后两个句点作为逻辑型常量的定界符是必不可少的,否则会被误认为变量名。逻辑型数据只占用 1 个字节。

2.2.5 日期型常量(D)

日期型常量用日期型常量的定界符花括号"｛｝"把表示年、月、日序列的数据括起来,表示年、月、日序列的数据用斜杠"/"、连字号"-"、句点"."和空格来分隔,其中斜杠"/"是系统在显示日期型数据时使用的默认分隔符。

日期型常量的格式有两种:传统的日期格式和严格的日期格式两种。

1.传统的日期格式

传统的日期格式用形如｛yy/mm/dd｝,｛yyyy/mm/dd｝,｛mm/dd/yy｝,｛mm/dd/yyyy｝等格式表示,系统默认的日期型数据为美国日期格式｛mm/dd/yy｝(月/日/年),其中,年可以用2位或4位数字表示,月和日均用2位数字表示。例如,｛11/09/01｝,｛11-09-01｝,｛11 09 01｝等。

这种格式的日期型常量要受到命令语句 SET DATE TO 等命令设置的影响,在不同的设置状态下,计算机会对同一个日期型常量作出不同的解释。例如,日期型常量｛11/09/01｝可以被解释为:2011年9月1日、2001年11月9日等。

2.严格的日期格式

严格的日期格式用形如｛^yyyy-mm-dd｝的格式表示,如｛^2011-09-01｝,用这种格式书写的日期型常量能表达一个确切的日期,不受 SET DATE TO 等语句设置的影响。其中年必须用4位表示,年、月、日的次序不能颠倒、不能缺省。日期型常量用8个字节表示,取值范围是｛^0001-01-01｝~｛^9999-12-31｝。

在 Visual FoxPro 中,严格的日期格式在任何情况下均可以使用,而传统的日期格式只能在 SET STRICTDATE TO 0 状态下使用。当设置 SET STRICTDATE TO 1 或 SET STRICTDATE TO 2 时,只能使用严格的日期格式,若使用传统的日期格式,系统会给出如图2.1 所示的对话框。

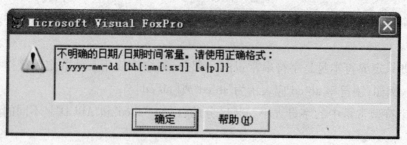

图2.1 日期格式无效时的提示对话框

3.影响日期格式的设置命令

(1)设置日期显示格式。用户可以调整、设置日期值的显示输出格式。既可以用命令方式设置,也可以用菜单方式设置。

命令格式:SET DATE [TO] AMERICAN | ANSI | BRITISH | FRENCH | GERMAN | ITLIAN | JAPAN | USA | MDY | DMY | YMD

命令功能：设置日期型常量的显示输出格式。系统默认为 AMERICAN 美国格式。命令中各种日期格式设置所对应的日期显示输出格式，见表2.2。

表2.2 系统日期格式

设置值	日期格式	设置值	日期格式
AMERICAN	mm/dd/yy	JAPAN	yy/mm/dd
ANSI	yy. mm. dd	USA	mm-dd-yy
BRITISH/FRENCH	dd//mm/yy	MDY	mm/dd/yy
GERMAN	dd. mm. yy	DMY	dd/mm/yy
ITALIAN	dd-mm-yy	YMD	yy/mm/dd

除用命令方式以外还可以采用菜单的方式对年、月、日形式进行设置，选择"工具"菜单中"选项"命令，在"选项"对话框中选择"区域"选项卡的日期和时间项，如图2.2所示。

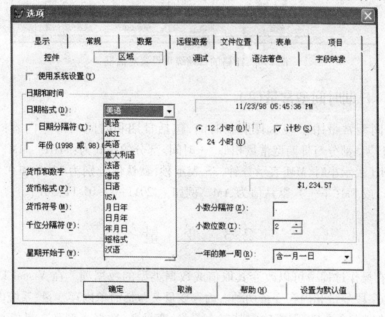

图2.2　日期和时间格式设置对话框

（2）设置是否对日期格式进行检查。

命令格式：SET　STRICTDATE TO［0 |1 |2|］

命令功能：用于设置是否对日期格式进行检查。若选择0则表示不进行严格的日期格式的检查，可以使用传统的日期格式；若选择1，则必须使用严格的日期格式，是系统的默认设置；若选择2，则可以使用严格的日期格式或用 CTOD( )函数表示日期型常量。

也可采用菜单方式进行设置，选择"工具"菜单中"选项"命令，在"选项"对话框中选择"常规"选项卡，在"2000年兼容性"区域中设置严格的日期级别，如图2.3所示。

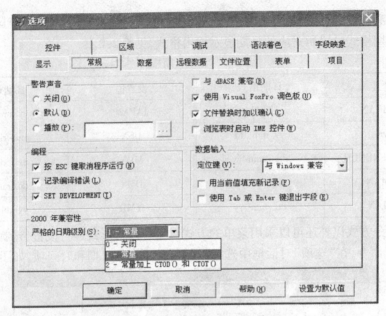

图 2.3　严格的日期级别设置对话框

2.2.6　日期时间型常量(T)

日期时间型常量用于表示日期和时间,包括日期和时间两部分内容:{<日期>,<时间>}。<日期>部分与日期型常量相似。<时间>部分的格式为:{HH[:MM[:SS]][A|P]},其中,HH 表示小时,MM 表示分钟,SS 表示秒,默认值分别为 12,0 和 0。A 或 P 表示 AM(上午)或 PM(下午),默认值为 AM。例如,{^2011-09-01 11:30P}。

2.3　变　量

变量是在操作过程中可以改变其取值或数据类型的数据项。在 Visual FoxPro 系统中,变量分为字段变量和内存变量两种。内存变量又包括简单内存变量、系统内存变量和数组变量。确定一个变量,需要确定其三个要素:变量名、数据类型和变量值。在使用简单内存变量时,不需要对简单内存变量进行说明。定义简单内存变量是通过给变量赋值来完成的,即在给简单内存变量赋值时,就确定了变量的值和数据类型。

2.3.1　变量的命名

在 Visual FoxPro 系统中,使用变量时,首先应给变量命名,命名时必须遵守以下规则:

(1)名称中只能包括字母(含汉字)、数字和下划线。

(2)名称的开头只能是字母(含汉字)或下划线,不能是数字(以下划线开头的变量通常是系统变量,字段变量不能以下划线开头);除自由表中字段名、索引的标识名最多只能 10 个字符外,其他的命名可使用 1~128 个字符。

(3)避免使用 Visual FoxPro 系统的保留字。

（4）文件名的命名应遵循操作系统的约定。

2.3.2　字段变量

字段变量是指数据表中已定义的任意一个字段。由于在一个数据表中,字段的值是随着记录行的变化而变化的,所以称它为变量。使用字段变量首先要建立数据表,在建立表的过程中创建字段变量,随表的存取而存取,因而是永久性变量。字段名就是变量名,变量的数据类型为 Visual FoxPro 中任意数据类型,字段值就是变量值。

2.3.3　内存变量

内存变量是独立于数据库以外,存于内存之中的一种临时变量,当退出 Visual FoxPro 系统时,一般内存变量自动消失。内存变量用来存放程序运行的中间结果和最终结果,是进行数据的传递和运算的变量。在给内存变量赋值时,数值的类型确定了变量的类型,无需预先定义说明。内存变量的数据类型包括:数值型(N)、货币型(Y)、字符型(C)、逻辑型(L)、日期型(D)和日期时间型(T)。在 Visual FoxPro 中,变量的类型可以改变,也就是说,可以把不同类型的数据赋给同一个变量。

1. 内存变量的赋值

内存变量在赋值的同时,也就完成了变量的创建,并且确定了该变量的数据类型以及目前变量的值,也可改变已有内存变量的值或数据类型。

（1）用“＝”赋值。

命令格式:内存变量＝ ＜表达式＞

命令功能:计算＜表达式＞的值并赋值给指定内存变量。

例如:A＝9

表示将数值型数据9赋给变量 A,变量 A 为数值型变量。

STR＝″哈尔滨剑桥学院″

表示将字符型数据“哈尔滨剑桥学院”赋给变量 STR,变量 STR 为字符型数据。

（2）用 STORE 赋值。

命令格式:STORE ＜表达式＞ TO　＜内存变量名表＞

命令功能:计算＜表达式＞的值并赋值给“内存变量名表”中列出的各个内存变量,即“内存变量名表”中给出的变量具有相同的变量值。“内存变量名表”中的多个变量间用“,”分隔。

例如:STORE　9 TO　A,B,C

表示将数值型数据9分别赋给变量 A,B,C。

STORE ″哈尔滨剑桥学院″ 　TO STR1,STR2,STR3

表示将字符型数据“哈尔滨剑桥学院”分别赋给变量 STR1,STR2,STR3。

（3）用 INPUT,ACCEPT,WAIT 语句赋值。

命令格式:INPUT［提示信息］TO ＜内存变量＞

命令功能:该命令等待用户从键盘输入数据,可以给数值型(N)、货币型(Y)、字符型(C)、逻辑型(L)、日期型(D)和日期时间型(T)的变量赋值,赋值时用相应类型的常量形

式输入,当用户以回车键结束输入时,系统将表达式的值存入指定的内存变量。

例如:INPUT "输入 X 的值:" TO X

该命令执行后;在输出区域显示提示信息"输入 X 的值:",并等待用户输入相应的数据,若用户输入数值型数据 100,则此时将 100 赋值给 X 变量。

命令格式:ACCEPT［提示信息］TO <内存变量>

命令功能:该命令等待用户从键盘输入字符串,只可以给字符型变量赋值,赋值时不用加字符型数据的定界符,否则系统会把定界符作为字符串本身的一部分;当用户以回车键结束输入时,系统将该字符串存入指定的内存变量。

例如:ACCEPT "输入 X 的值:" TO X

该命令执行后,在输出区域显示提示信息"输入 X 的值:",并等待用户输入相应的字符串,若用户输入"哈尔滨剑桥学院",则此时将"哈尔滨剑桥学院"赋值给 X 变量。

命令格式:WAIT［提示信息］［TO <内存变量>］［WINDOWS］［TIMEOUT<数值表达式>］

命令功能:该命令等待用户从键盘输入单个字符,所接收的字符可以保存在内存变量中,也可以不保存在内存变量中,WAIT 赋值操作不需要按回车键。"WINDOWS"短语表示提示信息以窗口形式显示;"TIMEOUT"短语表示延时时间,到规定时间没有输入字符,则命令自动结束,数值表达式表示延时的秒数。

例如:WAIT

该命令执行后,在输出区域显示提示信息"按任意键继续…",等待用户输入任意键后,光标返回命令窗口。

例如:WAIT "输入 X 的值:" TO X

该命令执行后,在输出区域显示提示信息"输入 X 的值:",并等待用户输入单个字符,若用户输入"A",则此时将单个字符"A"赋值给 X 变量。

2. 内存变量的常用命令

(1)表达式值的显示。

命令格式 1:? <表达式表> ［AT <列号>］

命令格式 2:?? <表达式表> ［AT <列号>］

命令功能:计算表达式表中各表达式的值,并在屏幕上指定位置显示输出各表达式的值。

说明:

①"?"与"??"的区别。"?"先换行,再计算并输出表达式的值;"??"在屏幕当前位置,计算并输出表达式的值。

②<表达式表>为多个用逗号分隔的表达式,各表达式的值输出时,以空格分隔。

③AT <列号>子句指定表达式值从指定列开始显示输出。AT 的定位只对它前面的一个表达式有效,多个表达式必须用多个 AT 子句分别定位输出,而且可反序定位。

例如:X ="CHINA"

        STORE "哈尔滨剑桥学院" TO Y

        ? X,Y

        ? X

　　　　　?? X,Y

　　　　　? X,Y AT 30

输出结果为:

CHINA　　哈尔滨剑桥学院

CHINACHINA　　哈尔滨剑桥学院

CHINA　　　　　　　　　　　　哈尔滨剑桥学院

④当内存变量名与字段变量名同名时,字段变量优先,即变量名是指字段变量,如果要访问内存变量,需在变量名前加前缀:M->或 M. 。

例如:? M . xm　　显示内存变量 xm 的值

　　　? M -> xm　　　显示内存变量 xm 的值

　　　? xm　　显示字段 xm 的值

(2)内存变量的显示。

用? |?? 命令可以分别显示单个或一组变量的值。有时用户还需了解变量其他相关信息,如数据类型、作用范围,或了解系统变量的信息。Visual FoxPro 系统提供了相应操作命令。

命令格式 1:LIST MEMORY LIKE <通配符> [TO PRINTER | TO FILE <文件名>]

命令格式 2:DISPLAY MEMORY LIKE <通配符> [TO PRINTER | TO FILE <文件名>]

命令功能:显示或打印输出内存变量的当前信息,包括已定义的内存变量名称、类型、内容、个数、已占内存总字节数,及剩余的可用内存变量空间。其中 LIKE 短语指出包括或不包括与通配符相匹配的内存变量。在通配符中可以使用"?"和"*"。这里"?"代表任意一个字符,"*"表示任意多个字符。

说明:

①LIST MEMORY 为连续滚动显示;DISPLAY MEMORY 为分屏显示。

②选用 TO PRINT 短语时,将结果在显示的同时送往打印机输出。TO FILE<文件名>将结果存入扩展名为 .TXT 的文件中。

(3)内存变量清除。Visual FoxPro 系统对定义内存变量的数量是有限制的,应及时清理,尽量减少内存的占用。

命令格式 1:CLEAR MEMORY

命令功能:清除当前内存中全部已定义的内存变量。

命令格式 2:CLEAR ALL

命令功能:恢复系统初始状态命令。释放所有内存变量,关闭所有各类文件,包括数据库文件、索引文件、过程文件,并选择 1 号工作区。

命令格式 3:RELEASE <内存变量名表>

命令功能:清除指定的内存变量。

命令格式 4:RELEASE ALL [LIKE <通配符> | EXCEPT <通配符>]

命令功能:选用 ALL LIKE 短语则只清除与通配符相匹配的内存变量。选用 ALL EXCEPT短语则清除除了与通配符相匹配之外的内存变量。

例如:RELEASE ALL LIKE A *

表示只清除变量名以 A 开头的所有内存变量。

RELEASE ALL EXCEPT A *

表示清除除了变量名以 A 开头以外的所有内存变量。

(4)内存变量保存。内存变量是系统在内存中设置的临时存储单元,当退出 Visual FoxPro 时其数据自动丢失。若要保存内存变量以便以后使用,则要用 SAVE TO 命令将变量保存到内存变量文件(扩展名为.MEM)中。

命令格式:SAVE TO <文件名> ALL[LIKE | EXCEPT<通配符>]

命令功能:将选定的内存变量存储到<文件名>所指定的内存变量文件中,系统默认的文件扩展名为.MEM。ALL LIKE 子句保存与通配符相匹配的内存变量;ALL EXCEPT 子句只保存与通配符不匹配的内存变量;两者均无,则保存当前所有的内存变量。

(5)内存变量恢复。要将内存变量文件中所保存的内存变量恢复到内存,则使用 RESTORE FROM命令。

命令格式:RESTORE FROM <文件名>［ADDITIVE］

命令功能:将<文件名>所指定的内存变量文件中保存的内存变量恢复到内存。选用 ADDITIVE 短语则保留当前已存在的内存变量,将内存变量文件中的内存变量追加到当前内存中(若有变量名相同的变量,则被内存变量文件中变量覆盖);否则,覆盖原有的内存变量。

3. 数组变量

数组是一组有序内存变量的集合,或者说,数组是由同一个名字组织起来的简单内存变量的集合,其中每一个内存变量都是这个数组的一个元素。在 Visual FoxPro 系统中,只允许使用一维数组(相当于数列)和二维数组(相当于行列式或矩阵)。

所谓的数组元素是用一个变量名命名的一个集合体,而且每一个数组元素在内存中独占一个内存单元。为了区分不同的数组元素,每一个数组元素都是通过数组名和下标来访问的。

数组元素的特征:

(1)数组元素的名称(变量名)由数组名和数组元素下标构成。如 A(1),B(2,3)。

(2)下标必须用圆括号括起;一维数组的元素只有一个下标,二维数组的元素有两个以逗号分隔的下标;下标必须是非负数值,可以是常量、变量、函数或表达式,下标值会自动取整。如 A(1.5),B(1+11/3)等。

(3)数组元素的数据类型决定于最后赋值的数据类型,不同数组元素的数据类型可以不同。

(4)数组元素与普通内存变量一样,可以赋值和引用。

①数组的定义。与简单内存变量不同,数组在使用之前必须先定义后使用,定义数组是向系统申请数组元素在内存中的存储空间。用 DIMENSION 或 DECLARE 命令来创建数组,规定数组是一维数组还是二维数组,数组名和数组大小。数组大小由下标值的上、下限决定,下限规定为1。

定义数组的命令格式:DIMENSION | DECLARE <数组名 1>(<下标上限 1>[,<下标上限 2>])[,<数组名 2> (<下标上限 1>[,<下标上限 2>])…]

命令功能:定义指定的数组。

例如:DIMENSION X(3),Y(2,3)

该命令定义了一个一维数组 X 与一个二维数组 Y。数组 X 有 3 个元素,分别表示为 X(1),X(2),X(3);数组 Y 有 6 个元素,分别表示为 Y(1,1),Y(1,2),Y(1,3),Y(2,1),Y(2,2),Y(2,3)。

注意:此时定义了数组,但未给数组元素赋值,系统将自动给每个数组元素赋以逻辑假 .F. 值。

②数组的赋值与使用。数组在使用时,实际使用的是数组中的元素,而数组元素的作用与简单内存变量的使用方法相同,对简单变量操作的命令,均可对数组元素进行操作。

例如:DIMENSION X(3)

  X(1)= 10

  X(2)=″hello″

  ? X(1),X(2),X(3)

输出结果为:10　　hello　　.F.

例如:DIMENSION　Y(2,3)

  Y(1,1)= .T.

  Y(2,2)= {^2011/09/01}

  Y(2,3)=″GOOD″

  ? Y(1,1),Y(1,2),Y(2,2),Y(2,3)

输出结果为:.T.　　.F.　　09/01/11　　GOOD

③使用数组时的注意事项:

a. 在一切使用简单内存变量的地方,均可以使用数组元素。

b. 在赋值和输入语句中使用数组名时,表示将同一个值同时赋给该数组的全部数组元素。

例如:DIMENSION　X(3)

  X =6

  ? X(1),X(2),X(3)

输出结果为:6　　6　　6

c. 在同一个运行环境下,数组名不能与简单变量名同名。

d. 可以用一维数组的形式访问二维数组。如数组 Y 中的各元素用一维数组形式可依次表示为 Y(1),Y(2),Y(3),Y(4),Y(5),Y(6),其中 Y(4)与 Y(2,1)表示同一变量,Y(5)与 Y(2,2)表示同一变量。

4. 系统变量

系统变量是 Visual FoxPro 系统特有的内存变量,由 Visual FoxPro 系统定义、维护。系统变量的变量名均以"_"开始,用于控制鼠标、打印机等外部设备和屏幕输出格式,或者处理有关计算器、日历、剪贴板等方面的信息。如_ WINDOWS,_ CLIPTEXT 等。因此在定义内存变量和数组变量名时,不要以下划线开始,以免与系统变量名冲突。系统变量设置、保存了很多系统的状态、特性,了解、熟悉并充分地运用系统变量,会给数据库系统的

操作和管理带来很多方便,特别是开发应用程序时更为突出。

例如:_ CLIPTEXT="哈尔滨剑桥学院"

该命令是将字符串"哈尔滨剑桥学院"存入剪贴板中。

2.4 运算符与表达式

在 Visual FoxPro 系统中,表达式是由常量、变量、函数通过特定的运算符连接起来的式子。

运算符是对数据对象进行加工处理的符号,根据其处理数据对象的数据类型,运算符分为算术(数值)运算符、字符运算符、日期和时间运算符、逻辑运算符和关系运算符五类,相应的,表达式也分为算术表达式、字符表达式、日期和时间表达式、逻辑表达式和关系表达式五类。

2.4.1 算术运算符及表达式

算术表达式又称数值表达式,其运算对象和运算结果均为数值型数据。数值运算符的功能及运算优先顺序见表 2.3。表中运算符按运算优先级别从高到低顺序排列。

表 2.3 算术运算符的功能及优先顺序

运算符	功 能	表达式举例	运算结果	优先级别
( )	圆括号	(2-5)*(3+2)	-15	高
-	取相反数	-(3-8)	5	
**,^	乘幂	2**5,3^2	32,9	
*,/,%	乘、除、取余数	2*10,25/5,20%5	20,5,0	
+,-	加、减	36+19,29-47	55,-18	低

例如:计算并写出数学算式 $(\frac{1}{60}-\frac{3}{56})\times18.45+\frac{1+2^{1+2}}{2+2}$ 的 Visual FoxPro 表达式。

上述算式在 Visual FoxPro 中可表示为:

? (1/60-3/56)*18.45+(1+2^(1+2))/(2+2)

运算结果为:1.57

% 取余(模)运算时应遵循相应的法则:

(1)余数的正负号与除数一致。

(2)如果被除数和除数同号,则结果为两数相除的余数;否则,结果为两数相除的余数再加上除数的值。

例如:? 5%4   -5%4   5%-4   -5%-4

运行结果为:1   3   -3   -1

2.4.2 字符运算符及表达式

字符表达式是由字符运算符将字符型数据对象连接起来进行运算的式子。字符运算的对象是字符型数据对象,运算结果是字符常量或逻辑常量。表2.4为字符运算符的功能。

表2.4 字符运算符的功能

运算符	功能	表达式举例	运算结果
+	串1+串2:两串顺序相连	"12 "+"34"	"12 34"
-	串1-串2:串1尾空格移到串2尾后再顺序相连	"12 "-"34"	"1234"

注:两个连接运算符的优先级别相同。

2.4.3 日期和时间运算符及表达式

由日期和时间运算符将一个日期型或日期时间型数据与一个数值型数据连接而成的运算式称为日期表达式。日期和时间运算符有"+"和"-"两种,其作用分别是在日期数据上增加或减少一个天数,在日期时间数据上增加或减少一个秒数。两个运算符的优先级别相同。表2.5为日期和时间运算符的功能。

表2.5 日期和时间运算符的功能

运算符	功能	表达式举例	运算结果
+	日期加天数,结果为日期型数据,表示指定日期若干天后的日期	{^2011/09/01}+11	09/12/11
-	日期减天数,结果为日期型数据,表示指定日期若干天前的日期。	{^2011/09/01}-11	08/21/11
-	两日期相减,结果为数值型数据,表示指定日期相差的天数	{^2011/09/01}-{^2010/09/01}	365
+	日期时间加秒数,结果为日期时间型数据,表示指定日期时间若干秒后的日期	{^2011/09/01 10:10:10 AM}+10	09/01/11 10:10:20 AM
-	日期时间减秒数,结果为日期时间型数据,表示指定日期时间若干秒前的日期。	{^2011/09/01 10:10:10 AM}-10	09/01/11 10:10:00 AM
-	两日期时间型数据相减,结果为数值型数据,表示指定日期时间相差的秒数	{^2011/09/01 10:10:10 AM}-{^2011/09/01 10:10:00 AM}	10

注意:两个日期型的数据或两个日期时间型的数据不能进行相加操作。例如执行:? {^2011/09/01}+{^2010/09/01},将弹出图2.4所示的对话框。

图 2.4　日期相加出错对话框

2.4.4　关系运算符及表达式

由关系运算符连接两个同类数据对象进行关系比较的运算式称为关系表达式。参加关系运算的表达式值的数据类型必须相同,关系表达式的值为逻辑值,关系表达式成立则其值为"真",否则为"假"。表 2.6 为关系运算符的功能。

表 2.6　关系运算符的功能

运算符	功能	表达式举例	运算结果
<	小于	15<4 * 6	.T.
>	大于	'A' > '1'	.T.
=	等于	2+4 = 3 * 5	.F.
<>,#,! =	不等于	5 <> −10	.T.
<=	小于或等于	'abc' <= 'AB'	.F.
>=	大于或等于	{10−10−02}>={10/01/02}	.T.
==	字符串恒同	'abc' == 'abcabc'	.F.
$	串 1 $ 串 2:串 1 是否为串 2 子串	'1234' $ 'a12345' '1234' $ '34512'	.T. .F.

说明:

(1)关系运算符的优先级别相同。

(2)运算符"=="和"$"仅适用于字符型数据,其他运算符适用于任何类型的数据,但前后两个对象的数据类型要一致。

(3)数值型和货币型数据比较,按数值的大小比较,包括正负号。

例如:? 1>−5 , $180< $105

结果:.T.　　　　.F.

(4)日期或日期时间型数据比较,越早的日期或时间越小,反之越大。

例如:? {^2011/09/01}>{^2010/09/01}

结果:.T.

(5)逻辑型数据比较,.T.大于.F.。

(6)子串包含测试。如果前者是后者的一个子串,结果为逻辑真(.T.),否则为逻辑假(.F.)。如果串 1 中所有字符均包含在串 2 中,且与串 1 中排列方式与顺序完全一致,则称串 1 为串 2 的子串。

(7)在用运算符"＝＝"比较两个字符串时,只有当两个字符串完全相同(包括空格以及位置)时,运算结果才会是逻辑真.T.,否则为逻辑假.F.。

在用运算符"＝"比较两个字符串时,运算结果与 SET EXACT ON|OFF(默认)设置有关。当处于 OFF 状态时,只要右边的字符串与左边字符串的前面部分内容相匹配,即可得到逻辑.T.的结果。即字符串的比较以右面字符串为目标,右字符串结束即终止比较。当处于 ON 状态时,先在较短字符串的尾部加上若干个空格,使两个字符串的长度相等,然后再进行比较。

例如:SET EXACT OFF

    S1 ="中国"

    S2 ="中国　"

    S3 ="中国哈尔滨"

    ? S1 =S3 ,S3 =S1 ,S1 =S2 ,S2 =S1 ,S2 ==S1

结果:.F. .T. .F. .T. .F.

例如:SET EXACT ON

    S1 ="中国"

    S2 ="中国"

    S3 ="中国哈尔滨"

    ? S1 =S3 ,S3 =S1 ,S1 =S2 ,S2 =S1 ,S2 ==S1

结果:.F. .F. .T. .T. .F.

(8)设置字符的排序次序。

①在"工具"菜单下选择"选项",打开"选项"对话框,单击"数据"选项卡在"排序序列"下拉框中有"Machine(机器)""PinYin(拼音)""Stroke(笔画)"选项,如图 2.5 所示。

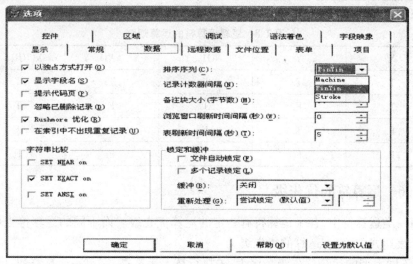

图 2.5 "数据"选项卡

"Machine(机器)":按照机内码顺序排序,西文字符按照 ASCII 码值排列,比如空格小于数字,数字小于大写字母,大写字母小于小写字母。汉字的机内码与汉字国标码一

致。对常用的一级汉字而言,根据它们的拼音顺序决定大小。

"PinYin(拼音)":按照拼音次序排序。对于西文字符而言,空格在最前面,小写字母序列在前,大写字母序列在后。

"Stroke(笔画)":无论中文、西文,按照书写笔画的多少排序。

②采用 SET COLLATE　TO "<排序次序名>"命令设置字符比较次序,其中次序名为:"Machine(机器)""PinYin(拼音)""Stroke(笔画)"。

例如:SET COLLATE TO "PinYin"

　　?"A">"a","王">"李","您好"<"你好"

结果:.T.　.T.　.F.

2.4.5　逻辑运算符及表达式

由逻辑运算将逻辑型数据对象连接而成的式子称为逻辑表达式。逻辑表达式的运算对象与运算结果均为逻辑型数据。表2.7为逻辑运算符的功能。逻辑运算符也可以省略两端的点,写成(NOT,AND,OR)。

表 2.7　逻辑运算符的功能

运算符	功能	优先级别
( )	圆括号	高
.NOT. 或!	逻辑非,运算结果为运算数据的相反值	↑
.AND.	逻辑与,只有当参加运算的数据两边都是.T.时,运算结果才为.T.,否则运算结果为.F.	
.OR.	逻辑或,只有当参加运算的数据两边都是.F.时,运算结果才为.F.,否则运算结果为.T.	低

逻辑运算符的运算规则见表2.8。其中 X,Y 分别代表两个逻辑型数据。

表 2.8　逻辑运算符的运算规则

X	Y	.NOT. Y	X .AND. Y	X .OR. Y
.T.	.T.	.F.	.T.	.T.
.T.	.F.	.T.	.F.	.T.
.F.	.T.	.F.	.F.	.T.
.F.	.F.	.T.	.F.	.F.

2.4.6　运算符的优先级

在每一类运算符中,各个运算符有一定的运算优先级。而不同的运算符也可能出现在同一个表达式中,也有运算的优先级。

(1)不同类型的运算优先级顺序为:先执行算术运算符、字符串运算符和日期时间运算符,其次执行关系运算符,最后执行逻辑运算符。

(2)圆括号作为运算符可以嵌套,也可以改变其他运算符的运算次序。圆括号中的内容作为整个表达式的子表达式,在与其他运算对象进行各类运算前,其结果首先要被计算出来。因此圆括号的优先级最高。有时候,在表达式的适当地方插入圆括号,并不是为了改变其他运算符的运算次序,而是为了提高代码的可读性。

例如:? 　　NOT((5 > (12/6))　AND(3 < 7))

　　　? 　　(NOT(5 > 2))　AND(3 < 7)

　　　? 　　NOT(.T.　AND .T.)

2.5　函　　数

Visual FoxPro 提供了大量函数用来实现一些特定的功能。每一个函数都有选定的数据运算或转换功能,它往往需要若干个自变量(参数),即运算对象,但只能有一个结果,称为函数值或返回值。调用函数通常用函数名加一对圆括号,并在括号内给出参数。

函数由以下三部分组成。

(1)函数名:起标识的作用。

(2)参数:即自变量,写在圆括号内。

(3)圆括号:使函数与命令相区别。

语法:函数名(参数 1,[参数 2 [,……]])

注意:有些函数在调用时不需要给出参数,但括号不能省略。

Visual FoxPro 提供的函数的种类很多,按功能可分为五大类:数值函数、字符函数、日期时间函数、数据类型转换函数和测试函数。

2.5.1　数值函数

数值函数是指函数值为数值的一类函数,它的自变量与函数值通常也都是数值型数据。

1. 取绝对值函数 ABS( )

格式:ABS(<数值表达式>)

功能:计算数值表达式的值,并返回该值的绝对值。

例如:x = −2

　　? ABS(x), ABS(10+x), ABS(2+x), ABS(2 ∗ x)

结果:　2　　　　8　　　　0　　　　4

2. 符号函数 SIGN( )

格式:SIGN(<数值表达式>)

功能:返回指定数值表达式的符号,当表达式的值为正数时函数的返回值为 1,为负数时函数返回值为−1,为零时函数返回值为 0。

例如:? SIGN(5),SIGN(−1),SIGN(0)

结果:1　　　−1　　　　0

3. 取整函数 INT( )

格式:INT(<数值表达式>)

功能:计算数值表达式的值,返回该值的整数部分,对小数部分的处理并不遵守四舍五入的规则。

例如:x=4.9

    ? INT(x),INT(-x)

结果: 4   -4

4.上界函数 CEILING( )

格式:CEILING(<数值表达式>)

功能:计算数值表达式的值,返回一个大于或等于该值的最小整数。

例如:x=4.9

    ? CEILING (x), CEILING (-x)

结果: 5   -4

5.下界函数 FLOOR( )

格式:FLOOR(<数值表达式>)

功能:计算数值表达式的值,返回一个小于或等于该值的最大整数。

例如:x=4.9

    ? FLOOR (x), FLOOR (-x)

结果: 4   -5

6.指数函数 EXP( )

格式:EXP(<数值表达式>)

功能:求以 e 为底、数值表达式值为指数的幂,即返回 e^x 的值。

例如:? EXP(0) , EXP(1)

结果:1.00   2.72

7.自然对数函数 LOG( )

格式:LOG(<数值表达式>)

功能:求数值表达式的自然对数。数值表达式的值必须为正数。

例如:t= EXP(2)

    ? LOG(1), LOG(t)

结果:0.00   2.00

8.常用对数函数

格式:LOG10(<数值表达式>)

功能:求数值表达式的常用对数。数值表达式的值必须为正数。

例如:t=100

    ? LOG10(10), LOG10(t), LOG10(t^2)

结果:1.00   2.00   4.00

9.平方根函数 SQRT(   )

格式:SQRT(<数值表达式>)

功能:求非负数值表达式的平方根。

例如:x=-4

    y=6

    ? SQRT (ABS(4)), SQRT(10+y)

结果:2.00　　4.00

10. 最大值函数 MAX( )和最小值函数 MIN( )

格式:MAX(<表达式 1>,<表达式 2>[,<表达式 3>...])

MIN(<表达式 1>,<表达式 2>[,<表达式 3>...])

功能:返回数值表达式中的最大值 MAX( )和最小值 MIN( )。

说明:表达式的类型可以是字符型、数值型、货币型、双精度型、浮点型、日期型和日期时间型,但所有表达式的类型必须相同。

例如:? MAX(12,15.5,4.23),MAX("汽车","飞机","轮船"),MIN($100, $90)

结果:15.5　　　汽车　　　　90.0000

11. 求余数函数 MOD( )

格式:MOD(<数值表达式 1>,<数值表达式 2>)

功能:返回数值表达式 1 除以数值表达式 2 的余数,符号与数值表达式 2 相同。如果两个表达式符号相异,则函数值为两数相除的余数再加上除数的值。

例如:? MOD(11,4),MOD(11,-4),MOD(-11,4),MOD(-11,-4)

结果:3　　　　-1　　　　1　　　　-3

12. 四舍五入函数 ROUND( )

格式:ROUND(<数值表达式 1>,<数值表达式 2>)

功能:返回数值表达式 1 四舍五入的值,数值表达式 2 表示保留的小数位数。

说明:若数值表达式 2 大于等于 0,则表示要保留几位小数,否则为整数部分的舍入位数。

例如:? ROUND(12.567,2), ROUND(12.567,1), ROUND(12.567,0), ROUND(12.567,-1)

结果:12.57　　　　12.6　　　　13　　　　10

13. π 函数 PI( )

格式:PI( )

功能:返回常量 π 的近似值。

例如:r=2

　　　Area =PI( ) * r^2

　　　? PI( ), Area

结果:3.14　　12.5664

14. 弧度转换为度函数 RTOD( )

格式:RTOD(<数值表达式>)

功能:将表示弧度的数值表达式值转化成表示度的数值,等价于 x * 180/3.14

例如:? RTOD(3.14)

结果:180.00

15. 度转换为弧度函数 DTOR( )

格式:DTOR(<数值表达式>)

功能:将表示度的数值表达式值转化成表示弧度的数值,等价于 x * 3.14/180

例如:? DTOR(0)， DTOR(45)， DTOR(90)， DTOR(180)

结果:0.00　　　0.79　　　1.57　　　3.14

16. 正弦函数 SIN( )

格式:SIN(<数值表达式>)

功能:返回数值表达式的正弦值。数值表达式以弧度为单位,函数的值域为[-1,1]。

例如:? SIN(0)，SIN(PI( )/2)，SIN(DTOR(90))

结果:0.00　　1.00　　　1.00

17. 余弦函数 COS( )

格式:COS(<数值表达式>)

功能:返回数值表达式的余弦值。数值表达式以弧度为单位,函数的值域为[-1,1]。

例如:? COS(0)，COS(PI( ))，COS(DTOR(180))

结果:1.00　　-1.00　　-1.00

18. 正切函数 TAN( )

格式:TAN(<数值表达式>)

功能:返回数值表达式的正切值。数值表达式以弧度为单位,其值为 $\pi/2$ 或 $-\pi/2$ 时,系统返回一个绝对值很大的数。

例如:? TAN(0)，TAN(PI( )/4)，TAN(PI( )*3/4)

结果:0.00　　　1.00　　　　-1.00

19. 反正弦函数 ASIN( )

格式:ASIN(<数值表达式>)

功能:返回数值表达式的反正弦值。自变量的值必须在[-1,1]内,函数值为弧度,值域为[$-\pi/2$, $\pi/2$]。

例如:? RTOD(ASIN(0))，RTOD(ASIN(1))，RTOD(ASIN(SQRT(2)/2))

结果:0.00　　　　90.00　　　　45.00

20. 反余弦函数 ACOS( )

格式:ACOS(<数值表达式>)

功能:返回数值表达式的反余弦值。自变量的值必须在[-1,1]内,函数值为弧度,值域为[$-\pi/2$, $\pi/2$]。

例如:? RTOD(ACOS(0))，RTOD(ACOS(-1))，RTOD(ACOS(SQRT(2)/2))

结果:90.00　　　　180.00　　　45.00

21. 反正切函数 ATAN( )

格式:ATAN(<数值表达式>)

功能:返回数值表达式的反正切值。函数值为弧度,值域为($-\pi/2$, $\pi/2$)。

例如:? RTOD(ATAN(0))，RTOD(ATAN(1))，RTOD(ATAN(-1))

结果:0.00　　　45.00　　　　-45.00

2.5.2 字符函数

字符函数是处理字符型数据的函数,其自变量或函数值中至少有一个是字符型数据。

函数中涉及的字符型数据项,均以字符表达式表示。

1. 子串位置函数

格式:AT(<字符表达式 1>,<字符表达式 2>[,<数值表达式>])

ATC(<字符表达式 1>,<字符表达式 2>[,<数值表达式>])

功能:如果<字符表达式 1>是<字符表达式 2>的子串,则返回<字符表达式 1>值的首字符在<字符表达式 2>值中的位置;若不是子串,则返回 0。第三个参数<数值表达式>用于表明要在<字符表达式 2>值中搜索<字符表达式 1>值的第几次出现,其默认值为 1,可缺省。ATC( )与 AT( )功能类似,但在子串比较时不区分大小写。

例如:A = "Application"

  ? AT("ap",A),ATC("ap",A),AT("i",A,1),AT("i",A,2)

结果:0   1   5   9

2. 取子串函数

格式:LEFT(<字符表达式>,<数值表达式>)

RIGHT(<字符表达式 >,<数值表达式>)

SUBSTR(<字符表达式>,<数值表达式 1>[,<数值表达式 2>])

功能:从<字符表达式>的左部取<数值表达式>指定的若干个字符。

从<字符表达式>的右部取<数值表达式>指定的若干个字符。

在<字符表达式>中,从<数值表达式 1>指定位置开始取<数值表达式 2>个字符的子串。其中,<数值表达式 1>是指定取子串位置的正整数,<数值表达式 2>是指定子串长度的正整数。

例如:A = "Application"

  ? LEFT(A,3),RIGHT(A,4),SUBSTR(A,6,2)+SUBSTR(A,9)

结果:App   tion   caion

3. 字符串长度函数 LEN( )

格式:LEN(<字符表达式>)

功能:返回<字符表达式>中的字符数(长度)。函数值为 N 型。

注意:一个汉字或一个全角字符占 2 个字符。

例如:x = "中国哈尔滨"

  y = "an Apple"

  ? LEN(x),LEN(y)

结果:10 8

4. 空格函数 SPACE( )

格式:SPACE (<数值表达式>)

功能:返回一个包含<数值表达式>个空格的字符串。

例如:X = SPACE(5)

  ? LEN(X)

结果:5

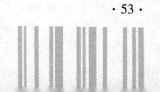

5. 删除字符串前后空格函数

格式:LTRIM(<字符表达式>)

RTRIM ｜ TRIM(<字符表达式>)

ALLTRIM(<字符表达式>)

功能:删除<字符表达式>的前导空格。

删除<字符表达式>的尾部空格。

删除<字符表达式>的前导和尾部空格。

例如:STR=SPACE(2)+"CHINA"+SPACE(3)

　　? TRIM(STR)+LTRIM(STR)+ALLTRIM(STR)

　　? LEN(STR),LEN(TRIM(STR)),LEN(LTRIM(STR)),LEN(ALLTRIM(STR))

结果:CHINACHINA　　　CHINA

　　10　　　7　　　8　　　5

6. 字符串替换函数 STUFF( )

格式:STUFF(<字符表达式1>,<数值表达式1>,<数值表达式2>,<字符表达式2>)

功能:用<字符表达式2>替换<字符表达式1>中<数值表达式2>个字符,从<数值表达式1>指定位置开始。

例如:? STUFF("Infomation",3,2,"for")

结果:Information

7. 大小写转换函数 LOWER( )和 UPPER( )

格式:LOWER(<字符表达式>)

UPPER(<字符表达式>)

功能:LOWER( )将<字符表达式>中的字母全部变成小写字母,UPPER( )将<字符表达式>中的字母全部变成大写字母,其他字符不变。

例如:? LOWER("ABCxyz"),UPPER("abcefg123")

结果:abcxyz　　　　ABCEFG123

8. 字符复制函数 REPLICATE( )

格式:REPLICATE(<字符表达式>,<数值表达式>)

功能:产生数值表达式指定个数的字符。其中,<字符表达式>给出了要产生的字符,<数值表达式>给出了要产生的字符个数。

例如:? REPLICATE("#",5)

结果:#####

9. 计算子串出现次数函数 OCCURS( )

格式:OCCURS(<字符表达式1>,<字符表达式2>)

功能:返回第一个字符串在第二个字符串中出现的次数,函数值为数值型。若第一个字符串不是第二个字符串的子串,函数值为0

例如:s1="abcdaba"

　　? OCCURS("a",s1),OCCURS("b",s1),OCCURS("c",s1),OCCURS("e",s1)

结果:3　　　　2　　　　1　　　　0

10. 字符串匹配函数 LIKE( )

格式:LIKE (<字符表达式 1>,<字符表达式 2>)

功能:比较两个字符串对应位置上的字符,若所有对应字符都相匹配,函数返回逻辑真值(.T.),否则返回逻辑假值(.F.)。字符表达式中可以包含通配符 * 和?。* 代表与任意多个字符相匹配,? 代表与任意单个字符相匹配。

例如:x = "abc"

y = "abcd"

? LIKE("ab * ",x),LIKE("ab * ",y),LIKE(x,y),LIKE("? b?",x),LIKE("Abc",x)

结果:.T.　　　　.T.　　　.F.　　　.T.　　　.F.

11. 宏替换函数 &

格式:&<字符型变量>[. <表达式 >]

功能:替换出字符型变量内容,即去掉字符型变量值的定界符。其中"."用来终止 & 函数的作用范围。

例如:STORE "您好"TO H

STORE "H" TO D

? D,&D

Y = "{^2011/10/12}"

? &Y+10

结果:H 您好

10/22/11

2.5.3　日期时间函数

日期时间函数是处理日期型或日期时间型数据的函数。其参数一般为日期型表达式或日期时间型表达式。

1. 系统日期函数 DATE( )

格式:DATE( )

功能:返回当前系统日期,此日期由 Windows 系统设置。函数值为 D 型。

2. 系统时间函数 TIME( )

格式:TIME( )

功能:以 24 小时制返回当前系统时间,时间显示格式为 hh:mm:ss。函数值为 C 型。

3. 系统日期时间函数 DATETIME( )

格式:DATETIME( )

功能:返回当前系统的日期和时间。函数值为 T 型。

4. 年份函数 YEAR( )

格式:YEAR(<日期表达式>|<日期时间表达式>)

功能:函数返回<日期表达式>中年份值。函数值为 N 型。

例如:Y = {^2011/10/12}

? YEAR(Y)

结果:2011

5. 月份函数 MONTH( ),CMONTH( )

格式:MONTH(<日期表达式>|<日期时间表达式>)

CMONTH(<日期表达式>|<日期时间表达式>)

功能:MONTH( )函数返回<日期表达式>中月份数,函数值为 N 型。CMONTH( )函数则返回月份的英文名,函数值为 C 型。

例如:Y={^2011/10/12}

    ? MONTH(Y),CMONTH(Y)

结果:10   October

6. 日期函数 DAY( )

格式:DAY(<日期表达式>|<日期时间表达式>)

功能:返回<日期表达式>中的天数。函数值为 N 型。

例如:Y={^2011/10/12}

    ? DAY(Y)

结果:12

7. 星期函数 DOW( ),CDOW( )

格式:DOW(<日期表达式>|<日期时间表达式>)

CDOW(<日期表达式>|<日期时间表达式>)

功能:DOW( )函数返回日期表达式中星期的数值,用 1~7 表示星期日~星期六。函数值为 N 型。CDOW( )函数返回日期表达式中星期的英文名称。函数值为 C 型。

例如:Y={^2011/10/12}

    ? DOW(Y),CDOW(Y)

结果:4   Wednesday

8. 求时、分、秒函数

格式:HOUR(<日期时间表达式>)

MINUTE(<日期时间表达式>)

SEC(<日期时间表达式>)

功能:HOUR( )函数返回日期时间型表达式所对应的小时部分。

MINUTE( )函数返回日期时间型表达式所对应的分钟部分。

SEC( )函数返回日期时间型表达式所对应的秒钟部分。

例如:x={^2011-09-20,05:25:45 P}

    ? HOUR(x),MINUTE(x),SEC(x)

结果:17   25   45

2.5.4 数据类型转换函数

在数据库应用的过程中,经常要将不同数据类型的数据进行相应转换,满足实际应用的需要。Visual FoxPro 系统提供了若干个转换函数,较好地解决了数据类型转换的问题。

1. 数值字符型转换函数 STR( )

格式:STR(<数值表达式>[,<长度>][,<小数位数>])

功能:将<数值表达式>的数值转换成字符串形式。其中,<数值表达式>是要转换为字符串的数值,<长度>表示转换后的字符串长度,<小数位数>指出保留小数的位数,并进行四舍五入处理,<长度>和<小数位数>可省略。函数值为 C 型。

说明:

(1)字符串理想长度应该为整数部分长度加上小数部分长度加上 1 位小数点。

例如:? STR(123.456,6,2)

结果:123.46

(2)如果不指定长度和小数位数,则取默认长度 10 个字节且仅取整数。

例如:? STR(1234567890.987)

结果:1234567891

(3)仅指定长度,没有指定小数位数时,仅取整数;若长度大于整数位数,则加前导空格。

例如:? STR(123.456,6)

结果:□□□123

(4)指定了长度和小数位数,但长度小于实际的数据位数,首先保证整数部分的输出,若长度小于整数部分,则返回" * "。

例如:? STR(123.456,5,2),STR(123.456,3,2),STR(123.456,2,2)

结果:123.5   123   * *

2. 字符数值型转换函数 VAL( )

格式:VAL(<字符表达式>)

功能:将<字符表达式>中前面符合数值型数据要求的数字字符转换成对应的数值数据。如果字符串前面无数字字符,则转换结果为 0,默认取两位小数。函数值为 N 型。

例如:x="-12.4567abc"

y="b2.6"

? VAL(x),VAL(y)

结果:-12.46   0.00

3. 将字符转换成 ASCII 码函数 ASC( )

格式:ASC(<字符表达式>)

功能:返回<字符表达式>最左边的一个字符的 ASCII 码值。函数值为 N 型。

例如:? ASC("AB")

结果:65

4. 将 ASCII 码值转换成对应字符函数 CHR( )

格式:CHR(<数值表达式>)

功能:返回以<数值表达式>为 ASCII 码的 ASCII 字符。函数值为 C 型。

例如:? CHR(ASC("D")+ASC("a")-ASC("A"))

结果:d

5. 字符串转换成日期或日期时间型函数

格式:CTOD(<字符表达式>)

CTOT(<字符表达式>)

功能:CTOD()将<字符表达式>值转换成日期型数据。函数值为 D 型。

CTOT()将<字符表达式>值转换成日期时间型数据。函数值为 T 型。

例如:? CTOD('12/13/11'), CTOT('12/13/11 10:30:51 am')

结果:12/13/11   12/13/11 10:30:51 AM

6. 日期或日期时间转换成字符型数据函数

格式:DTOC(<日期表达式>|<日期时间表达式>[,1])

TTOC(<日期时间表达式>[,1])

功能:DTOC()将<日期表达式>或<日期时间表达式>的日期部分转为字符型数据,若选 1 则字符格式为 YYYYMMDD 共 8 个字符。函数值为 C 型。

TTOC()将<日期时间表达式>转为字符型数据,若选 1 则字符格式为 YYYYMMDDH-HMMSS 共 14 个字符。函数值为 C 型。

例如:X={^2011-09-02 10:30:51 AM}

　　　Y={^2011/10/12}

　　　? DTOC(Y), TTOC(X)

结果:10/12/11   09/02/11 10:30:51 AM

2.5.5　测试函数

在数据库应用的操作过程中,用户需要了解数据对象的类型、状态等属性,Visual FoxPro 提供了相关的测试函数,使用户能够准确地获取操作对象的相关属性。

1. 条件测试函数 IIF( )

格式:IIF(<逻辑表达式>,<表达式 1>,<表达式 2>)

功能:如果<逻辑表达式>值为真(.T.),则返回<表达式 1>的值,否则返回<表达式 2>的值。其中,<表达式 1>和<表达式 2>可以是任意数据类型的表达式。

例如:a=10

　　　b=50

　　　? IIF(a>10,a-5,IIF(b>=50,b-20,b+20))

结果:30

2. 值域测试函数 BETWEEN( )

格式:BETWEEN(<表达式 1>,<表达式 2>,<表达式 3>)

功能:测试<表达式 1>的值是否在<表达式 2>和<表达式 3>范围内,若<表达式 1>的值大于等于<表达式 2>且小于等于<表达式 3>,则函数返回.T.,否则返回.F.。若<表达式 2>,<表达式 3>有一个为 NULL,则函数返回 NULL。

例如:x=100

　　　? BETWEEN(x,10,200), BETWEEN(x,1,20),BETWEEN(x,NULL,100)

结果:.T.   .F.   .NULL.

3. 空值测试函数 ISNULL( )

格式:ISNULL(<表达式>)

功能:判断一个表达式的运算结果是否为 NULL 值,若表达式值为 NULL,函数返回 .T.,否则返回 .F.。

例如:x = NULL

　　　y = 3

　　　? ISNULL(x), ISNULL(y)

结果:.T.　　　　.F.

4. "空"值测试函数 EMPTY( )

格式:EMPTY(<表达式>)

功能:若表达式值为空,函数返回 .T.,否则返回 .F.。

说明:数值型、双精度、货币、浮点、整型为 0 就认为空。字符型空串、空格、制表、回车、换行认为空。备注型无内容认为空。逻辑型为 .F.,日期、日期时间型为空时,认为空。如 CTOD(""),CTOT("")都认为空。

例如:? EMPTY(0),EMPTY(""),EMPTY(CTOD("")),EMPTY(NULL)

结果:.T.　　　.T.　　.T.　　.F.

5. 数据类型函数 VARTYPE( )

格式:VARTYPE(<字符表达式>[,<逻辑表达式>])

功能:返回<字符表达式>表示的数据对象的数据类型,返回值是一个表示数据类型的大写字母。未定义或表达式错误,则返回字母 U。若表达式的值为 NULL,则根据函数中的逻辑表达式的值决定是否返回表达式的类型:如果逻辑表达式的值为 .T.,则返回表达式的原数据类型;如果逻辑表达式的值为 .F. 或省略,则返回 X,表明表达式的运算结果是 NULL.

例如:a = "abc"

　　　b = 2

　　　c = NULL

　　　? VARTYPE(a), VARTYPE(b), VARTYPE(c), VARTYPE(d)

结果:C　N　X　U

6. 计算表中记录个数函数 RECCOUNT( )

格式:RECCOUNT ([<工作区号> | <别名>])

功能:返回指定工作区中表的记录个数。如果工作区中没有打开表则返回 0。

7. 返回表中当前记录号函数 RECNO( )

格式:RECNO([<工作区号> | <别名>])

功能:返回指定工作区中表的当前记录的记录号。如果指定工作区上没有打开表文件,则函数值为 0。如果记录指针指向文件尾,函数值为表文件中的记录数加 1。如果记录指针指向文件首,函数值为表文件中第一条记录的记录号。

8. 表文件首测试函数 BOF ( )

格式:BOF ([<工作区号> | <别名>])

功能:测试表文件中的记录指针是否指向文件首。如果记录指针指向文件首,函数返回真(.T.),否则为假(.F.)。表文件首是指第一条记录的前面位置。若指定工作区上没有打开表文件,函数返回逻辑假(.F.)。若表文件中不包含任何记录,函数返回逻辑真(.T.)。

例如:USE 学生情况表

　? BOF()

　SKIP -1

　? BOF(),RECNO()

结果:.F.

　.T.　1

9. 表文件尾测试函数 EOF( )

格式:EOF([<工作区号> | <别名>])

功能:测试记录指针是否指向文件尾,如果记录指针指向文件尾,函数返回真(.T.),否则为假(.F.)。表文件尾是指最后一条记录的后面位置。若指定工作区上没有打开表文件,则函数返回逻辑假(.F.)。若表文件中不包含任何记录,则函数返回逻辑真(.T.)。

例如:USE 学生情况表　　&& 假设学生情况表中有 10 条记录

　GO BOTTOM　　　　&& 指向表中最后一条记录

　? EOF()

　SKIP

　? EOF(),RECNO(),RECCOUNT()

结果:.F.

　.T.　11　10

10. 当前记录逻辑删除标志测试函数 DELETED( )

格式:DELETED([<工作区号> | <别名>])

功能:测试指定工作区中表的当前记录是否被逻辑删除。如果当前记录有逻辑删除标记" * ",则函数返回真(.T.),否则为假(.F.)。

11. 记录大小测试函数 RECSIZE( )

格式:RECSIZE([<工作区号> | <别名>])

功能:返回指定工作区中表的记录总长度。如果工作区中没有打开表则返回0。

12. 测试记录是否找到函数

格式:FOUND([<工作区号> | <别名>])

功能:在表中执行查找命令时,测试查找结果,如果找到,则返回.T.,否则返回.F.。

2.6　文件类型与命令规则

2.6.1　Visual FoxPro 的文件类型

在 Visual FoxPro 中,文件是按照不同的格式存储在磁盘上的,根据文件的组织形式及数据特点,Visual FoxPro 的文件可以划分为几十种类型,在此列出最常用的文件的名称、扩展名及用途。Visual FoxPro 常用文件类型见表 2.9。在 Visual FoxPro 系统中会产生很多的类型文件,比如项目文件、数据库文件、表文件、表单文件等以及相关文件。这些文件可以用不同的扩展名来区分。

表 2.9 Visual FoxPro 6.0 中常见的文件类型

扩展名	文件类型	扩展名	文件类型
.dbf	表	.lbx	标签
.dbc	数据库	.mnt	菜单备注
.cdx	复合索引	.mnx	菜单
.app	生成的应用程序	.mpr	生成的菜单程序
.dct	数据库备注	.mpx	编译后的菜单程序
.dcx	数据库索引	.pjt	项目备注
.fll	动态链接	.scx	表单
.fmt	格式文件	.pjx	项目
.fpt	表备注	.prg	程序
.frx	报表	.qpr	生成的查询程序
.fxp	编译后的程序	.tbk	备注备份
.idx	索引,压缩索引	.qpx	编译后的查询程序
.lbt	标签备注	.sct	表单备注

2.6.2 Visual FoxPro 的命令规则

Visual FoxPro 功能异常强大,拥有近 500 条命令。且其命令比一般程序设计语言中的语句更加精练、功能更强。掌握一些常用命令,可以使操作更方便、快捷、高效。必须按照命令的格式去使用,才能正确实现命令的功能。

1. Visual FoxPro 的命令格式

Visual FoxPro 的命令通常由命令动词和若干个命令短语组成。命令动词表明该命令执行什么操作,短语用于说明命令的操作对象、操作条件等,短语有时又称为子句。Visual FoxPro 命令的典型格式为:

<命令动词>[<表达式表>] [<范围>] [FOR <条件>] [WHILE <条件>]
　　　　　　[TO FILE <文件名> | TO PRINTER | TO <内存变量>]

(1)命令格式中各符号的含义。

<>:代表必选项。

[ ]:可选项,视具体使用要求由用户选择。

|:在由它所分隔的各项中选择其一。

例如:LIST 学号,姓名,性别 FOR YEAR(出生日期)=1986 TO PRINTER

(2)命令格式中各部分功能。

① 命令动词:例如,LIST,USE,COUNT 等。

② 表达式表:由一个或多个逗号分隔。如:姓名+STR(总分)也是一个表达式。

③ 范围:指定命令可以操作的记录集合。范围可有下列四种选择:ALL,NEXT <n>,RECORD <n>,REST。

④ FOR <条件>:它规定只对满足条件的记录进行操作,如果使用 FOR 子句 Visual FoxPro 将记录指针重新指向表文件顶,并且用 FOR 条件与每条记录进行比较。上例中的"FOR YEAR(出生日期)= 1986"子句,表示只选择"出生日期"为 1986 年的学生记录进行操作。

⑤ WHILE <条件>:在表文件中,从当前记录开始,按记录顺序从上向下处理,一旦遇到不满足条件的记录,就停止搜索并结束该命令的执行,在 FOR 子句和 WHILE 子句中,<条件>必须返回逻辑值。

⑥ TO FILE <文件名>|TO PRINTER|TO <内存变量>:它控制操作结果的输出,TO FILE <文件名>命令允许结果向文件输出;TO PRINTER 命令允许操作结果向打印机输出;TO <内存变量>命令允许操作结果向内存变量输出。

2. Visual FoxPro 命令书写规则

(1) 命令动词必须写在命令的最前面,而各短语的前后顺序可以任意排列。

(2) 命令动词与限定性短语之间,限定性短语之间至少用一个空格分隔。

(3) 命令的最大长度为 254 个字符,若一条命令太长可以用续行符";"隔开,然后回车换行,接着输入命令的其他内容。

(4) Visual FoxPro 的命令动词、限定性短语、函数名、变量名和文件名中的英语字母不分大小写。

(5) 命令动词都是系统保留字,大部分命令只输入前四位英文字母即可被 Visual FoxPro 识别。

(6) 保留字不能作为文件名、字段名、变量和数组。

(7) Visual FoxPro 中的输入命令是以回车键作为结束标志的。

习 题 2

一、选择题

1. 在 Visual FoxPro 中,下面是几个内存变量赋值语句:

X = {^2011-10-01 11:30:12AM}

Y = .T.

M = $ 12345

N = 12345

Z = "12345"

执行上述赋值语句之后,内存变量 X,Y,M,N 和 Z 的数据类型分别是(　　　)。

A. D,L,M,N,C　　　　　　　　B. D,L,Y,N,C

C. T,L,M,N,C　　　　　　　　D. T,L,Y,N,C

2. 在一个有算术运算、关系运算、逻辑运算的表达式中,如果没有括号,它们的运算顺序是(　　)。

A. 逻辑、算术、关系　　　　　　　　B. 逻辑、关系、算术

C. 算术、关系、逻辑　　　　　　　　D. 关系、逻辑、算术

3. 下列选项中,不能用做 Visual FoxPro 变量名的是(　　)。

A. 8ABC8　　　　　B. A _001 _ BC　　　　C. S0000　　　　D. xyz

4. 下列表达式中,不是字符型表达式的是(　　)。

A. "9"+"5"　　　　B. [7]-"1"　　　　C. 3+6　　　　D. [0]

5. 用 DIMENSION 命令定义数组后,各数组元素在没赋值之前的数据类型是(　　)。

A. 逻辑型　　　　B. 数值型　　　　C. 字符型　　　　D. 未定义

6. Visual FoxPro 数据库文件中的字段是一种(　　)。

A. 常量　　　　B. 变量　　　　C. 函数　　　　D. 运算符

7. 用 DIMENSION　Q(3,5)命令定义一个数组 Q,该数组的下标变量数目是(　　)。

A. 15　　　　B. 24　　　　C. 8　　　　D. 10

8. 以下赋值语句正确的是(　　)。

A. STORE 8 TO X,Y　　　　　　　　B. STORE 8,9 TO X,Y

C. X=8,Y=9　　　　　　　　　　　　D. X=Y=8

9. 在下列关于内存变量的叙述中,错误的一条是(　　)。

A. 一个数组中的各元素的数据类型必相同

B. 内存变量的类型取决于其值的类型

C. 内存变量的类型可以改变

D. 数组在使用之前要用 DIMENSION 或 DECLARE 语句进行定义

10. 函数 ABS(-78.5)返回的结果是(　　)。

A. -78.5　　　　B. 78.5　　　　C. 78　　　　D. 79

11. 函数 INT(-117.65)返回的结果是(　　)。

A. -117　　　　B. -118　　　　C. 117　　　　D. 118

12. 函数 MAX(1,-90)返回的结果是(　　)。

A. -90　　　　B. -89　　　　C. 89　　　　D. 1

13. 函数 STR(2781.5785,7,2)返回的结果是(　　)。

A. 2781　　　　B. 2781.58　　　　C. 2781.579　　　　D. 81.5785

14. 函数 LEN(SPACE(3)-SPACE(2))返回的值是(　　)。

A. 1　　　　B. 2　　　　C. 3　　　　D. 5

15. 若 X=34.567,则命令? STR(X,2)-SUBS("34.567",5,1)的显示结果是(　　)。

A. 346　　　　B. 356　　　　C. 357　　　　D. 355

16. 下列不正确的字符型常量有(　　)。

A. [计算机]　　　B. '计算机'　　　C. "计算机"　　　D. (计算机)

17. 执行下列命令后,屏幕上显示的结果为(　　)。

STORE "DEF "TO X

```
STORE "ABC"+X TO Y
STORE Y-"GHI" TO Z
? Z
??"A"
```

A. ABCDEF GHIA B. ABCDEFGHIA C. ABC DEFGHI D. ABCDEFGHI A

18. Visual FoxPro 的函数 ROUND(123456.789,-2)的值是(　　)。

A. 123456 B. 123500 C. 123456.79 D. 123456.7

19. 执行下列命令序列后,输出的结果是(　　)。

```
X="ABCD"
Y="EFG"
? SUBSTR(X,IIF(X<>Y,LEN(Y),LEN(X)),LEN(X)-LEN(Y))
```

A. A B. B C. C D. D

20. 执行下列命令序列:

```
D1=CTOD("01/10/2007")
D2=IIF(YEAR(D1)>2001,D1,"2001")
? D2
```

显示的结果是(　　)。

A. 01/10/07 B. 2001 C. D1 D. 错误提示

21. 执行下列命令序列:

```
S1="a+b+c"
S2="+"
? AT(S1,S2)
?? AT(S2,S1)
```

显示的结果是(　　)。

A. 0 2 B. 2 0 C. 2 2 D. 0 0

22. 要判断数值型变量 Y 是否能够被 7 整除,错误的条件表达式为(　　)。

A. MOD(Y,7)=0 B. INT(Y/7)=Y/7

C. 0=MOD(Y,7) D. INT(Y/7)=MOD(Y,7)

23. 执行如下的命令后,屏幕的显示结果是(　　)。

```
AA="Visual FoxPro"
? UPPER(SUBSTR(AA,1,1))+LOWER(SUBSTR(AA,2))
```

A. VISUAL FOXPRO B. Visual foxpro C. Visual FoxPro D. Visual Foxpro

24. 顺序执行下面 Visual FoxPro 命令之后,屏幕显示的结果是(　　)。

```
S="Happy New Year!"
T="New"
? AT(T,S)
```

A. 0 B. 7 C. 14 D. 错误信息

25. 连续执行以下命令后,主窗口中输出的结果是(　　)。

SET EXACT OFF

X = 'A'

? IIF('A' = X , X − ' BCD' , X+' BCD')

A. A B. ABCD C. BCD D. ABCD

26. 设 N = 123，M = 345，L = "M+N"，表达式 1+&L 的值为( )。

A. 1+M+N B. 469 C. 数据类型不匹配 D. 346

27. 设 A = "123"，B = "234"，下列表达式中结果为 . F. 的是( )。

A. . NOT. (A == B) . OR. (B $ "ABC")

B. . NOT. (A $ 'ABC') . AND. (A<>B)

C. . NOT. (A<>B)

D. . NOT. (A>=B)

28. 在 Visual FoxPro 的命令窗口中，执行下列命令后的显示结果是( )。

X = CTOD('07/27/11')

Y = CTOD('07/17/11')

? Y−X

A. 10 B. 11 C. −10 D. 错误

29. 有以下命令序列：

STORE 15 TO X

STORE 21 TO Y

? (Y = X) OR (X<Y)

执行上述命令之后，屏幕显示的值是( )。

A. . T. B. . F. C. 1 D. 0

30. 如果内存变量与字段变量均有变量名，姓名，引用内存变量的正确方法是( )。

A. M. 姓名 B. M=>姓名 C. 姓名 D. 不能引用

31. 在下列 Visual FoxPro 表达式中，运算结果一定是逻辑值的是( )。

A. 字符表达式 B. 算术表达式 C. 关系表达式 D. 日期运算表达式

32. 假定已经执行了命令 M = [28+2]，再执行命令? M，屏幕将显示( )。

A. 30 B. 28+2 C. [28+2] D. 30.00

33. 下列表达式，不是 Visual FoxPro 数值型表达式的是( )。

A. 185+2 B. −32 C. 0−0 D. [185+2]

34. 执行 STORE '11' TO A，再执行 ?'22'+'&A'结果为( )。

A. 22&11 B. 33 C. 2211 D. 错误信息

35. 执行 VAL("2008GO")命令后的显示结果( )。

A. "2008GO" B. 2008GO C. 2008.00 D. GO

36. 测试数据库记录指针是否指向数据库首的函数是( )

A. BOF( ) B. EOF( ) C. FOUND( ) D. RECNO ( )

37. EOF( )是测试函数，当正使用的表文件的记录指针已达到文件尾部时，返回的值

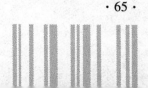

为（　　）。

A. .T.　　　　　　（B）.F.　　　　　　C.0　　　　　　D. NULL

38. 如果一条命令太长,在一行内写不下,可以使用续行符号（　　）。

A. ;　　　　　　　B. :　　　　　　　C. ,　　　　　　　D. !

39. 日期型数据不允许进行的运算是（　　）。

A. 日期加或减整数　B. 两个日期相加　　C. 两个日期相减　　D. 比较

40. 下列函数中,可以返回当前表中的记录号的是（　　）。

A. BOF( )　　　　　B. EOF( )　　　　　C. FOUND( )　　　　D. RECNO( )

二、填空题

1. 命令? ROUND(337.2007,3)的执行结果是_____。

2. LEFT("123456789",LEN("计算机"))的计算结果是_____。

3. 表达式 STUFF("GOODBOY",5,3,"GIRL")的运算结果是_____。

4. 执行 LEN ("THIS IS MY BOOK")命令后,屏幕显示的结果为_____。

5. ? AT("EN",RIGHT("STUDENT",4))的执行结果是_____。

6. 顺序执行下列操作后,屏幕最后显示的结果是_____。

STORE 5 TO X

STORE 6 TO Y

S1 = "X"

S2 = "Y"

? S1 - S2 ,&S1

? "S1+&S2"

7. 函数 BETWEEN(40,34,50)的运算结果是_____。

8. 执行下列操作后,屏幕显示的结果为_____和_____。

Y = DATE(　　　)

H = DTOC(Y)

? VARTYPE(Y),VARTYPE(H)

9. 请将下列式子写成 Visual Foxpro 的合法表达式。

(1) X>100 或 X<0 _____。

(2) $y = ax^2 + bx + c$ _____。

(3) $\frac{\sqrt{2}}{2}$ _____。

10. 设当前数据库有 N 条记录,当函数 EOF( )的值为.T.时,函数 RECNO( )的显示结果为_____。

三、简答题

1. 试说明 Visual FoxPro 的字段变量类型和内存变量类型。

2. Visual FoxPro 有哪些常量类型?

3. Visual FoxPro 定义了哪些类型的运算符?在类型内部和类型之间,其优先级是如何规定的?

4. Visual FoxPro 使用数组,是否要先定义? 用什么命令定义数组?

5. Visual FoxPro 定义了哪些表达式类型? 各举一例说明。

6. 使用 Visual FoxPro 命令时,应遵循哪些规则?

实　验　2

一、实验目的

1. 掌握基本的常量与变量、表达式、函数的用法和功能。

2. 掌握变量的赋值和输出。

3. 掌握基本命令的功能和用法。

二、实验内容及上机步骤

上机题 1:练习 Visual FoxPro 常量的表现形式。

上机步骤:分别执行如下命令,并观察屏幕显示结果。

? 78

?"哈尔滨剑桥学院"

? {^2011/09/26}

?. F.

? $45.67

? {^2011/09/26 11:21:32}

上机题 2:练习 Visual FoxPro 变量的赋值和显示。

上机步骤:分别执行如下命令,并观察屏幕显示结果。

X = 56

? X

STORE 20 TO A,B,C

? A,B,C

INPUT "给 STR 赋值" TO STR

? STR

DA = {^2011/09/26 11:21:32}

? DA

上机题 3:练习 Visual FoxPro 常用内部函数的使用。

上机步骤:

(1)数值函数,分别执行如下命令,并观察屏幕显示结果。

? SQRT(3 * 3+4 * 4)

? INT(5.7),INT(−5.7),CEILING(5.7),CEILING(−5.7),FLOOR(5.7),FLOOR(−5.7)

? MOD(34,7), MOD(34,−7), MOD(−34,7), MOD(−34,−7)

? ROUND(3.14159,2),ROUND(5678.45,−2)

(2)字符函数,分别执行如下命令,并观察屏幕显示结果。

A1 = "1"

A2 = "2"

A12 = "B"

B = MAX(05/01/01,96/12/04)

? A&A1. &A2. ,&A12

? AT("姓","姓名"),AT("PRO","Visual FoxPro"),ATC("PRO","Visual FoxPro")

? LEN(ALLTRIM(SPACE(8)))

? SUBSTR("Visual FoxPro 内部函数",8,6),LEFT("哈尔滨市:",2),RIGHT("黑龙江省",4)

(3)日期和时间函数,分别执行如下命令,并观察屏幕显示结果。

? YEAR(DATE()),MONTH(DATE()),DAY(DATE())

? HOUR(DATETIME()),MINUTE(DATETIME()),SEC(DATETIME())

(4)数据类型转换函数,分别执行如下命令,并观察屏幕显示结果。

? CHR(ASC("N")+ASC("b")−ASC("B"))

? DTOC(DATE())

? STR(34.56,10,1),STR(34.56,10,2),STR(34.56,6),STR(34.56,3),STR(34.56)

? LEN(STR(34.56,6)),LEN(STR(34.56,3)),LEN(STR(34.56))

? VAL("12"),VAL("−12"),VAL("1A"),VAL("B2")

(5)测试函数,分别执行如下命令,并观察屏幕显示结果。

? VARTYPE($234),VARTYPE("A"),VARTYPE(A),VARTYPE(DTOC(DATE()))

? IIF(3+65>70,.T. ,.F.)

上机题 4:Visual FoxPro 运算符与表达式。

上机步骤:

(1)算术运算符与表达式的练习。分别执行如下命令,并观察屏幕显示结果。

? 3 * 5 * 12/4^2

? (4^5+5^5)/(sqrt(4+5)−4 * 5)

(2)字符运算符与表达式的练习。分别执行如下命令,并观察屏幕显示结果。

a = "哈尔滨 "

b = " 剑桥"

? a+b,a−b

(3)日期和时间运算符与表达式的练习。分别执行如下命令,并观察屏幕显示结果。

? DATE()−{^2010/09/01}

? DATE()−120,DATE()+120

(4)关系运算符与表达式的练习。分别执行如下命令,并仔细观察屏幕显示结果。

? 34>45

SET EXACT OFF

A = "abcdef"

B = "abc"

? A = B

SET EXACT ON

A = ″abcdef″

B = ″abc″

? A = B

(5)逻辑运算符与表达式的练习。分别执行如下命令,并仔细观察屏幕显示结果。

a = 5 > 3

b = 3 > 5

? a AND b, a OR b, NOT a, NOT b AND . F.

上机题 5:Visual FoxPro 综合表达式的应用。

上机步骤:

(1)写出下列算术式子的表达式,并求其值。

① $\dfrac{1}{2} + \dfrac{14}{21} + \dfrac{3}{5}$。

② $\sin\dfrac{\pi}{6} + \tan\dfrac{\pi}{3}$。

③ $\dfrac{(x^5 + y^5)}{\sqrt{x + y} - xy}$,设 x = 3,y = 2。

(2)写出判断闰年的表达式(能被 4 整除但不能被 100 整除,或者能被 400 整除的年份就是闰年)。

(3)计算距离明年元旦还有多少天?(假设今年为 2012 年)

(4)设直角三角形的一条直角边长为 4,斜边长为 5,求另一条直角边之长。

第 3 章

数据库与表的操作

　　数据库是按照一定的组织结构存储在计算机内并且可共享使用的相关数据的集合。它以文件的形式组织和管理一个或多个数据文件,并被多个用户共享,数据库是数据库管理系统的核心。在 Visual FoxPro 中,数据库包含数据库表、视图等数据实体,提供了数据字典、各种数据保护和数据管理功能,所以可以把数据库看成一个容器。

3.1　数据库的建立

　　一个数据库文件是一组文件。在建立数据库时,实际建立的是扩展名为.DBC 的数据库主文件,但同时系统会自动建立一个扩展名为.DCT 的数据库备注文件以及一个文件扩展名为.DCX 的数据库索引文件,这两个文件一般不能直接使用。

　　建立数据库可以通过菜单、命令和利用项目管理器三种方法创建。

1. 菜单方式

　　选择"文件"→"新建"命令或单击"常用"工具栏上的"新建"按钮 ,打开如图 3.1所示的"新建"对话框,在文件类型中选择"数据库"选项,单击"新建文件"图标,弹出如图 3.2 所示的"创建"对话框,在"数据库名"后的文本框内输入创建的数据库名称,从"保存在"后的下拉列表框中选择数据库要保存的位置,单击"保存"按钮,弹出如图 3.3 所示的"数据库设计器"窗口,即完成数据库的建立过程。

图 3.1　"新建"对话框

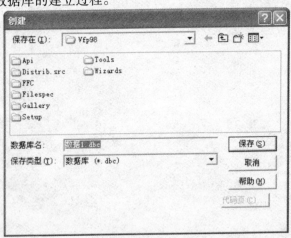

图 3.2　"创建"对话框

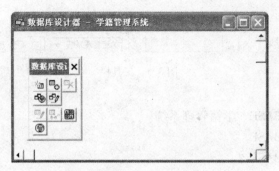

图 3.3 "数据库设计器"窗口

在"数据库设计器"窗口中有数据库设计器工具栏,如图 3.4 所示。

图 3.4 "数据库设计器"工具栏

图 3.4 中各个部分的功能如下:

在数据库中新建一个表。

向数据库中添加一个表。

把表从当前数据库中移走,点击此按钮会提示从数据库中"移去"还是从磁盘上"删除"。

新建远程视图。

新建本地视图。

修改数据库中选定的表。

浏览数据库中选定的表。

编辑用于本数据库的存储过程。

用于数据库连接。

2. 命令方式

可以通过 CREATE DATABASE 命令创建数据库,其命令格式如下:

CREATE DATABASE [<数据库文件名> | ?]

其中:

(1)数据库文件名指定要创建的数据库的名称。

(2)选择"?"参数或不使用任何参数,Visual FoxPro 将弹出如图 3.2 所示的"创建"对话框,提示输入要指定数据库的名称。

(3)数据库创建后,Visual FoxPro 自动将其保存在指定目录,并以. DBC 作为其扩展名。

当用 CREATE DATABASE 命令创建数据库后,数据库只是处于打开状态,在"常用"工具栏的数据库列表中可以看到建立的数据库名或已经打开的数据库,图 3.5 是"常用"

工具栏中的数据库列表。

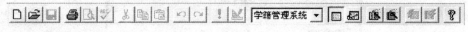

图 3.5 工具栏

例如：

CREATE DATABASE 学籍管理系统

CREATE DATABASE

CREATE DATABASE ？

3."项目管理器"方式

首先要先创建"项目"，在项目管理器的"数据"选项卡中，选择"数据库"选项，并单击"新建"按钮，打开"创建"对话框，在其中输入数据库名称以启动数据库设计器。与此同时菜单栏中会新添一个"数据库"菜单项。

3.2 数据库的打开与关闭

3.2.1 数据库的打开

数据库可以通过菜单和命令方式来打开，但是打开数据库和打开数据库设计器的含义是不同的，打开数据库的同时，数据库设计器可以打开也可以关闭，但是打开数据库设计器，却必须是在数据库打开的情况下。

1.菜单方式

选择"文件"→"打开"命令或工具栏上的"打开"按钮，都可以弹出如图 3.6 所示的"打开"对话框，在"查找范围"文本框中选择文件的存放位置，然后在"文件类型"文本框中选择数据库(.DBC)文件类型，单击找到所需数据库文件，点击"确定"按钮就可以打开数据库文件。

图 3.6 "打开"对话框

2. 命令方式

可以通过 OPEN DATABASE 命令打开数据库,其命令格式如下:

OPEN DATABASE [<数据库文件名> | ?] [EXCLUSIVE | SHARED| NOUPDATE]

其中:

(1)数据库文件名指定要打开的数据库的名称,若用户不指定文件的扩展名,Visual Foxpro 会自动的指定为. DBC。

(2)选择"?"参数或不使用任何参数,Visual FoxPro 将弹出如图 3.7 所示的"打开"对话框,提示输入要指定数据库的名称。

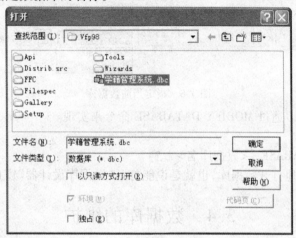

图 3.7 "打开"对话框

(3) EXCLUSIVE 指定数据库以独占的方式打开,即一个用户打开数据库而其他用户则不能访问该数据库。

(4) SHARED 指定数据库以共享的方式打开,即一个用户打开数据库而其他用户也可以访问数据库。

(5) NOUPDATE 指定数据库以只读方式打开。

3.2.2 数据库的关闭

若要关闭数据库,可以从项目管理器中选定要关闭的数据库并单击"关闭"按钮,也可以直接单击数据库设计器右上角的"关闭"按钮或者直接关闭数据库窗口,再或者使用命令方式关闭,其命令格式如下:

CLOSE DATABASE

CLOSE ALL

其中,CLOSE DATABASE 命令是关闭当前正在使用的数据库,CLOSE ALL 命令是关闭数据库及所有其他已打开的对象。

3.3 数据库显示

在 Visual FoxPro 中允许同时打开多个数据库,但是在同一个时刻只能对当前数据库进行操作,所以必须将使用的数据库设置为当前数据库,才能够显示。

设置为当前数据库有两种方式:

1. 命令方式

可以使用 SET DATABASE 设置当前数据库，命令格式：

SDT DATABASE TO ［<数据库文件名>］

其中，数据库文件名：指定一个已经打开的数据库为当前数据库。

例如：指定学籍管理系统为当前数据库。

SET DATABASE TO 学籍管理系统

2. 菜单方式

除了使用命令方式指定数据库，还可以通过"常用"工具栏上的数据库下拉列表进行选择，单击要指定为当前数据库的文件名即可，如图 3.8 所示。

图 3.8 指定当前数据库

显示数据库可以通过 MODIFY DATABASE 命令来实现。

命令格式：

MODIFY DATABASE ［<数据库名> ｜?］

该命令能显示地打开数据库，也就是说能打开"数据库设计器"窗口。

3.4 数据库的维护

3.4.1 修改数据库

数据库设计完成后，有时需要对里面的内容进行修改，可以通过菜单方式和命令方式对已经存在的数据库进行修改。

1. 菜单方式

选择"文件"菜单中的"打开"命令调出对话框，选择数据库名，单击"确定"按钮即可打开数据库设计器，如图 3.9 所示。

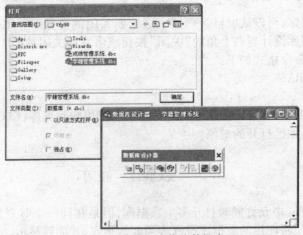

图 3.9 菜单方式修改数据库

2.命令方式

可以通过 MODIFY DATABASE 命令修改数据库,打开当前数据库的"数据库设计器",如果没有打开的数据库,那么使用此命令将弹出"打开"对话框,从中选择要修改的数据库即可。

3.4.2　删除数据库

当某个数据库不再使用的时候,就要删除,但是要注意的是,删除数据库之前必须先关闭此数据库,才能进行删除操作,删除数据库可以通过 DELETE DATABASE 命令方式实现。

命令格式:

DELETE DATABASE ［<数据库文件名>|?］［DELETETABLES］［RECYCLE］

(1)数据库文件名:指定要删除的数据库名。

(2)输入参数"?"会弹出删除对话框,从中选择要删除的数据库名,点击"确定"按钮即可。

(3)［DELETETABLES］:表示再删除数据库的同时,会删除数据库中的表。

(4)［RECYCLE］:删除的内容直接放入回收站中。

3.4.3　维护数据库

1.有效性检查

可以通过 VALIDATE DATABASE 命令检查表及索引的正确性。

2.清理

可以通过打开数据库,在"数据库"下执行"清理数据库",或者用 PACK DATABASE 命令清除数据库中因表、视图等的变动而引起的具有删除标记的记录。

关系型的数据库管理系统主要的管理对象就是关系,即二维表,在这一章中将讲述如何创建表以及如何对表记录进行各种操作。

3.5　表的建立

Visual FoxPro 中有两种类型的表,一种是数据库表(属于某一具体数据库的表),另一种是自由表(不属于任何数据库的表),这两种数据表的创建过程基本一致,均可采用表设计器、表向导或 SQL 语句三种方式来完成。每张表由表结构和表数据两部分组成,表文件的扩展名为.DBF,如果表中有备注型字段或者通用型字段,系统会自动生成一个与表名同名扩展名为.FPT 的文件。下面将围绕表 3.1、表 3.2 和表 3.3 来讲述如何创建表以及对表的各种操作。

表 3.1 学生表的表结构

字段名	类型	宽度
学号	字符型 C	4
姓名	字符型 C	8
性别	字符型 C	2
出生日期	日期型 D	8
籍贯	字符型 C	10
民族	字符型 C	10
团员	逻辑型 L	1
奖学金	数值型 N	6(1 位小数)
简历	备注型 M	4
照片	通用型 G	4

表 3.2 课程表的表结构

字段名	类型	宽度
课程号	字符型 C	2
课程名称	字符型 C	20
学时数	数值型 N	2(0 位小数)
学分	数值型 N	1(0 位小数)
开设学期	字符型 C	1

表 3.3 成绩表的表结构

字段名	类型	宽度
学号	字符型 C	4
课程号	字符型 C	2
成绩	数值型 N	3(0 位小数)

3.5.1 建立数据库表

1. 菜单方式

（1）已建立好的数据库设计器中单击"新建表"按钮，或者点击工具栏上的"新建"按钮，或者单击"文件"菜单，选择"新建"选项，在弹出的对话框中选择"表"，然后选择"新建文件"按钮，在弹出的"创建"对话框中输入表名"学生情况表"，点击"保存"按钮，随即打开表设计器。

（2）按照表 3.1 所示的结构在表设计器中对表结构进行设置，如图 3.10 所示。

（3）同理按照表 3.2 和表 3.3 分别建立课程表和成绩表的表结构，如图 3.11 和 3.12 所示。

（4）单击"确定"按钮完成对数据库表的创建，随后显示图 3.13 所示对话框，提示是否要输入数据，如果选择"是"按钮，将进入数据表的编辑界面为表输入数据；如果选择"否"则直接关闭此对话框以便日后输入数据。新建的数据库表将出现在数据库设计器

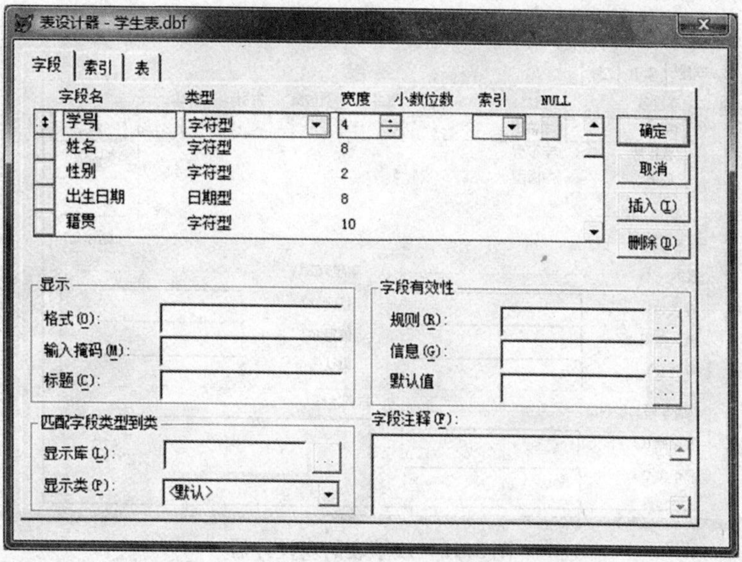

图 3.10　学生表的表设计器

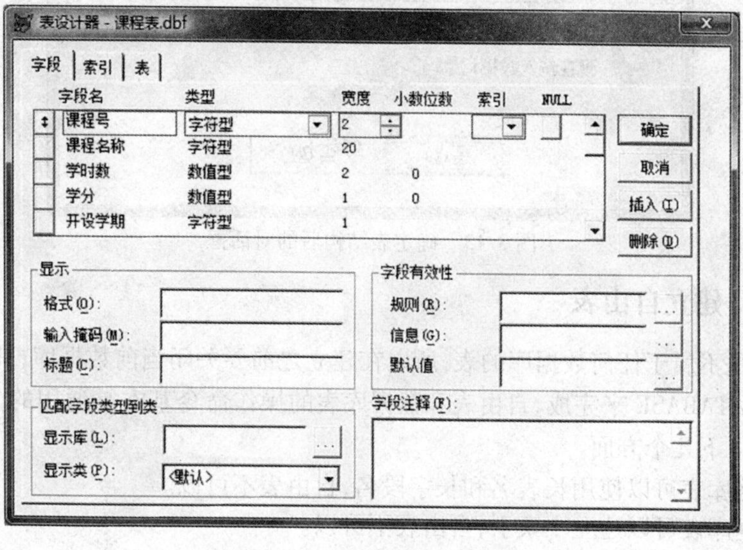

图 3.11　课程表的表设计器

窗口中,等待进一步的操作。

　　表的结构由字段组成,每个字段包括字段名、字段类型、字段宽度和小数位数等相关属性,其中 NULL 表示字段是否接受空值(空值是指不确定的值),系统默认不允许输入空值,如果在空值按钮上打上对号,则表示允许接受空值。在为表输入数据时,空值可由"Ctrl+0"组合键输入。

　　2. 命令方式

　　可以使用 CREATE 命令来建立表结构,其格式为:

　　CREATE〔<表文件名 | ? >〕

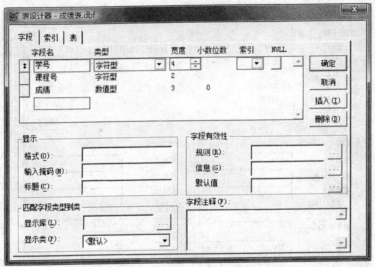

图 3.12　成绩表的表设计器

图 3.13　确定表结构后的对话框

3.5.2　建立自由表

自由表是不属于任何数据库的表,所以在建立之前要关闭当前数据库,其操作可由命令 CLOSE DATABASE 来完成,自由表和数据库表的操作命令基本是通用的,它们的主要区别表现在以下几个方面。

(1)数据库表可以使用长表名和长字段名,自由表不可以。

(2)数据库表可以建立主索引,自由表不可以。

(3)数据库表可以建立字段的有效性规则,自由表不可以。

(4)数据库表间可以建立永久关系,自由表间只可以建立临时关系。

自由表可以添加到数据库中,成为数据库表;数据库表也可以从数据库中移出而成为自由表。

1. 添加自由表到数据库中

(1)在数据库设计器中添加。右击数据库设计器的空白区域,选择"添加表"命令,在"打开"对话框中选择要添加的表后单击"确定"按钮。

(2)命令方式。使用 ADD TABLE 命令将一个自由表添加到当前数据库中,其格式为:

ADD TABLE ［<自由表名|? >］

提示:不能将已经存在于其他数据库中的表添加到当前数据库中来,如果想添加,需先将该表从其他数据库中移出后再添加。

（3）菜单方式。打开欲添加表的数据库设计器,选择"数据库"菜单中的"添加表"命令,在"打开"对话框中选择要添加的表,单击"确定"按钮。

2. 从数据库中移出表

（1）在数据库设计器中移出。打开数据库设计器,右击要移出的表,选择"删除"命令,显示如图 3.14 所示的对话框,其中"移去"按钮表示将表移出数据库成为自由表;"删除"按钮表示将表移出的同时删除该表;"取消"按钮表示取消此操作。

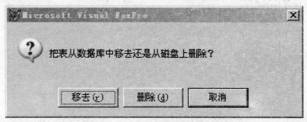

图 3.14 "移出表"对话框

（2）命令方式。使用 REMOVE TABLE 命令将表从数据库中移出,其格式为:

REMOVE TABLE   <表名> [<DELETE>] [<RECYCLE>]

其中,DELETE 表示移出表的同时删除该表,RECYCLE 表示将删除的表放入回收站。

（3）菜单方式。在数据库设计器中单击要移出的表,选择"数据库"菜单中的"移去"命令,在显示的对话框中单击"移去"按钮。

3.6 表的基本操作

表结构在建立之后,需要对其进行进一步的操作,如录入新数据、修改有问题的数据、删除无用的数据、查看记录等,本节将主要介绍数据库表的基本操作。

3.6.1 表记录的录入

Visual FoxPro 中为表输入记录有两种方式:一种是直接录入,另一种是追加录入。

1. 直接录入

如果在图 3.13 中点击"是"按钮,将弹出如图 3.15 所示的表数据编辑窗口,此窗口默认的显示格式是一个字段占一行。如果想切换到浏览记录模式,可选择"显示"菜单下的"浏览"命令,此时数据一条记录占一行,切换后的界面如图 3.16 所示。

在这两种状态下,输入数据的方式都是相同的。录入数据时,字符型和数值型数据只需将其内容直接输入即可;日期型数据需要根据 Visual FoxPro 系统设置的日期格式进行对应位置输入;逻辑型数据输入 F(大小写均可)表示.F.,输入 T(大小写均可)表示.T.;备注型数据接收字符型数据,在数据录入时,要双击 memo,打开录入备注数据的窗口界面进行数据录入;通用型数据通常接收图像、图表等数据,在数据录入时,要双击 gen,打开通用型数据的录入窗口,此时在"编辑"菜单中选择"插入对象"命令,根据提示对话框作出相应的选择。

录入数据后的三张表浏览界面如图 3.17,3.18 和 3.19 所示。

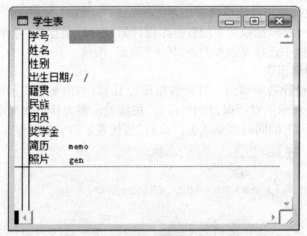

图 3.15 输入数据时的"编辑"状态

图 3.16 输入数据时的"浏览"状态

学号	姓名	性别	出生日期	籍贯	民族	团员	奖学金	简历	照片
0901	李成章	男	05/30/90	黑龙江	汉族	T	800.0	memo	gen
0902	陈翔	男	08/17/91	黑龙江	汉族	T	600.0	memo	gen
0903	李海艳	女	04/22/90	吉林	汉族	F	1000.0	memo	gen
0904	高天亮	男	07/15/89	山东	汉族	T	0.0	memo	gen
1001	马云散旦	女	12/14/90	内蒙古	蒙古族	T	800.0	memo	gen
1002	关荣丽	女	03/20/90	黑龙江	汉族	T	600.0	memo	gen
1003	金海龙	男	06/04/89	吉林	朝鲜族	T	0.0	memo	gen
1004	王鑫	女	02/19/91	河北	汉族	F	1000.0	memo	gen
1005	郑佩钢	男	08/24/91	山东	汉族	F	800.0	memo	gen
1101	苏迪	男	01/26/92	甘肃	回族	T	0.0	memo	gen
1102	刘鹏	男	11/03/92	黑龙江	汉族	T	600.0	memo	gen
1103	朱丽丽	女	04/13/91	黑龙江	汉族	F	800.0	memo	gen

图 3.17 学生表数据

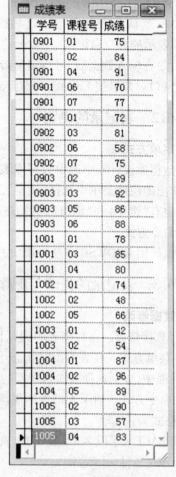

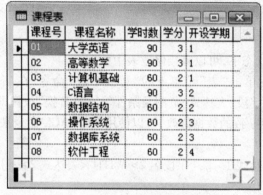

图 3.18　课程表数据　　　　　　　图 3.19　成绩表数据

2. 追加录入

在图 3.13 中点击"否"按钮,将关闭对话框不进入数据的编辑界面,若日后想为表录入数据,则要采用追加录入方式。追加录入数据既可以使用菜单方式,也可以使用命令方式。

(1)菜单方式。在表的浏览状态下选择"显示"菜单下的"追加方式"命令即可为表录入新的数据了。

注意:在表的浏览状态下,若要录入数据而指针却定位不进去时,就要选择此种录入方式了。

(2)命令方式。可以使用 APPEND 命令在表尾对表记录进行追加录入,其命令格式为:

APPEND［BLANK］

其中,BLANK 表示在表尾追加一条空白记录。

APPEND 命令只能在表尾增加记录,如果想在任意位置插入记录,需先将指针定位在某条记录上,然后使用 INSERT 命令在其前或其后插入一条新纪录,其格式为:

INSERT［BEFORE］［BLANK］

其中，默认是在某条记录之后插入新记录，使用 BEFORE 表示在其前插入，使用 BLANK 表示插入空白记录。

注意：在输入数据后，可直接单击表窗口上的"关闭"按钮，系统将自动保存数据并关闭编辑窗口。如果按 ESC 键，将放弃最近的输入或修改，并关闭编辑窗口。

3.6.2 表记录的浏览

1. 菜单方式

在数据库设计器中选中数据库表，选择"显示"菜单下的"浏览"命令或右击数据库表，在弹出的快捷菜单中选择"浏览"选项，还可以直接双击数据库表来查看数据。此时的数据也有"浏览"和"编辑"两种方式显示，可以进一步通过"显示"菜单进行选择。

2. 命令方式

可以使用 BROWSE 命令对表中的数据进行浏览。

3.6.3 表记录的修改与删除

1. 数据修改

(1)直接修改。在数据表的浏览状态下，可以直接修改表中数据。

① 菜单方式。在表的浏览状态下单击"表"菜单下的"替换字段"命令，在"替换字段"对话框中，分别选择或输入替换的字段、表达式、范围及条件等，按"替换"按钮即可。

② 命令方式。对于大批量的规律一致的数据修改，可以使用 REPLACE 命令来完成，其命令格式为：

REPLACE <字段名 1>·WITH <表达式 1>［,<字段名 2> WITH <表达式 2>…］

［FOR <条件>］［<范围>］

该命令可以一次用多个表达式的值修改多个字段的值，如果不使用 FOR 条件短语和范围短语，则默认只修改当前记录；使用 FOR 条件短语或范围短语，则修改指定范围内满足条件的所有记录。

【例 3.1】 将学生表中所有学生的奖学金提高 100 元。

REPLACE ALL 奖学金 WITH 奖学金 +100

【例 3.2】 将学生表中所有党员的奖学金提高 200 元。

REPLACE ALL 奖学金 WITH 奖学金 +200 FOR 团员 =. F.

或

REPLACE 奖学金 WITH 奖学金 +200 FOR 团员 =. F.

2. 数据删除

Visual FoxPro 表中记录的删除包括逻辑删除和物理删除两种，通常要先作逻辑删除，再作物理删除。逻辑删除只是给要删除的记录打上删除标记，其记录还可以再恢复；物理删除的记录将从表中真正删除，是不可再恢复的。

(1)逻辑删除。

① 菜单方式。单击"表"菜单下的"删除记录"命令，在"删除"对话框中，分别选择范

围和条件等,按"删除"按钮即可,如图3.20所示。在输入For条件表达式时,可单击
"⋯"浏览按钮,在弹出的"表达式生成器"中选择或输入内容,如图3.17所示。逻辑删
除后效果如图3.21所示。

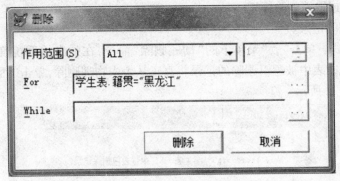

图3.20 逻辑"删除"对话框

学号	姓名	性别	出生日期	籍贯	民族	团员	奖学金	简历	照片
0901	李成章	男	05/30/90	黑龙江	汉族	T	800.0	memo	gen
0902	陈翔	男	08/17/91	黑龙江	汉族	T	600.0	memo	gen
0903	李海艳	女	04/22/90	吉林	汉族	T	1000.0	memo	gen
0904	高天亮	男	07/15/89	山东	汉族	T	0.0	memo	gen
1001	马云散	女	12/14/90	内蒙古	蒙古	F	800.0	memo	gen
1002	关荣丽	女	03/20/90	黑龙江	汉族	F	600.0	memo	gen
1003	金海龙	男	06/04/89	吉林	朝鲜	T	0.0	memo	gen
1004	王鑫	男	02/19/91	河北	汉族	T	1000.0	memo	gen
1005	郑佩钢	男	08/24/91	山东	汉族	T	0.0	memo	gen
1101	苏迪	男	01/26/92	甘肃	回族	T	0.0	memo	gen
1102	刘鹏	男	11/03/92	黑龙江	汉族	F	600.0	memo	gen
1103	朱丽丽	女	04/13/91	黑龙江	汉族	F	800.0	memo	gen

图3.21 逻辑"删除"示例

② 命令方式。逻辑删除表中的记录可以使用DELETE命令,命令格式为:

DELETE [<范围>] [FOR <条件>]

注意:缺省范围和条件时,只对当前记录操作。

【例3.3】 逻辑删除学生表中所有籍贯为黑龙江的男生的学生记录。

DELETE ALL FOR 性别="男" AND 籍贯="黑龙江"

或

DELETE FOR 性别="男" AND 籍贯="黑龙江"

(2)恢复逻辑删除的记录。恢复逻辑删除的记录,就是取消删除标记,使被标记的记
录恢复为正常的记录。可通过两种方式操作:

① 菜单方式。单击"表"菜单下的"恢复记录"命令,在"恢复记录"对话框中,分别选
择范围和条件等,按"恢复记录"按钮即可。

② 命令方式。恢复逻辑删除的记录可以使用RECALL命令,命令格式为:

RECALL〔<范围>〕〔FOR <条件>〕

注意:缺省范围和条件时,只对当前记录操作。

小提示:无论是逻辑删除记录还是恢复记录,都可以在表的浏览状态下直接单击删除标记列,以加注或取消删除标记。

(3)物理删除记录。

① 菜单方式。单击"表"菜单下的"彻底删除"命令,在弹出的系统确认对话框中单击"是"按钮,此时表中被逻辑删除的记录将真正从表中物理删除,单击"否"按钮,取消彻底删除,如图3.22所示。

图 3.22 系统确认对话框

② 命令方式。

格式一,物理删除带删除标记的记录,其命令格式为:

PACK

格式二,直接删除表中所有记录,无论是否带有删除标记,其命令格式为:

ZAP

注意:执行 PACK 或 ZAP 后的记录不可再恢复,所以应谨慎执行。

3.6.4 表记录的显示与定位

1. 表记录的显示

如果用户需要将指定的表记录显示在输出屏幕上,而不允许编辑其上的内容,可以使用 LIST 或 DISPLAY 两条命名来完成,其命令格式如下:

LIST〔〈范围〉〕〔FIELDS〈字段名表〉〕〔FOR∣WHILE〈条件〉〕

DISPLAY〔〈范围〉〕〔FIELDS〈字段名表〉〕〔FOR∣WHILE〈条件〉〕

注意:

(1)若无任何选项,LIST 默认显示所有记录,而 DISPLAY 则默认显示当前记录。

(2)选项 FIELDS 表示浏览指定的字段项。

(3)使用 FOR 将显示满足条件的所有记录,而使用 WHILE 则遇到第一个不满足条件的记录就结束命令。

(4)范围短语有四个选项,即 ALL,NEXT N,RECORD N 和 REST。其中 ALL 表示要操作所有记录,NEST N 表示操作从当前记录开始的下 N 条记录,RECORD N 表示操作第 N 条记录,REST 表示从当前记录开始的剩下的所有记录。

【例3.4】 给出如下命令,思考显示结果(假设当前是第4条记录)。

LIST ALL

LIST FOR 性别 ="女"

LIST WHILE 性别 ="女"

LIST RECORD 9

LIST REST

LIST NEXT 3

DISPLAY　NEXT　5　FIELDS　籍贯

2. 表记录的定位

为了有针对性的操作某些记录,系统为每个打开的表文件设置一个记录号变量,用来保存当前被操作记录的记录号,称其为记录指针。当想对某条记录操作时,先把指针移动到该记录上,使之成为当前记录,这种移动记录指针的操作称为表记录的定位。命令方式完成记录的定位一般包括绝对定位、相对定位和条件定位三种。

(1)绝对定位。绝对定位与当前位置无关,它是将记录指针直接移动到某条记录上,可通过两种方式操作:

① 菜单方式。单击"表"菜单,选择"转到记录"子菜单下的"第一个 I 最后一个 I 记录号"等命令之一。

② 命令方式。GO　< TOP I BOTTOM I n >

注意:TOP 为表文件的首记录,即第一条记录;BOTTOM 为表文件的末记录,即最后一条记录;n 可以是数值或数值型表达式,按四舍五入取整数,表示移动到第 n 条记录上。但是必须保证 n 值为正数且在有效的记录数范围之内,最大值是表中记录总数+1。

当表文件打开时,记录指针总是位于首记录上。

可以用以下三个表记录测试函数来判断指针记录的当前位置,见表 3.4。

表 3.4　刚打开表时三个测试函数的值

表中记录情况	BOF( )	EOF( )	RECNO( )
无记录(空表)	.T.	.T.	1
有记录(未打开索引)	.F.	.F.	1
有记录(打开索引)	.F.	.F.	逻辑排序在第 1 位的记录的记录号

(2)相对定位。相对定位是将指针在原来记录的位置上向上或向下移动 n 条记录,其命令格式:

SKIP　[<n I -n>]

注意:n 为数值表达式,非整数时系统会自动四舍五入取整数。若是正数,指针向下移动;若是负数,指针向上移动。

【例 3.5】　查看指针记录的位置。

GO　3

SKIP　5

SKIP　-2

(3)条件定位。条件定位是指根据给定的条件,搜索当前表中满足条件的第 1 条记

录,可以通过两种方式操作:

①菜单方式。单击"表"菜单,选择"转到记录"子菜单下的"定位"命令。在"定位记录"对话框中输入或选择范围、条件后,单击"定位"按钮即可。

②命令方式。LOCATE[<范围>] FOR <条件>

注意:缺省范围时,将搜索表中的所有记录。

若找到满足条件的第一条记录,将指针定位在该记录上,否则,将指针定位在搜索范围的末端记录上或表文件的末记录之后。

如果要使指针指向下一条满足条件的记录上,可以使用 CONTINUE 命令,如果没有记录再满足条件,则指针也指向表文件的末记录之后。

【例 3.6】 定位学生表的指针记录(该表共有 12 条记录)。

USE 学生表   && 刚打开表时指针位于首记录上(1 号)

SKIP   && 将指针向下移动一条记录,n 为 1 时可省略(2 号)

GO BOTTOM   && 将指针移动到末记录上(12 号)

SKIP −5   && 将指针相对移动−5 条记录,即 12−5＝9(7 号)

LOCATE FOR 姓名="郑佩钢"

    && 将指针定位到姓名为"郑佩钢"的第 1 条记录上(9 号)

CONTINUE   && 继续查找下一条,没找到,指针指向末记录之后(13 号)

? EOF( ),BOF( ),RECNO( ) && 用测试函数检测,值分别是.T. ,.F. ,13

3.6.5 表的打开与关闭

对表操作前,必须先打开表文件。当操作完成后,应将表文件关闭,以免占用系统资源或使表数据无意中遭到破坏。

1.表的打开

表的打开,实际上就是将表文件从磁盘调入内存中,可通过四种方式打开表文件:

(1)菜单方式。

方式一:单击"文件"菜单下的"打开"命令,在弹出的"打开"对话框中,选择文件的位置、类型及文件名等,如图 3.23 所示。

方式二:单击"窗口"菜单下的"数据工作期"命令,将打开"数据工作期"对话框,如图 3.24 所示。单击"打开"按钮,在弹出的"打开"对话框中,双击对应的表文件。

(2)工具方式。单击常用工具栏上的"打开"按钮。

(3)命令方式。

USE <表文件名> [EXCLUSIVE|SHARED] [NOUPDATE]

注意:

①选项 EXCLUSIVE 表示以独占的方式打开表文件;选项 SHARED 表示以共享的方式打开表文件;选项 NOUPDATE 表示以只读的方式打开表文件。

②关于"独占",在网络环境中,有两种数据存取方式,即独占与共享。为了保持数据的一致性,在某些命令操作期间,表必须以独占的方式打开,如修改表结构。当以独占的方式打开表文件时,其他用户是不能以任何方式使用该文件的。当以共享的方式打开表

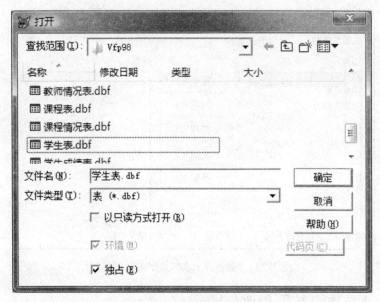

图 3.23　"打开"对话框

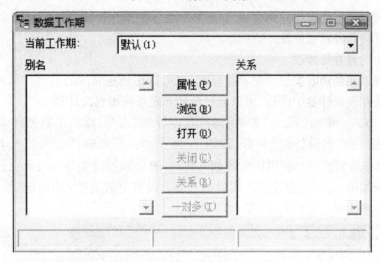

图 3.24　"数据工作期"对话框

文件时,允许其他用户以共享方式使用该文件。

2. 表的关闭

关闭表,实际上就是释放内存,可通过两种方式关闭表文件:

(1)菜单方式。单击"窗口"菜单下的"数据工作期"命令,将打开"数据工作期"对话框,如图 3.25 所示。在"别名"列表框中选择一个表名,单击"关闭"按钮即可关闭指定的表文件。

(2)命令方式。

USE

注意:该命令用于关闭当前表。

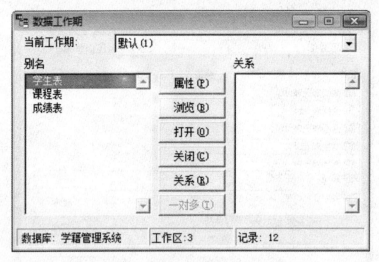

图 3.25 "数据工作期"关闭表对话框

3.6.6 表结构的查看、修改与显示

表结构的内容在创建的同时可以直接浏览,为了便于用户随时观察和修改,可以使用两种方式对其进行查看或修改。

1. 表结构的查看与修改

表结构可以在创建时发现问题直接修改,也可以在创建完成之后另作修改。表结构的修改仍然是在表设计器中进行,可以通过两种方式来调用表设计器。

(1)菜单方式。单击"显示"菜单下的"表设计器"命令,或右击数据库表,选择"修改"命令,都将打开"表设计器"窗口,如图 3.26 所示。通过拖动左侧的上下移动按钮|‡|,可以调整字段的位置。利用插入或删除按钮,可以添加或删除字段。在原来字段的各属性项目上编辑,可以重新设置各项目的内容。设置完成后单击"确定"按钮退出,系统将出现结构更改确认对话框,如图 3.27 所示。

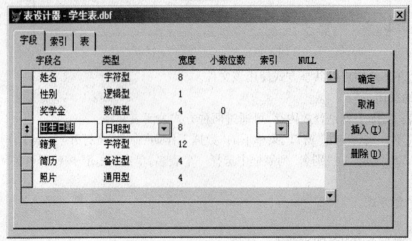

图 3.26 在"表设计器"中修改表结构

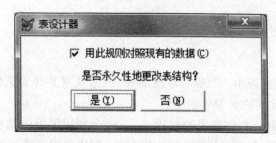

图 3.27　结构更改确认对话框

注意:修改表结构时,如将日期型改为数值型,则将导致数据丢失;如将字段宽度由大改为小,也可能丢失数据。

(2)命令方式。在命令窗口键入命令:

MODIFY STRUCTURE

2. 表结构的显示

可以用命令 LIST 或 DISPLAY 将表的结构以文本的形式显示在输出屏幕上,其命令格式为:

LIST|DISPLAY　STRUCTURE

注意:

(1)LIST 和 DISPLAY 两条命令均可显示当前表的结构。区别是:当表结构内容超出一屏时,前者一次性显示完毕,后者显示满屏后暂停,按任意键后再显示下一屏。

(2)显示结果最后一行的“总计”数值58,是所有字段宽度的总和+1,余出的一个字符宽度是系统预留的,用于存储删除标记。

如执行:

USE 学生表

LIST STRUCTURE

运行结果如图 3.28 所示。

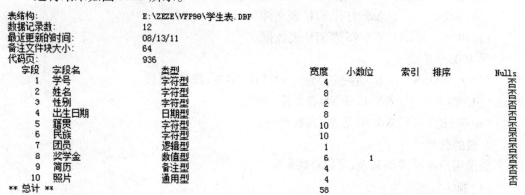

图 3.28　显示表结构

3.6.7 表的复制与删除

1. 表的复制

为保证数据的安全或由于数据管理的需要,经常要对某些表文件进行复制备份。复制可以针对表结构,也可以针对表数据。

(1)表结构的复制。在创建表的过程中,有时会利用源表的结构生成新表。就是利用复制表的结构后再作些相应的修改,这样可以达到快速建表的目的。命令格式:

COPY STRUCTURE TO <表名> ［FIELDS <字段名表>］

注意:

①复制表结构前,要先打开准备复制的原表。

②选项 FIELDS 用于指定被复制的字段,如果缺省则默认复制所有字段。

③复制后的表为空表,并且是自由表,处于关闭状态。

【例3.7】 利用学生表结构,创建新表"学生简表",其结构只包含学号、姓名、性别、和籍贯四个字段。

USE 学生表   && 打开源表

COPY STRU TO 学生简表 FIELDS 学号,姓名,性别,籍贯 && 复制指定字段

USE 学生简表   && 打开副本表文件

MODI STRU   && 打开学生简表设计器

(2)表结构+表数据的复制。如果想在复制的同时向新表直接插入数据,可使用如下命令:

COPY TO <表名> ［<范围>］［FOR <条件>］［FIELDS <字段名表>］

【例3.8】 执行如下命令,查看执行结果。

① USE 学生表

COPY TO STU   && 无任何选项也称全拷贝,新表与源表的结构数据完全相同

USE STU   && 打开 STU 表文件

BROWSE   && 浏览 STU 表数据

② USE 学生表

COPY TOXS FOR 性别="男" FIELDS 学号,姓名,籍贯

USE XS   && 打开 XS 表文件

BROWSE   && 浏览 XS 表数据

2. 表的删除

如果用户不再需要某表,可以将表删除。

(1)删除数据库表。

① 在数据库设计器中删除。在数据库设计器中右击要删除的表,选择"删除"命令,在弹出的对话框中选择"删除"。

② 菜单方式。在数据库设计器中单击要删除的表,选择"数据库"菜单中的"移去"命令,在显示的对话框中单击"删除"按钮。

③ 命令方式。

REMOVE TABLE　<表名> DELETE　［<RECYCLE>］

其中,RECYCLE 表示将删除的表放入回收站,便于日后还原。

(2)删除自由表。由于自由表没有数据库设计器窗口,所以只能通过命令来删除,其命令格式为:

DELETE FILE <自由表名>. DBF

注意:表文件的扩展名不可省略!

3.7　物理排序与索引

在初始录入的数据表中,记录都是按照输入的先后顺序,由系统自动编号进行保存的。这个编号就是前面已经熟悉的"记录号",形成的这种顺序称为物理顺序。但在数据表的使用过程中,经常会对记录的查看或显示顺序有特殊的要求,如按姓名有序排列、按出生日期先后排列、按基本工资高低排列等。Visual FoxPro 提供了两种使记录达到有序排列的操作方法:物理排序和逻辑排序,后者简称索引。

3.7.1　物理排序

物理排序是指对数据表按照某种需要重新排列记录的物理顺序。Visual FoxPro 中对记录进行物理排序的方法是另外生成一个与原表无关的新表,新表中的记录号是被系统重新编排的序号,其空间与原表大小相等,结构、数据与原表相同,可使用 SORT 命令来实现。命令格式如下:

SORT TO <新表名> ON <字段名 1>[/A|/D][/C][,<字段名 2>[/A|/D][/C]…]

注意:

(1)<新表名>是排序后生成表的名称,不要与其他表重名。

(2)<字段名 1>、<字段名 2>等表示指定的排序字段。先按<字段名 1>的值排列顺序,在等值的情况下再按<字段名 2>的值排列顺序,依此类推。不能对 M 型和 G 型字段进行排序。

(3)系统默认为升序(也可用/A 指为升序),用/D 指为降序。/C 表示不区分字母的大小写。

【例 3.9】　对学生表作物理排序操作。

(1)按姓名字段排序,生成名为 XS _ XM 的排序表文件。

USE 学生表

SORT　TO　XS _ XM　ON　姓名　　&& 默认升序

USE　XS _ XM　　　　　　　　&& 打开排序表文件 XS _ XM

LIST　　　　　　　　　　&& "陈翔"原记录号是 2,排序后是 1 号记录

运行结果如图 3.29 所示。

(2)按奖学金降序和籍贯升序字段组合排序,生成 XS _ JXJG 排序表文件。

USE 学生表

记录号	学号	姓名	性别	出生日期	籍贯	民族
1	0902	陈翔	男	08/17/91	黑龙江	汉族
2	0904	高天亮	男	07/15/89	山东	汉族
3	1002	关荣丽	女	03/20/90	黑龙江	汉族
4	1003	金海龙	男	06/04/89	吉林	朝鲜族
5	0901	李成章	男	05/30/90	黑龙江	汉族
6	0903	李海艳	女	04/22/90	吉林	汉族
7	1102	刘鹏	男	11/03/92	黑龙江	汉族
8	1101	苏迪	男	01/26/92	甘肃	回族
9	1004	王鑫	女	02/19/91	河北	汉族
10	1001	乌云散旦	女	12/14/90	内蒙古	蒙古族
11	1005	郑佩钢	男	08/24/91	山东	汉族
12	1103	朱丽丽	女	04/13/91	黑龙江	汉族

图 3.29　按姓名字段排序结果

SORT　TO　XS＿JXJG　ON　奖学金／D，籍贯

&& 奖学金为主排序、籍贯为次排序字段

USEXS＿JXJG　　　　　　&& 打开排序表文件 XS＿JXJG

LIST　学号,姓名,奖学金,籍贯

运行结果如图 3.30 所示。

记录号	学号	姓名	奖学金	籍贯
1	1004	王鑫	1000.0	河北
2	0903	李海艳	1000.0	吉林
3	0901	李成章	800.0	黑龙江
4	1103	朱丽丽	800.0	黑龙江
5	1001	乌云散旦	800.0	内蒙古
6	1005	郑佩钢	800.0	山东
7	0902	陈翔	600.0	黑龙江
8	1002	关荣丽	600.0	黑龙江
9	1102	刘鹏	600.0	黑龙江
10	1101	苏迪	0.0	甘肃
11	1003	金海龙	0.0	吉林
12	0904	高天亮	0.0	山东

图 3.30　按奖学金降序和籍贯升序排序结果

从概念和操作上看,物理排序方法比较简单直观,但每个排序都要生成一个与原表大小相同的表文件,这样很容易造成数据的冗余。另外,由于排序表与原表无关联,所以如果原表数据发生变化,就容易造成排序表与原表的数据不统一。针对这种情况,可以采用索引来解决。

3.7.2　索　引

索引是指对数据表按照某种需要而进行逻辑排列记录的过程。排列后会生成一个与原表有关的索引文件,它包括两个部分:一个是原始记录号,一个是索引关键字。因此,索引文件是以索引关键字值进行有序排列,又以原始记录号链接着原表的所有记录。索引不会改变原表中记录的物理顺序(即输入数据时的原始顺序),它只会使得原表在逻辑上成为一个有序的序列。所以,索引文件必须和表共同配合使用才有效。

1. 索引文件的类型

对表进行逻辑排序而形成的索引文件有两种类型:单索引文件和复合索引文件。前

者的扩展名是. IDX,后者的扩展名是. CDX。

单索引文件只能包含一个索引项,使用简单,主要也是为了与系统的早期版本兼容。

复合索引文件可以包含多个索引项,每一个索引项对应表的一种逻辑排列顺序。复合索引文件又分为两种:结构复合索引文件和独立复合索引文件。

结构复合索引文件既可以在创建表结构时建立,也可以通过命令建立,其特点是与原表同名,且在原表打开时自动打开。其使用和维护都很方便。

独立复合索引文件只能通过命令建立,其文件名由用户在命令中定义,使用时要用命令打开。

2. 字段的索引类型

字段的索引类型是指在字段上建立的索引类型,Visual FoxPro 中字段的索引有以下四种类型:

(1)主索引。在 Visual FoxPro 中,主索引起到了主关键字的作用,其特点如下:

① 主索引只能在数据库表中建立且只能建立一个。

② 被索引的字段不允许有重复的值或空值 NULL。

如果一个表为空表,可以直接在这个表上建立一个主索引;如果一个表中已经存在记录,并且在打算建立主索引的字段上存在重复值或者空值,那么系统将弹出出错对话框并拒绝创建主索引;如果非要在这样的字段上建立主索引,则必须先删除这些重复的字段值或空值后再创建。

(2)候选索引。候选索引起到候选关键字的作用,其特点如下:

① 候选索引在数据库表或自由表中均可建立,并且可以创建多个。

② 被索引的字段不允许有重复的值,但允许且只允许出现一个空值。

(3)唯一索引。唯一索引的字段值允许重复,但重复值在索引文件中只出现第一个,其特点如下:

① 数据库表和自由表都可以为其建立多个唯一索引。

② 被索引的字段允许有重复的值或空值。

(4)普通索引。普通索引是对表中数据排序的最简单的索引类型,其特点如下:

① 数据库表和自由表都可以为其建立多个普通索引。

② 被索引的字段允许有重复的值或空值。

综上所述,主索引和候选索引都能确保记录的唯一性,所以候选索引在某些场合也可以当做主索引来使用,如在职工表中已将职工号设为主索引,为了保证身份证号字段值的唯一性,只能将身份证号设为候选索引。主索引只适用于数据库表,且只能创建一个,其他索引类型在数据库表和自由表都可以建立多个。

3. 索引的创建

用户可以通过表设计器和命令两种方式来创建索引。在表设计器中建立的索引为结构复合索引,而命令方式则可以建立单索引文件、独立复合索引文件和结构复合索引文件。

(1)用表设计器创建索引。打开表设计器,为其创建索引,其方法有以下两种:

① 在字段选项卡中创建,如图 3.31 所示。

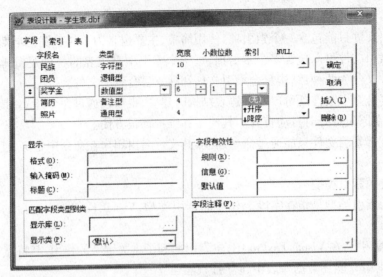

图 3.31　字段选项卡

② 在索引选项卡中创建,如图 3.32 所示。

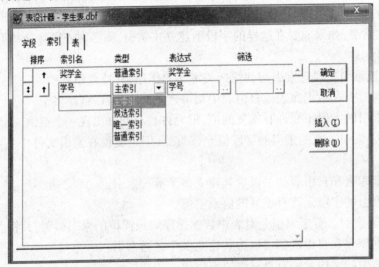

图 3.32　索引选项卡

两种方法稍有不同,前者只能创建普通索引,创建时在某字段的"索引"处选择"升序|降序"。后者对表可以创建主、候选、唯一和普通四种索引,创建时可以输入或选择生成各项内容,但若表是自由表,则"主索引"选项不可用。

(2) 用命令创建索引。可以使用 INDEX 命令建立单索引、独立复合索引和结构复合索引,其格式如下:

INDEX　ON　<索引表达式>　[TO <索引文件名>]　[TAG <索引标识>]　[OF <独立复合索引文件名>][ASCENDING | DESCENDING][CANDIDATE | UNIQUE]

注意:

①创建不同的索引使用命令不同的组成部分,允许使用的选项也不同,详见表 3.5。

表 3.5 INDEX 命令的使用

索引类型	使用命令	可用选项
单索引	INDEX ON <索引表达式> TO <索引文件名>	UNIQUE
独立复合	INDEX ON <索引表达式> TAG <索引标识> OF <独立复合索引文件名>	UNIQUE ASCENDING DESCENDING
结构复合	INDEX ON <索引表达式> TAG <索引标识>	UNIQUE CANDIDATE ASCENDING DESCENDING

②选项[ASCENDING ∣ DESCENDING]:前者为升序,后者为降序,缺省为升序。

③选项[CANDIDATE ∣ UNIQUE]:前者为候选索引,后者为唯一索引,缺省为普通索引。

【例 3.10】 对学生表创建单索引文件。

(1)在姓名字段上建立升序的单索引文件 XSD1。

USE 学生表

INDEX ON 姓名 TO XSD1 && 单索引文件默认为升序,它不可使用
[ASCENDING∣ DESCENDING]选项

LIST && 刚建立的索引文件是打开的,可立即使用

运行效果如图 3.33 所示。

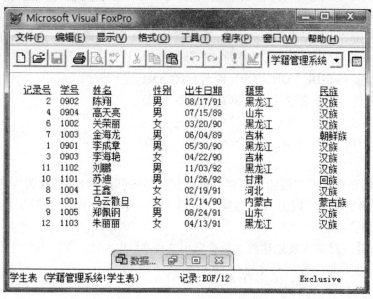

图 3.33 查看姓名索引效果

从图 3.33 可以看出,索引后的记录顺序发生变化时,记录号并没有发生变化,即索引

并不改变表中记录的物理顺序。

（2）对奖学金字段建立降序的单索引文件 XSD2。

USE 学生表

INDEX　ON　-奖学金　TO　XSD2

LIST

运行效果如图 3.34 所示。

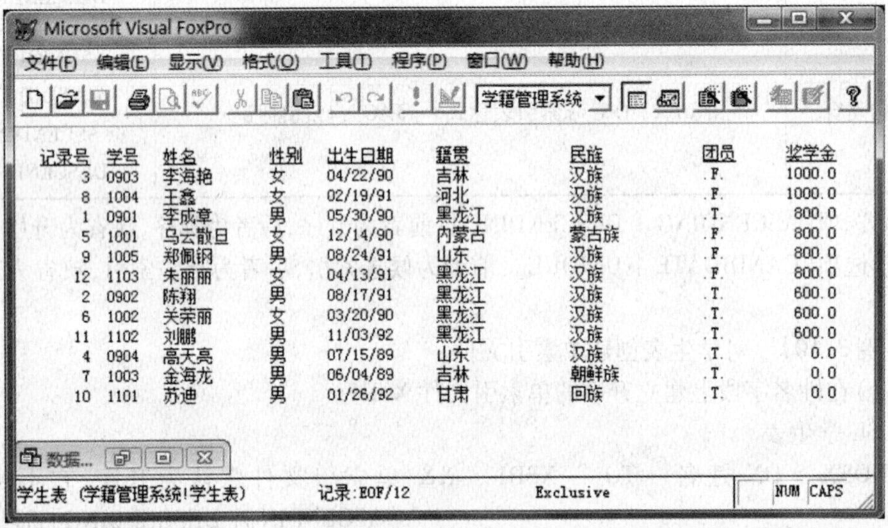

图 3.34　查看奖学金索引效果

　　单索引文件默认建立升序索引，如果要求建立降序索引，则需使用其他技巧来实现，不能使用索引选项 DESCENDING 或 ASCENDING。如 N 型字段可选择在字段名前取负。本示例使用的是"-奖学金"的表达式，系统将按负值升序，即实现了以原值降序的操作目的。如果对 C 型字段进行降序排列，则可利用转换函数 ASC 取得字符的 ASCII 码值再排序，如输入命令：INDE　ON -ASC(姓名) TO XM1。

　　（3）对籍贯与奖学金建立组合单索引文件 XSD3。

USE 学生表

INDEX　ON 籍贯+STR(奖学金,4)　TO　XSD3

LIST

　　组合索引要求索引字段的类型要一致，当类型不同时一般都转换为字符型。本例使用 STR 函数将奖学金字段由 N 型转换为 C 型。该组合单索引表示在籍贯相同的情况下，按奖学金升序排列。

【例 3.11】　对学生表创建独立复合索引文件 XSDL。

（1）按出生日期字段的升序排列，索引标识为 DL1。

USE 学生表

INDEX　ON 出生日期　TAG　DL1　OF　XSDL　DESC

　　　　　　　　&& OF 后是独立复合索引文件名，DESC 表示降序

LIST

(2)在奖学金相同时按出生日期排序,索引标识为 DL2。

USE 学生表

INDEX ON STR(奖学金,4)+DTOC(出生日期) TAG DL2 OF XSDL

由上可以看出,示例(1)和(2)建立的两个独立复合索引,虽索引标识各不相同,但却共用了一个索引文件 XSDL,示例(2)是对(1)中建立的同一个独立复合索引文件 XSDL. CDX 增加一个索引标识 DL2,索引表达式是组合索引,其类型要统一,所以奖学金和出生日期使用函数都转换成了字符型。

需要注意的是,一个索引标识是复合索引文件中的一个索引项,一个复合索引文件可以创建多个索引项,索引标识和索引文件名可以任意定义,但不要重复以免混淆。独立复合索引中不可以使用 CANDIDATE 选项。

【例 3.12】 对学生表创建结构复合索引文件。

(1)对姓名字段建立标识为 XSJG1 的降序、普通型结构复合索引。

USE 学生表

INDEX ON 姓名 TAG XSJG1 DESC && XSJG1 是索引标识,DESC 表示降序
LIST

(2)对籍贯字段建立标识为 XSJG2 的唯一型结构复合索引。

USE 学生表

INDEX ON 籍贯 TAG XSJG2 UNIQUE
&& UNIQUE 限制相同值只保留第一次

出现的记录

LIST

运行结果如图 3.35 所示。

学号	姓名	性别	出生日期	籍贯
1101	苏迪	男	01/26/92	甘肃
1004	王鑫	女	02/19/91	河北
0901	李成章	男	05/30/90	黑龙江
0903	李海艳	女	04/22/90	吉林
1001	乌云散日	女	12/14/90	内蒙古
0904	高天亮	男	07/15/89	山东

图 3.35 查看籍贯索引效果

从图 3.35 可以看出,唯一索引隐藏了相同籍贯的记录值。

(3)对姓名和出生日期字段建立标识为 XSJG3 的候选型结构复合索引。

USE 学生表

INDEX ON 姓名+DTOC(出生日期) TAG XSJG3 CAND && CAND 为候选索引
LIST

在本例中,创建了结构复合索引文件,其文件名主名与数据表同名,即学生表.CDX。

在以上创建的所有索引文件中,只有例 3.9 中创建的结构复合索引和前边通过表设计中创建的两个索引会出现在表设计里,如图 3.36 所示。

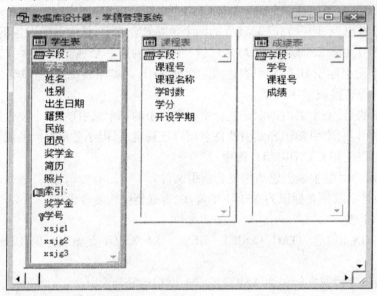

图 3.36　创建索引后的数据库表

4. 索引的使用

(1)打开索引。使用索引文件的前提是:相关的表要打开,索引文件也要打开。结构复合索引文件可以随着表的打开而自动打开;单索引和独立复合索引文件可以选择与表同时打开,也可以在表打开后再单独打开。

① 与表同时打开。命令格式如下:

USE　<表名>　INDEX　<索引文件名列表>

如:USE　学生表　INDEX　ID1,ID2,ID3,表示打开学生表,关闭其他打开的表,同时打开已创建的 ID1,ID2 和 ID3 三个索引文件,其中 ID1 是主控索引文件。

② 单独打开。索引文件不能脱离表文件而单独使用,这里所说的"单独打开"是指已打开表文件之后的概念。命令格式如下:

SET　INDEX　TO　<索引文件名列表>

注意:上述两个命令的<索引文件名列表>表示可以同时打开多个索引文件,用逗号间隔,写在第一位的是主控索引文件。

(2)指定主控索引。主控索引是指当前主导表文件记录的逻辑顺序的索引。在打开多个索引时,除在上述两个打开的命令中的<索引文件名列表>项可以指定外,也可以用专门的命令来确定。命令格式如下:

SET　ORDER　TO　<单索引文件名>|<索引标识>

注意:执行命令前应打开相应的索引文件,如果指定结构复合索引为主控索引,还可以通过下边的方式:

在表浏览状态下选择"表"菜单下的"属性"命令,打开"工作区属性"对话框,如图 3.37 所示。在"索引顺序"下拉列表框中选择相应子项,单击"确定"按钮,即可按照某一顺序显示表中记录。

图 3.37　指定索引顺序

（3）关闭索引。

命令格式一：SET　INDEX　TO

命令格式二：CLOSE　INDEX

注意：

①关闭当前工作区的单索引文件和独立复合索引文件。

②如果使用 USE 来关闭表文件，那么与表相关的索引文件将全部同时自动关闭。

5. 利用索引查询记录

建立索引的目的通常是为了提高查询的速度。在利用索引进行查询时，系统首先从索引中找出匹配的关键字，然后根据关键字的值找到相对应的记录号，最后由表中的记录号返回查询结果。

索引查询是在打开相关索引的当前表中查询，其命令是 FIND 和 SEEK。由于只能对表中的数值型、字符型和日期型字段创建索引，故索引查询只能查找这三种类型的数据。

（1）FIND 查询。

命令格式：FIND <表达式>|&<内存变量>

注意：

①FIND <表达式> 只能查询数值型和字符型的常量，且字符型常量可不加定界符。

②如果查询的内容是保存在内存变量中，则需使用 FIND &<内存变量>方式。

【例 3.13】　用 FIND 命令在学生表中查询"王鑫"的记录。

①使用 FIND<表达式>。

USE　学生表　INDEX　XSD1

　　　　　　　　&& 打开表，同时打开索引文件 XSD1. CDX 的姓名索引

FIND　"王鑫"　　　　　　&& 或键入 FIND　王鑫

? FOUND( ),EOF( ),RECNO( ) && 用函数进行测试，结果为. T. ,. F. ,8

DISPLAY   && 显示当前"王鑫"的记录

运行结果如图 3.38 所示。

记录号	学号	姓名	性别	出生日期	籍贯	民族	团员	奖学金	简历	照片
8	1004	王鑫	女	02/19/91	河北	汉族	.F.	1000.0	memo	gen

图 3.38 FIND"王鑫"后的显示结果

②使用 FIND &<内存变量>。

USE 学生表 INDEX XSD1

          && 打开表,同时打开索引文件 XSD1. CDX 的姓名索引

NAME="王鑫"   && 查询数据"王鑫"赋给内存变量 NAME

FIND &NAME   && 查询数据以宏代换变量的形式写在命令上

? FOUND( ),EOF( ),RECNO( ) && 用 FOUND 等函数进行测试,结果为. T. ,. F. ,8

DISPLAY   && 显示当前"王鑫"的记录

本例的两种方式都可以查询到"王鑫"的记录,第(1)种方式是把要查询的数据直接写在命令上,可视为直接查询。第(2)种方式是把要查询的数据赋给变量再替换查询,可视为间接查询。由于宏代换函数要求变量为字符型,所以若用 FIND 命令的第(2)种方式查询数值型数据,就要把数值以字符型数据赋给变量。

本例中的 FOUND( )是测试查询是否成功的函数,其值为. T. 表示已经查询到。

(2) SEEK 查询。

命令格式:SEEK <表达式>

注意:

①SEEK 命令除能查询数值型和字符型的数据外,还可查询日期型数据。

②如果查询的内容是保存在内存变量中,则需使用 SEEK <内存变量>方式。

【例 3.14】 用 SEEK 命令在学生表中查询出生日期为:11/03/92 的记录。

①使用 SEEK <表达式>。

USE 学生表 INDEX XSDL && 打开表,同时打开独立复合索引文件 XSDL

SET ORDER TO DL1 && 设置出生日期索引标识 DL1 为主控索引

SEEK{^1992-11-3} && 可以查找 D 型数据

? FOUND( ),EOF( ),RECNO( ) && 用函数进行测试,结果为. T. ,. F. ,11

DISPLAY && 显示记录

运行结果如图 3.39 所示。

记录号	学号	姓名	性别	出生日期	籍贯	民族	团员	奖学金	简历	照片
11	1102	刘鹏	男	11/03/92	黑龙江	汉族	.T.	600.0	memo	gen

图 3.39 SEEK 运行结果

②使用 SEEK <内存变量>。

USE 学生表 INDEX XSDL && 打开表,同时打开独立复合索引文件 XSDL

SET ORDER TO DL1 && 设置出生日期索引标识 DL1 为主控索引

DATE = {^1992-11-3} && 将 D 型数据保存在内存变量 DATE 中

SEEKDATE && 查询数据

? FOUND( ),EOF( ),RECNO( ) && 用函数进行测试,结果为.T. ,.F. ,11
DISPLAY

注意:

①SEEK 命令查询字符常量时必须加定界符。

②SEEK 命令查询变量保存的数据不需使用宏代换函数转换。

3.8 数据完整性

数据完整性是指为保证数据库中数据的正确性和一致性而实施的某种约束条件和规则,它是为防止数据库中存在不符合语义规定的数据和防止因错误信息的输入而产生无效操作或错误信息而提出的。Visual FoxPro 的数据完整性分为:实体完整性、域完整性和参照完整性。

3.8.1 实体完整性与主关键字

实体完整性是指保证表中记录唯一的特性,即在一个表中不允许出现重复的记录。实体完整性一般通过关系的主关键字来实现,它要求关系的主关键字不能取空值或重复的值。

在 Visual FoxPro 的实体完整性可以通过建立主索引或候选索引来实现。

3.8.2 域完整性与规则

域完整性包括关系中字段类型的定义以及字段取值范围等的约束规则。Visual FoxPro中字段的约束规则也称为字段的有效性规则,它在插入或修改字段值时被激活,主要用来检验数据输入的正确性。

字段的有效性规则是在数据库表的表设计器中建立的(自由表的表设计器中无此设置),如图 3.40 所示。其中:

(1)"规则"的内容用来限制字段输入的有效性,一般由实际需要来决定。如性别="男".OR.性别="女"、成绩>=0.AND.成绩<=100 等,它是一个关系型或逻辑型表达式。

(2)"信息"的内容是当用户输入不符合"规则"的数据时出现的出错提示信息的内容。

如性别只能是男或女、成绩范围应该在 0～100 之间等,它是一个字符型表达式。

(3)"默认值"的内容是字段的一个缺省取值,即当用户不输入此字段值的时候,系统默认的填充值,主要用来提高输入效率。如民族字段中多数记录的取值为"汉族",那么默认值就可以设置为"汉族"。它的类型要根据该默认值字段的类型来决定。

注意:操作时,要先选中字段,然后再设置字段有效性。各部分信息在输入时,可以在各个编辑框中直接录入,也可以单击右侧的"⋯"按钮来调用"表达式生成器",如图 3.41 所示。

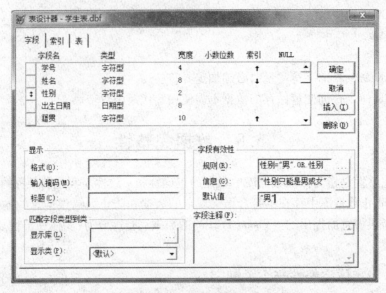

图 3.40　有效性规则

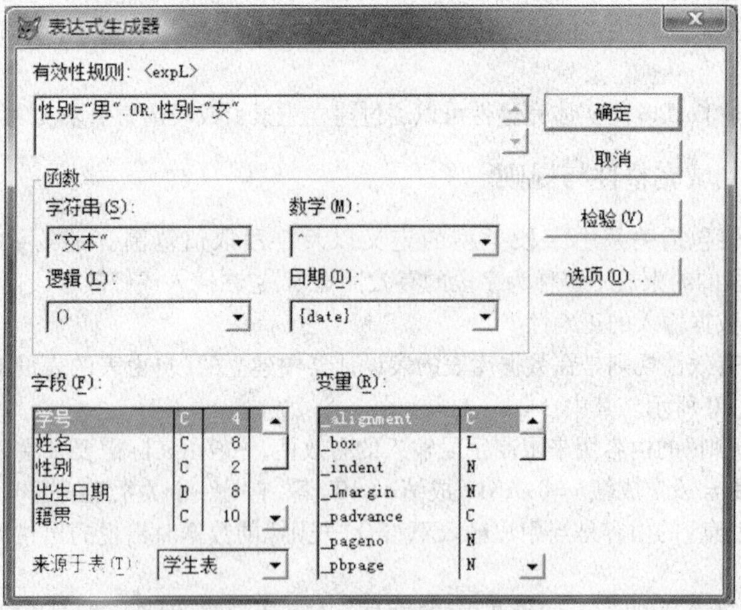

图 3.41　表达式生成器

3.8.3　参照完整性与表间关联

参照完整性是规定在建立关系的两个表或多个表之间的主关键字和外部关键字之间的约束条件。当建立关系的表在插入、修改或删除表中的数据时,通过参照引用另一个表中的数据来检测对数据的操作是否正确。

Visual FoxPro 中参照完整性通过以下三步来实现:

1. 建立表间关联

对于数据库表,可以通过共有字段来建立表间的永久关联。这种关联一经建立后就会保存在数据库中,也会体现在数据库的应用中。而自由表只可以通过命令来建立表间的临时关联。比较常用的关联关系有一对一关系和一对多关系两种。

在 Visual FoxPro 中,建立关联的两个表需要有连接字段,其字段的类型要一致,字段的取值范围要相同,字段的名字可以不同。无论是建立一对一关系还是一对多关系,其前提是相关的数据表要对共有字段建立索引,通过索引的类型决定关系的种类。如果对父表的共有字段建立主索引或候选索引,对子表的共有字段也建立主索引或候选索引,由于这两种索引都具有唯一性约束,所以这样的两个表之间建立的关联就是一对一的关系;如果对父表的共有字段建立主索引或候选索引,对子表的共有字段建立普通索引或唯一索引,因于普通索引和唯一索引对记录都没有唯一性约束,所以两表的关联就是一对多的关系。在实践中,一个数据表是作为父表还是子表,应由用户视管理系统的需要来决定。

下面以学生表和成绩表为例,在学号字段上建立两表间的一对多关联,父表为学生表,子表为成绩表,其操作方法如下。

(1)建立各相关表共有字段的索引:打开表设计器,在学生表学号字段上建立主索引,索引名为"学号";在成绩表学号字段上建立普通索引,索引名也叫"学号"。

(2)用鼠标拖动父表主索引到子表索引关键字处释放:在数据库设计器中,用鼠标拖住学生表的学号主索引处(有小钥匙标识)到成绩表的学号普通索引处释放即可,此时在学生表和成绩表之间出现一条连线,如图 3.42 所示。如果想更改关联字段,可以在两表的连线上右击,在弹出的快捷菜单中选择"编辑关系"命令,此时弹出"编辑关系"对话框,如图 3.43 所示,进行相关修改并确定即可。

图 3.42　建立关联

注意:如果想删除关系,可以右击连线选择"删除关系"命令。

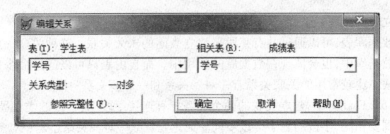

图 3.43　"编辑关系"对话框

2. 清理数据库

建立好连线的两个表,如果想设置其参照完整性,需要先进行清理数据库。方法是:选择"数据库"菜单中的"清理数据库"命令,此时如果出现如图 3.44 所示的出错对话框,则表示数据库中的表处于打开状态,需要关闭后才能完成清理数据库的操作。可以在"数据工作期"窗口中关闭表,选择"窗口"菜单下的"数据工作期"命令,在窗口中选择要关闭的表,单击"关闭"按钮即可。

图 3.44　清理数据库失败对话框

3. 设置参照完整性

参照完整性是表之间的约束规则,这些规则包括更新规则、删除规则和插入规则,即是对修改记录、删除记录和插入记录时的约束。设置方法是:

清理数据库后,右击表间连线,在弹出的快捷菜单中选择"编辑参照完整性"命令,此时弹出"参照完整性生成器"对话框,如图 3.45 所示。

(1)更新规则规定了当更新父表中的连接字段值(主关键字值)时,将如何处理相关子表中的连接字段的值(外关键字值)。它有以下三个选项。

① 级联:当父表更改某记录的连接字段值时,子表中与之关联的记录也随之更改。

② 限制:当父表更改时,子表将禁止父表操作。

③ 忽略:忽略关联,允许父表更改记录并保持子表记录不变。

(2)删除规则规定了当删除父表中的记录时,子表将采取何种操作。它有以下三个选项。

① 级联:当父表删除某记录时,将自动删除子表中与之关联的记录。

② 限制:当父表删除记录时,子表将禁止父表操作。

③ 忽略:忽略关联,允许父表删除记录并保持子表记录不变。

(3)插入规则规定了当向子表插入记录时,是否要进行参照完整性的检查。它有以下两个选项。

① 限制:若父表中没有相匹配的连接字段值,则禁止子表插入新记录。

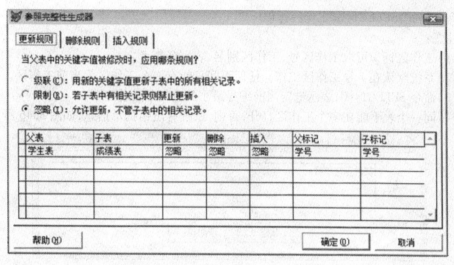

图 3.45　"参照完整性生成器"对话框

② 忽略：忽略关联，允许向子表中随意插入记录值。

可以看出，更新规则和删除规则是针对父表而言，而插入规则是针对子表。可以根据对表的修改、删除和插入记录的要求，在图 3.45 中的"更新规则"选项卡、"删除规则"选项卡和"插入规则"选项卡中，选择"级联"或"限制"或"忽略"单选按钮后单击"确定"按钮，在系统提示信息框点击"是"按钮后完成设置。

3.9　多工作区的使用

在数据库系统的实际应用中，常常要同时打开多个数据表。为了解决这个问题，Visual FoxPro 引入了工作区的概念。所谓工作区，是指内存中为表提供的一块区域，打开表文件，实际上就是将表调入这块区域中操作。Visual FoxPro 系统为用户提供了32 767 个工作区，一个工作区只允许打开一张表，即在同一时刻，最多可以打开 32 767 个数据表，这使用户能很方便地进行多表操作。

3.9.1　工作区简介

1. 工作区号与工作区别名

每个工作区都以一个号码进行标识，即从 1 到 32 767 编号。工作区也可用名称进行标识，1 到 10 号工作区别名分别为 A ~ J 十个字母（不区分大小写），11 到 32 767 号工作区别名分别为 W11 ~ W32767（字母大小写不限）。在应用程序中，工作区还可使用该工作区中打开的表的别名进行标识。表的别名可利用 USE 命令打开数据表时，使用选项 ALIAS 定义。缺省 ALIAS 项时，如 USE 学生表 ALIAS STUD 给学生表起个别名叫 STUD，系统默认以表名作为别名。

2. 工作区的选择

使用 SELECT 命令可以选择指定的工作区，使之成为当前工作区。如果该工作区已打开表，则该表为当前活动表。

命令格式:SELECT　<工作区标识>

注意:

(1)工作区标识可取工作区号、工作区别名、表别名三者之一。

(2)系统默认在 1 号工作区工作。任何瞬间只能有一个工作区为当前工作区。

(3)命令 SELECT　0,表示选定当前编号最小的空闲的工作区。

(4)同一个表不能在多个工作区打开,否则,系统有出错提示信息,如图 3.46 所示。

图 3.46　"文件正在使用"对话框

也可以通过"数据工作期"窗口,选中当前打开的某表而使得该表所在的工作区成为当前工作区。设置后的当前工作区可用通过函数 SELECT( )查看。

3. 工作区的互访

在当前工作区访问其他工作区表中的数据称为工作区的互访,访问时使用的格式为:

<工作区标识>. <字段名>

【例 3.15】 对学生表和学生成绩表在不同的工作区中进行访问操作。

在 1 号工作区,打开学生表,在 2 号工作区,打开成绩表,并给成绩表定义一个别名 CJ,显示 A 工作区当前记录及其在 B 区的相应记录的数据,操作命令如图 3.47 所示,查看数据工作期窗口显示表在工作区的打开情况如图 3.48 所示。

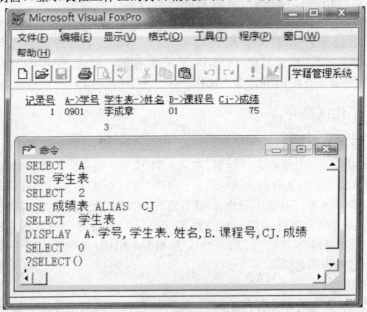

图 3.47　工作区举例

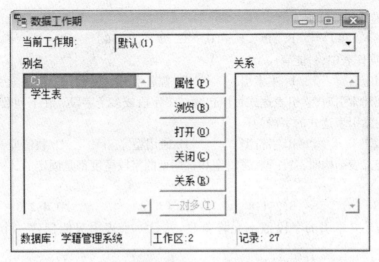

图 3.48　表在工作区打开情况

习 题 3

一、选择题

1. 打开指定数据库时如果想以独占的方式打开要加上参数(　　　)。

A. EXCLUSIVE　　　　B. SHARED　　　　C. NOUPDATE　　　　D. ALL

2. 下面(　　　)可以关闭当前数据库及所有打开的对象。

A. CLOSE DATABASE　B. CLOSE ALL　　　C. close　　　　　D. closed

3. 通过 VALIDATE DATABASE 命令能(　　　)。

A. 建立数据库　　　B. 修改数据库　　C. 清理数据库　　　D. 检查索引正确性

4. 当建立数据库时,实际建立的是扩展名为.DBC 的数据库主文件,但同时系统会自动建立一个扩展名为.DCT 的(　　　)文件。

A. 数据库索引　　　B. 数据库修复　　C. 数据库备注　　　D. 数据库维护

5. 可以通过(　　　)命令打开当前数据库的"数据库设计器"。

A. MODIFY DATABASE　　　　　　B. CLOSE DATABASE

C. DELETE DATABASE　　　　　　D. OPEN DATABASE

6. 以下关于 Visual FoxPro 的主索引的说法,正确的是(　　　)。

A. 在数据库表和自由表中都可以建立主索引

B. 可以在一个数据库表中建立多个主索引

C. 主索引只适用于数据库表的结构复合索引

D. 组成主索引关键字的字段或表达式,在数据库表的所有记录中允许有重复值

7. 打开一张空表(无任何记录的表)后,未作记录指针移动操作时 RECNO( ),EOF( )和 BOF( )函数的值分别为(　　　)。

A. 0,. T. 和. T.　　　B. 0,. T. 和. F.　　C. 1,. T. 和. T.　　　D. 1,. T. 和. F.

8. 打开一张表(有记录的表)后,未作记录指针移动操作时 EOF( )、BOF( )和

RECNO( )函数的值分别为(　　　)。

A. . F. ,. F. 和 1　　　B. . T. ,. F. 和 0　　C. . T. ,. T. 和 1　　　D. . T. ,. F. 和 1

9. 在数据库表中,只能有一个(　　　)。

A. 候索引　　　　　　B. 主索引　　　　　　C. 普通索引　　　　　　D. 唯一索引

10. 在创建索引时,索引表达式可以包含一个字段或多个字段。在下列数据类型的字段,不能作为索引表达式的字段为(　　　)。

A. 日期型　　　　　　B. 字符型　　　　　　C. 通用型　　　　　D. 数值型

11. 在定义表结构时,备注型、逻辑型和日期型的字段宽度都是固定的,它们的宽度分别是(　　　)。

A. 1,4,8　　　　　B. 2,1,8　　　　　C. 4,1,8　　　　　D. 4,2,8

12. 若所建立索引的字段值不允许重复,并且一个表中只能创建一个,它应该是(　　　)。

A. 主索引　　　　　B. 唯一索引　　　　C. 候选索引　　　　D. 普通索引

13. 在 Visual FoxPro 中,建立索引的作用之一是(　　　)。

A. 节省存储空间　　　　　　　　B. 便于管理

C. 提高查询速度　　　　　　　　D. 提高查询和更新的速度

14. 彻底删除记录数据可以分两步来实现,这两步是(　　　)。

A. PACK 和 ZAP　　　　　　　　B. DELETE 和 PACK

C. PACK 和 RECALL　　　　　　　D. DELE 和 RECALL

15. 有如下一段程序:

```
CLOSE   TABLES   ALL
USE   xs
SELE   3
USE   js
USE   kc   IN  0
BROW
```

上述程序执行后,浏览窗口中显示的表及当前工作区号分别是(　　　)。

A. KC,2　　　　　B. KC,3　　　　　C. JS,3　　　　　D. JS,2

16. 执行下列一组命令之后,选择"cj"表所在工作区的错误命令是(　　　)。

```
CLOSE ALL
USE   xs   IN 0
USE   cj   IN 0
```

A. SELECT cj　　　　B. SELECT 0　　　　C. SELECT 2　　　　D. SELECT B

17. 在定义表结构时,(　　　)的字段宽度都是固定的。

A. 字符型、货币型、数值型　　　　　　B. 字符型、备注型、二进制备注型

C. 数值型、货币型、整型　　　　　　　D. 整型、货币型、日期时间型

18. 对于 Visual FoxPro 自由表来说,不可以创建的索引类型是(　　　)。

A. 主索引　　　　　　B. 候选索引　　　　C. 唯一索引　　　　D. 普通索引

19. 在多个工作区操作中,如果选择了 1,3,5 号工作区并打开相应的数据表,在命令窗口执行命令 SELECT 0,其结果是选择(　　　)号工作区为当前工作区。

A. 0　　　　　　　　　　B. 1　　　　　　　　　　C. 4　　　　　　　　　　D. 2

20. 允许出现重复字段值的索引是(　　　)。

A. 候选索引和主索引　　　　　　　　B. 普通索引和唯一索引

C. 候选索引和唯一索引　　　　　　　D. 普通索引和候选索引

21. 在创建数据库表结构时,为该表中一些字段建立索引,其目的是(　　　)。

A. 改变表中记录的物理顺序　　　　　B. 为了对表进行实体完整性的约束

C. 加快数据库表的更新速度　　　　　D. 加快数据库表的查询速度

22. 在 Visual FoxPro 中,以下关于删除记录的描述中,不正确的是(　　　)。

A. 常说的"删除",其实只是加上删除标记,并没有从表中删除

B. 删除对应的命令是 DELETE…FROM 或者是 DELETE…FOR

C. 可以使用 RECALL 命令召回已经加了删除标记的记录

D. 可以使用 ZAP 命令彻底删除加了删除标记的记录

23. 关于候选索引,下列说法不正确的是(　　　)。

A. 候选索引可以用于数据库表

B. 候选索引可以用于自由表

C. 一张表只能创建一个候选索引

D. 候选索引要求指定的索引表达式的值不能重复

24. 修改数据表的字段的名称操作,是在(　　　)里完成的。

A. 表设计器　　　　　B. 表编辑器　　　　　C. 表浏览器　　　　　D. 表向导

25. 当前表中有四个数值型字段:高等数学、英语、计算机、总分。其中三门课程成绩均已录入,总分字段为空。要将所有学生的总分自动计算出来并填入总分字段中,应使用命令(　　　)。

A. REPL 总分 WITH 高等数学+英语+计算机

B. REPL 总分 WITH 高等数学,英语,计算机

C. REPLALL 总分 WITH 高等数学+英语+计算机

D. REPL 总分 WITH 高等数学+英语+计算机 FOR ALL

26. 要创建一个数据组分组报表,第一个分组表达式是"部门",第二个分组表达式是"性别",第三个分组表达式是"基本工资",当前索引的索引表达式应当是(　　　)。

A. 部门+性别+基本工资　　　　　　　B. 部门+性别+STR(基本工资)

C. STR(基本工资)+性别+部门　　　　D. 性别+部门+STR(基本工资)

27. 使用 REPLACE 命令时,如果范围短语是 ALL 或 REST,则执行该命令后记录指针指向(　　　)。

A. 末记录的后面　　　B. 首记录　　　C. 末记录　　　D. 首记录的前面

28. 对 XSB. DBF 表进行删除操作,下列四组命令中功能等价的是(　　　)。

(1) DELETE ALL

(2) DELETE ALL

　　PACK

（3）ZAP

（4）把 XSB. DBF 文件拖放到回收站中

A.（1），（2），（3）　　B.（3），（4）　　C.（2），（3）　　D.（2），（3），（4）

29. 已知当前表中有 60 条记录，当前记录为第 6 条记录。执行命令 SKIP 3 后当前为第（　　）条记录。

A. 8　　　　　　　　B. 9　　　　　　　　C. 10　　　　　　　　D. 11

30. 对某一个数据库建立以出生年月（D,8）和工资（N,7,2）升序的多字段复合索引，正确的索引表达式为（　　）。

A. 出生年月+工资　　　　　　　　B. 出生年月+STR（工资,7,2）

C. DTOC（出生年月,1）+STR（工资,7,2）D. 工资+DTOC（出生年月）

31. 执行 SELECT 0 选择工作区的结果是（　　）。

A. 选择了 0 号工作区　　　　　　　B. 选择已打开的工作区

C. 选择了最大工作区　　　　　　　D. 选择了空闲的最小工作区

32. 用表设计器创建一个自由表时，不能实现的操作是（　　）。

A. 设置某字段可以接受 NULL 值　　B. 设置表中某字段为通用型

C. 设置表的索引　　　　　　　　　D. 设置表中某字段的默认值

33. 下列关于自由表的说法中，错误的是（　　）。

A. 在没有打开数据库的情况下所建立的数据表，就是自由表

B. 自由表不属于任何一个数据库

C. 自由表不能转换为数据库表

D. 自由表可以转换为数据库表

34. 建立一个表文件，表中包含字段：姓名（C,6）、出生日期（D）和婚否（L），则该表中每条记录所占的字节宽度为（　　）。

A. 15　　　　　　　　B. 16　　　　　　　　C. 17　　　　　　　　D. 18

35. 在 Visual FoxPro 中，关于自由表叙述正确的是（　　）。

A. 自由表和数据库表是完全相同的　　B. 自由表不能建立字段级规则和约束

C. 自由表不能建立候选索引　　　　　D. 自由表不可以加入到数据库中

36. 表文件及其索引文件已经打开，要确保记录指针定位到记录号为 1 的记录上，应使用的命令是（　　）。

A. GO TOP　　　　　B. GO BOF（）　　C. GO 1　　　　　D. SKIP 1

37.（　　）会随着表的打开自动打开，随着表的关闭自动关闭。

A. 结构复合索引文件　　　　　　　B. 非结构复合索引文件

C. 单关键字索引　　　　　　　　　D. 以上都可以

38. 在 Visual FoxPro 环境中，有下列命令：USE RSDA IN 10 ALIAS RS，则下列命令中，（　　）不能使打开 RSDA 的工作区成为当前工作区。

A. SELECT 10　　　　　　　　　　B. SELECT J

C. SELECT RSDA　　　　　　　　　D. SELECT RS

39. 打开一张表(共有 10 条纪录)后,执行下列命令:

GOTO 3

SKIP

GOTO BOTTOM

SKIP –2

则关于记录指针的位置说法正确的是(　　　)。

A. 记录指针指向第 3 条记录　　　　　B. 记录指针指向第 10 条记录

C. 记录指针的位置取决于记录的个数　 D. 记录指针指向第 8 条记录

二、填空题

1. 建立数据库可以通过_____、命令和利用项目管理器三种方法创建。

2. 实际建立的数据库主文件的扩展名为_____。

3. 删除数据库时使用 RECYCLE 可以将删除的内容直接放入_____中。

4. 建立数据库时生成的一个文件扩展名为.DCX 的是_____文件。

5. 可以使用_____命令将学籍管理系统设置为当前数据库。

6. 在 Visual FoxPro 的指针定位命令中,将指针定位到当前顺序最后一行的命令是_____。

7. 将学生表(XS.DBF)中年龄(字段名:AGE,类型: N)字段的值加 1 的命令是:

UPDATE XS SET AGE =_____

8. 与 xb $ "男女"(xb:表示性别)等价的表达式为_____。

9. 在 Visual FoxPro 的指针定位命令中,将指针定位到当前记录下一行的命令是_____。

10. 在 Visual FoxPro 系统中,对于包含备注型字段或_____字段的表来说,在创建表结构时系统会自动生成和管理一个相应的备注文件,用于存储备注内容。备注文件的文件名与表文件名相同,其扩展名为.FPT。

11. Visual FoxPro 的索引共有四类,分别是:主索引、候选索引、_____和唯一索引。

12. 下面的命令是修改教师表(JS.DBF)中 JBGZ(基本工资)字段的值。条件是:GL(工龄)字段的值在 10 年(含 10 年)以下的教师的基本工资加 200,其他教师的基本工资加 400。请将该命令补充完整:

UPDATE JS _____ JGBZ = IIF(_____, JBGZ+200, JBGZ+400)

13. 若已在第 1 ~ 5,7,9,12 ~ 15 工作区中打开表,则使用命令 SELECT 0 后,当前工作区为第_____工作区。

14. 选择当前未使用的最小工作区号,可以使用命令_____。

15. Visual FoxPro 中的指针定位命令中,将指针定位到逻辑顺序的第一条记录的命令是_____。

16. Visual FoxPro 的 REPLACE 更新命令中,FOR 子句和范围用于指定要更新的记录,当 FOR 子句和范围均缺省时表示仅对_____进行替换。

17. 虽然结构复合索引文件随表的打开而自动打开,但复合索引中的任何一个索引都不会被自动设置为主控索引,此时表中的记录仍按记录的_____顺序显示和访问。

18. 自由表的扩展名是_____。

19. Visual FoxPro 语句中,不带条件的 DELETE 命令将删除指定表的_____记录。

20. 用 UPDATE-SQL 语句修改 TS(图书)表中作者字段(zz,C)的值时,若要在所有记录的作者后面加汉字"等"(假设字段宽度足够),可以使用命令:

UPDATE ts SET zz=_____+'等'

21. 在 Visual FoxPro 系统中,表的顺序有两种,分别是物理顺序和_____,前者是指表中的记录按其输入的时间顺序存放的顺序;后者是指表中的记录按照某个字段值或某些字段值排序的顺序。

22. 如果要彻底删除当前工作区中已经做了删除标记的记录,可以使用_____命令。

23. 在教师表(js)中按如下要求更改基本工资(jbgz):

工龄在 10 年以下(不含 10 年)　　　基本工资加　20

工龄在 10 ~ 19 年　　　　　　　　基本工资加　35

工龄在 20 年以上(含 20 年)　　　基本工资加　50

可用 UPDATE 命令完成上述更改:

UPDATE js _____　　jbgz=;

IIF(js. gl<10,_____,IIF(_____,jbgz+50,jbgz+35))

24. 要在 CJ(成绩)表中插入一条记录,应该使用的语句:

_____ CJ(XH,kcdh,cj)_____("070605121","12",78)

25. 表打开后,执行命令 SKIP － 1,BOF() 函数将返回_____。将指针定位到最后一条记录,使用命令_____,执行命令 SKIP,EOF() 函数返回_____。

26. 设 JS 表中含有 JBGZ(基本工资,N)、GZRQ(工作日期,D)字段。下列命令可以将 JS 表中所有工龄满 30 年(假设不考虑月日)的教师的基本工资加 100,请完善程序:

CLOSE TABLES ALL

USE JS

REPLACE JBGZ WITH _____ FOR _____

27. 索引可分为多种类型,其中_____只适用于数据库表。

28. 为了测试当前工作区号,使用函数表达式_____。

29. 已知学生表(cj.dbf)中的数据见表 3.6。

表 3.6　学生表中的数据

记录号	学　号	姓　名	性别	出生日期	系名代号
1	000104	王　凯	男	09/02/82	02
2	000101	李　兵	男	04/09/83	02
3	000103	刘　华	女	10/06/82	02
4	000102	陈　刚	男	12/09/82	02
5	000106	胡媛媛	女	09/08/82	02
6	000105	张一兵	男	02/06/83	02

则依次执行下列命令后,屏幕上显示的结果为_____。

USE CJ

SET ORDER TO CSRQ

　　　　　&&CSRQ 索引标识已建,它是根据出生日期字段创建的升序索引

GO TOP

SKIP 2

? RECNO( )

GO BOTTOM

? RECNO( )

实 验 3

一、实验目的

掌握与数据库相关的操作。

二、实验内容

1.建立数据库学籍管理系统。

2.用菜单和命令方式数据库。

3.利用修改命令打开"数据库设计器"。

4.关闭数据库。

5.删除数据库学籍管理系统。

三、实验步骤

1.在命令窗口输入"CREATE DATABASE 学籍管理系统"或者选择"文件"→"新建"命令或单击"常用"工具栏上的"新建"按钮新建数据库。

2.选择"文件"→"打开"命令或工具栏上的"打开"按钮或输入"OPEN DATABASE学籍管理系统"打开数据库。

3.输入 CLOSE DATABASE 关闭当前数据库。

4.使用 MODIFY DATABASE 学籍管理系统打开数据库设计器。

5.使用 DELETE DATABASE 学籍管理系统 RECYCLE 将数据库删除。

实 验 4

一、实验目的

1. 熟练掌握创建表结构和输入记录的操作方法。
2. 熟练掌握修改表结构、浏览和修改表记录数据的操作。

二、实验内容及步骤

1. 创建数据表并录入数据。

创建教材中学生表、课程表和成绩表，并录入书中所示数据。

注意：

（1）建立数据库表和自由表的"表设计器"界面是不同的。建立数据库表的"表设计器"有"显示""字段有效性"和"匹配字段类型到类"选项组，而建立自由表则没有这些选项组。

（2）输入备注型字段的内容。

①在表记录编辑窗口中，将光标移到备注型字段 memo 上，双击鼠标，打开备注型字段编辑窗口，如图 3.49 所示。

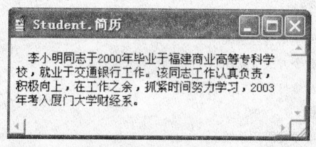

图 3.49　备注型字段编辑窗口

②在此窗口中输入备注的内容，输入完毕，按"关闭"按钮，返回表记录编辑窗口。

（3）输入通用型字段的内容。

①在表记录编辑窗口中，将光标移到备注型字段 GEN 上，双击鼠标，打开通用型字段编辑窗口。

②通用型字段编辑窗口打开后，选择"编辑"菜单中的"插入对象"命令，打开"插入对象"对话框，并选中"由文件创建"单选按钮，如图 3.50 所示。

③在"文件（E）:"文本框中，直接输入图像文件的路径及文件名，或者单击"浏览"按钮，打开"浏览"对话框，选定所需要的图片文件。

④单击"确定"按钮，图片即插入通用型字段的编辑窗口，按"关闭"按钮，返回表记录编辑窗口。

2. 添加表到数据库。

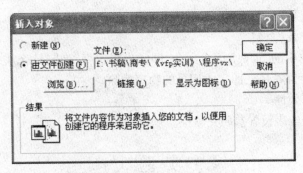

图 3.50　"插入对象"对话框

建立"学籍管理系统"数据库,并将三张表添加到数据库中来使之成为数据库表。

操作步骤如下:

(1)建立"学籍管理系统"数据库。

(2)右击"数据库设计器"窗口,在弹出的快捷菜单中选择"添加表"命令,或者选择"数据库"菜单中的"添加表"命令,或者单击"数据库设计器"工具栏中"添加表"按钮 ,都会弹出"打开"对话框。

(3)在"打开"对话框中,选择要添加的"学生.DBF"表,然后单击"确定"按钮,所选定的表即添加到"数据库设计器"窗口中。

(4)重复以上的操作,将前面所建的与学生成绩相关的表都添加到"数据库设计器"窗口中。

3.编辑数据库表。

进行如下编辑:

(1)修改表的结构。

(2)浏览和修改表记录。

(3)追加新记录。

(4)删除记录。

操作步骤如下:

(1)修改表结构。

①打开"表设计器"。

②插入字段。

③删除字段。

④调整字段的顺序。

(2)浏览和修改表记录。

(3)追加新记录。

选择"显示"菜单中的"追加方式"命令,插入点即移到"浏览"窗口尾记录下面的空记录上,用户可连续追加新记录数据。

(4)删除记录。

删除表记录分为两步:先逻辑删除,然后物理删除。逻辑删除只是在记录旁做删除标记(黑色小方块),必要时还可以撤销删除标记恢复记录;物理删除是真正删掉表中记录。

①逻辑删除记录。

②物理删除记录。

选择"表"菜单中的"彻底删除"命令,即弹出提示框,询问是否从表中移去已标记为逻辑删除的记录,回答"是",即完成记录的物理删除。

4. 设置字段有效性。

按照书中例子给表设置参照完整性。

实 验 5

一、实验目的

1. 熟练掌握建立索引的操作。

2. 掌握创建表间联系的操作。

二、实验内容及步骤

1. 建立索引。

（1）建立单关键字索引。

在学生表中,建立三个索引,要求以"学号"字段为"主索引"关键字,按升序排列;"出生日期"为"普通索引",按降序排列;"奖学金"为"普通索引",按升序排列。

操作步骤如下:

①选中学生表,打开"表设计器",选择"索引"选项卡,出现"索引"页面。单击"学号"字段,并单击"类型"右侧的下拉按钮 ▼,在类型下拉列表中选择"主索引"。用同样的方法设置"出生日期"字段和"奖学金"字段的索引类型为普通索引,如图3.51所示。

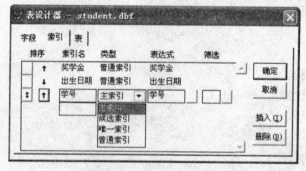

图 3.51　选择索引类型

②单击"确定"按钮,这时系统会自动比较当前的设置是否违反索引关键字设定的规则,并弹出提示框,单击"是"按钮即可。

2. 建立表间联系。

建立学生表和成绩表;课程表和成绩表间的永久联系。

操作步骤如下:

（1）建立索引。

①为"学生表"在"学号"字段上建立主索引，为"课程表"在"课程号"字段上建立主索引，为"成绩表"在"学号"和"课程号"字段上共同建立主索引。

②为"成绩表"建立两个普通索引：在学号字段上建立普通索引，在课程号字段上建立普通索引。

（2）建立表间联系。

① 学生表与成绩表间联系：按住鼠标把"一"方表（学生表）的索引拖放到"多"方表（成绩表）的索引上，两表之间就出现了一条关系连线，其中不带分岔的一端表示联系中的"一"方，带有三分岔的一端表示联系中的"多"方。

② 建立课程表和成绩表间联系：按住鼠标把"一"方表（课程表）的索引拖放到"多"方表（成绩表）的索引上，两表之间就出现了一条关系连线，其中不带分岔的一端表示联系中的"一"方，带有三分岔的一端表示联系中的"多"方。建立好三表之间的关系如图3.52 所示。

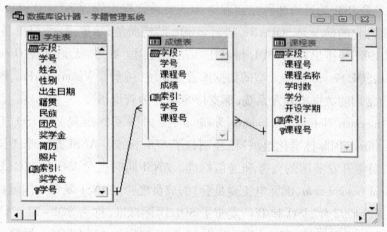

图 3.52　建立表间联系

（3）编辑参照完整性。

鼠标左键单击表之间的连线，连线变粗，表示选定了该连线。鼠标右键单击选定的连线，弹出快捷菜单，选择编辑参照完整性，根据实际需要进行选择即可。

第4章

结构化查询语言

SQL(Structured Query Language,结构化查询语言),是一种数据库查询和程序设计语言,用于存取数据以及查询、更新和管理关系数据库系统。

SQL 最早是 IBM 的圣约瑟研究实验室为其关系数据库管理系统 SYSTEM R 开发的一种查询语言,它的前身是 SQUARE 语言。SQL 结构简洁,功能强大,简单易学,所以自从 IBM 公司 1981 年推出以来,SQL 得到了广泛的应用。如今,无论是像 Oracle,Sybase,DB2,Informix,SQL Server 这些大型的数据库管理系统,还是像 Visual FoxPro,PowerBuilder 这些 PC 机上常用的数据库开发系统,都支持 SQL 作为查询语言。

ANSI(American National Standards Institute,美国国家标准局)与 ISO(International Standard Organized,国际标准化组织)已经制订了 SQL 标准。ANSI 是一个美国工业和商业集团组织,负责开发美国的商务和通信标准。ANSI 同时也是 ISO 和 IEC(International Electrotechnical Commission,国际电工委员会)的成员之一。ANSI 发布与国际标准组织相应的美国标准。1992 年,ISO 和 IEC 发布了 SQL 国际标准,称为 SQL-92。ANSI 随之发布的相应标准是 ANSI SQL-92。ANSI SQL-92 有时被称为 ANSI SQL。尽管不同的关系数据库使用的 SQL 版本有一些差异,但大多数都遵循 ANSI SQL 标准。SQL Server 使用 ANSI SQL-92 的扩展集,称为 T-SQL,其遵循 ANSI 制订的 SQL-92 标准。

SQL 语言包含以下四个部分。

数据查询语言(Data Query Language,DQL):SELECT(查询)命令。

数据定义语言(Data Definition Language,DDL):CREATE(创建),DROP(删除),ALTER(修改)命令。

数据操纵语言(Data Manipulation Language,DML):INSERT(插入),UPDATE(修改),DELETE(删除)命令。

数据控制语言(Data Control Language,DCL):GRANT、REVOKE 等语句。

但由于 Visual FoxPro 自身的原因,只支持 SQL 的前三种功能。

4.1 数据查询

SELECT 命令可以自动打开数据库、表文件加以查询,而不需要事先用 OPEN DATABASE或 USE 命令打开。而哪些数据被检索由 SELECT 命令中列出的字段名与命令中的 WHERE 短语决定。SELECT 命令不仅可以实现多张表的查询,还可以对查询结果进行排序、分组、计算等操作。

SELECT 命令的一般格式为:

SELECT[ALL|DISTINCT] 〔 TOP N 〔 PERCENT 〕〕 要查询的数据

FROM 数据源 1

〔连接方式 JOIN 数据源 2 〕 〔ON 连接条件 〕

〔WHERE 查询条件〕

〔GROUP BY 分组字段 〔 HAVING 分组条件〕〕

〔ORDER BY 排序选项 1 〔ASC|DESC 〕 〔,排序选项 2 〔 ASC|DESC 〕… 〕〕

〔输出去向〕

说明:

(1)SELECT 短语,说明要查询的字段,对应的关系操作为投影。

(2)FROM 短语,说明要查询的数据来自哪个表或哪些表,可对单个表或多个表进行查询。

(3)JOIN ON 短语,如果要查询的数据表来自多个表,那么可以选择"〔 连接方式 JOIN 数据源 2 〕〔ON 连接条件〕"短语。

(4)WHERE 短语,说明要查询的数据所要满足的条件,简称查询条件,对应的关系操作为选择。如果是多表查询还可通过该句指明连接条件,对应的关系操作为连接。查询条件是逻辑表达式或关系表达式。

(5)GROUP BY 短语,用于对查询结果进行分组,还可利用它进行分组汇总。

HAVING 关键字跟随 GROUP BY 使用,限定分果必须满足的条件。

(6)ORDER BY 短语,用于对查询的结果进行排序。

(7)输出去向,用于指定查询结果的存放方法,可以是临时表、永久表、数组、浏览等。

SELECT 命令中的每个短语都能完成一定的功能,其中"SELECT 要查询的数据 FROM 数据源 1"是最简形式,也是每个 SELECT 命令中都必须包含的。

SELECT 查询命令的使用非常灵活,用它可以构造各种各样的查询。下面通过例题逐步讲解 SELECT 命令中各短语的用法和功能。

图 4.1 给出了本章要用到的学籍管理系统数据库中的 3 张表:学生表、成绩表、课程表。

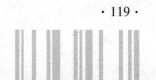

学号	姓名	性别	出生日期	籍贯	民族	团员	奖学金	简历	照片
0901	李成章	男	05/30/90	黑龙江	汉族	T	800.0	memo	gen
0902	陈翔	男	08/17/91	黑龙江	汉族	T	600.0	memo	gen
0903	李海艳	女	04/22/90	吉林	汉族	F	1000.0	memo	gen
0904	高天亮	男	07/15/89	山东	汉族	T	0.0	memo	gen
1001	乌云散旦	男	12/14/90	内蒙古	蒙古族	T	800.0	memo	gen
1002	关荣丽	女	03/20/90	黑龙江	汉族	T	600.0	memo	gen
1003	金海龙	男	06/04/89	吉林	朝鲜族	T	0.0	memo	gen
1004	王鑫	女	02/19/91	河北	汉族	F	1000.0	memo	gen
1005	郑佩钢	男	08/24/91	山东	汉族	T	0.0	memo	gen
1101	苏迪	男	01/26/92	甘肃	回族	T	0.0	memo	gen
1102	刘鹏	男	11/03/92	黑龙江	汉族	T	600.0	memo	gen
1103	朱丽丽	女	04/13/91	黑龙江	汉族	F	800.0	memo	gen

成绩表

学号	课程号	成绩
0901	01	75
0901	02	84
0901	04	91
0901	06	70
0901	07	77
0902	01	72
0902	03	81
0902	06	58
0902	07	75
0903	02	89
0903	03	92
0903	05	86
0903	06	88
1001	01	78
1001	03	85
1001	04	80
1002	01	74
1002	02	48
1002	05	66
1003	01	42
1003	02	54
1004	01	87
1004	02	96
1004	05	89
1005	02	90
1005	03	57
1005	04	83

课程表

课程号	课程名称	学时数	学分	开设学期
01	大学英语	90	3	1
02	高等数学	90	3	1
03	计算机基础	60	2	1
04	C语言	90	3	2
05	数据结构	60	2	2
06	操作系统	60	2	3
07	数据库系统	60	2	3
08	软件工程	60	2	4

图 4.1 学籍管理系统

4.1.1 投影查询

投影查询也称为基本查询,仅使用了"SELECT 要查询的数据 FROM 数据源"的最简形式。

要查询的数据主要由表中的字段组成,可以用"数据库名! 表名. 字段名"形式给出,数据库名和表名均可以省略。数据源是指查询的字段来自于哪个表,可以用"数据库名! 表名"形式给出,数据库名也可以省略。

要查询的数据可以是以下几种形式:

1. 表中全部字段

【例4.1】 查询学生表中所有学生信息。

SELECT ＊ FROM 学生表

说明:"＊"表示查询表中全部字段。

类似于:

USE 学生表

LIST

查询结果如图4.2所示。

学号	姓名	性别	出生日期	籍贯	民族	团员	奖学金	简历	照片
0901	李成章	男	05/30/90	黑龙江	汉族	T	800.0	memo	gen
0902	陈翔	男	08/17/91	黑龙江	汉族	T	600.0	memo	gen
0903	李海艳	女	04/22/90	吉林	汉族	F	1000.0	memo	gen
0904	高天亮	男	07/15/89	山东	汉族	F	0.0	memo	gen
1001	乌云散旦	女	12/14/90	内蒙古	蒙古族	F	800.0	memo	gen
1002	关荣丽	女	03/20/90	黑龙江	汉族	F	600.0	memo	gen
1003	金海龙	男	06/04/89	吉林	朝鲜族	F	0.0	memo	gen
1004	王鑫	女	02/19/91	河北	汉族	F	1000.0	memo	gen
1005	郑阗钢	男	08/24/91	山东	汉族	F	0.0	memo	gen
1101	苏迪	男	01/26/92	甘肃	回族	T	0.0	memo	gen
1102	刘鹏	男	11/03/92	黑龙江	汉族	T	600.0	memo	gen
1103	朱丽丽	女	04/13/91	黑龙江	汉族	F	800.0	memo	gen

图4.2 例4.1查询结果

2. 表中部分字段

【例4.2】 查询学生表中所有学生的学号和姓名。

SELECT 学号,姓名 FROM 学生表

说明:多个字段名间用","隔开。

类似于:

USE 学生表

LIST 学号,姓名

查询结果如图4.3所示。

3. 表中现有字段的表达式

【例4.3】 查询学生表中所有学生的姓名和省份(省份是在籍贯后面加个"省"字)。

SELECT 姓名,籍贯+"省" FROM 学生表

说明:此处查询的不再是表内现存字段,而是通过现存字段的表达式生成了一个新的字段。

在要查询的数据前可以用 ALL|DISTINCT 这组选项中的一个加以限制。ALL 表示查询所有记录,包括重复记录。DISTINCT 表示查询结果中去掉重复的记录。

省略时,默认值为 ALL。

查询结果如图4.4所示。

学号	姓名
0901	李成章
0902	陈翔
0903	李海艳
0904	高天亮
1001	乌云散旦
1002	关荣丽
1003	金海龙
1004	王鑫
1005	郑佩钢
1101	苏迪
1102	刘鹏
1103	朱丽丽

姓名	Exp_2	
李成章	黑龙江	省
陈翔	黑龙江	省
李海艳	吉林	省
高天亮	山东	省
乌云散旦	内蒙古	省
关荣丽	黑龙江	省
金海龙	吉林	省
王鑫	河北	省
郑佩钢	山东	省
苏迪	甘肃	省
刘鹏	黑龙江	省
朱丽丽	黑龙江	省

图 4.3　例 4.2 查询结果　　　　　图 4.4　例 4.3 查询结果

4.1.2　条件查询

当要在数据表中找出满足某些条件的行时,则需要使用 WHERE 短语指定查询条件。查询条件有以下几种类型:

1. 比较大小

常用运算符:>,<,=,<>。

【**例 4.4**】　查询男生的学号和姓名。

SELECT　学号,姓名　FROM　学生表　WHERE　性别="男"

类似于:

USE　学生表

LIST　学号,姓名　FOR　性别="男"

查询结果如图 4.5 所示。

【**例 4.5**】　查询奖学金多于 800 元的学生信息。

SELECT ＊ FROM　学生表　WHERE　奖学金>800

说明:若要查询奖学金等于 800 元,少于 800 元,不等于 800 元的学生信息,可以使用以下语句实现。

SELECT　＊　FROM　学生表　WHERE　奖学金=800

SELECT　＊　FROM　学生表　WHERE　奖学金<800

SELECT　＊　FROM　学生表　WHERE　奖学金<>800

类似于:

USE　学生表

LIST　FOR　奖学金>800

查询结果如图 4.6 所示。

学号	姓名
0901	李成章
0902	陈翔
0904	高天亮
1003	金海龙
1005	郑佩钢
1101	苏迪
1102	刘鹏

图 4.5　例 4.4 查询结果

学号	姓名	性别	出生日期	籍贯	民族	团员	奖学金	简历	照片
0903	李海艳	女	04/22/90	吉林	汉族	F	1000.0	memo	gen
1004	王鑫	女	02/19/91	河北	汉族	F	1000.0	memo	gen

图 4.6 例 4.5 查询结果

2. 多重条件

当 WHERE 短语需要指定一个以上的查询条件时,需要使用逻辑运算符 AND,OR 和 NOT 将其连接成复合的逻辑表达式。其优先级由高到低为:NOT,AND,OR。但可以使用括号改变优先级次序。

【例 4.6】 查询奖学金等于 800 元的男生信息。

SELECT ∗ FROM 学生表 WHERE 奖学金＝800 AND 性别＝″男″

查询结果如图 4.7 所示。

学号	姓名	性别	出生日期	籍贯	民族	团员	奖学金	简历	照片
0901	李成章	男	05/30/90	黑龙江	汉族	T	800.0	memo	gen
1005	郑佩钢	男	08/24/91	山东	汉族	F	800.0	memo	gen

图 4.7 例 4.6 查询结果

3. 确定范围

BETWEEN AND,在"……和……之间"取值。包含边界值,为闭区间。

【例 4.7】 查询奖学金在 800 到 1 000 元之间的学生信息。

SELECT ∗ FROM 学生表;

WHERE 奖学金 BETWEEN 800 AND 1000

说明:";"是续行符号。

等价于:

SELECT ∗ FROM 学生表;

WHERE 奖学金>＝800 AND 奖学金<＝1000

查询结果如图 4.8 所示。

学号	姓名	性别	出生日期	籍贯	民族	团员	奖学金	简历	照片
0901	李成章	男	05/30/90	黑龙江	汉族	T	800.0	memo	gen
0903	李海艳	女	04/22/90	吉林	汉族	F	1000.0	memo	gen
1001	乌云散旦	女	12/14/90	内蒙古	蒙古族	F	1000.0	memo	gen
1004	王鑫	女	02/19/91	河北	汉族	F	1000.0	memo	gen
1005	郑佩钢	男	08/24/91	山东	汉族	F	800.0	memo	gen
1103	朱丽丽	女	04/13/91	黑龙江	汉族	F	800.0	memo	gen

图 4.8 例 4.7 查询结果

【例 4.8】 查询奖学金不在 800 到 1 000 元之间的学生信息。

SELECT ∗ FROM 学生表;

WHERE 奖学金 NOT BETWEEN 800 AND 1000

查询结果如图 4.9 所示。

图 4.9　例 4.8 查询结果

4. 确定集合

IN：相当于集合运算符∈，利用"IN"操作可以查询属性值属于指定集合的元组。

【例 4.9】　查询黑龙江和内蒙古的学生信息。

SELECT　＊ FROM 学生表　WHERE　籍贯　IN("黑龙江","内蒙古")

查询结果如图 4.10 所示。

图 4.10　例 4.9 查询结果

5. 部分匹配

LIKE 是字符匹配运算符，通配符"％"表示 0 个或多个字符，"_"表示一个字符。

注意：不是 WINDOWS 查找下"＊"和"？"。

【例 4.10】　查询李姓学生的信息

SELECT　＊　FROM　学生表　WHERE　姓名　LIKE　"李％"

注意：此处的 LIKE 不可以用"＝"代替。

查询结果如图 4.11 所示。

图 4.11　例 4.10 查询结果

如果只想查询名字只有 2 个字的李姓学生，可以使用语句：

SELECT　＊　FROM　学生表　WHERE　姓名　LIKE　"李_"

6. 利用空值查询

空值就是缺省值或还没有确定值，不能把它理解为任何意义的数据。比如，表示价格的一个字段值，空值表示没有定价，而数值 0 可能表示免费。空值与空字符串、数值 0 等具有不同的含义。

例如,假设在选课中有些学生某门课程还没有考试,则成绩为空。而 0 代表考试了,但没有答对任何题目,成绩是 0 分。

首先修改成绩表表结构,使成绩字段可以为空值,然后在成绩表中插入一条记录(1005,01,. NULL.)。

【例 4.11】　在成绩表中找出尚未考试的成绩信息。

SELECT　＊ FROM 成绩表 WHERE 成绩 IS NULL

说明:不能写成“ =NULL”。

若要查询成绩不为空的成绩信息,可以使用以下语句实现:

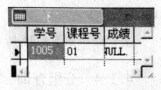

图 4.12　例 4.11 查询结果

SELECT ＊ FROM 成绩表 WHERE 成绩 IS NOT NULL

查询结果如图 4.12 所示。

4.1.3　计算查询

SELECT 不但具有一般的查询能力,而且还有计算方式的查询。用于计算查询的函数有以下几个。

COUNT(＊):计数。

SUM( ):求和。

AVG( ):求平均值。

MAX( ):求最大值。

MIN( ):求最小值。

这 5 个函数都是纵向的对表的某一个字段的值进行计算。

【例 4.12】　查询成绩表中学号为“0901”的学生的总成绩和平均分

SELECT　SUM(成绩),AVG(成绩) FROM　成绩表　WHERE 学号 =″0901″

说明:函数 SUM 和 AVG 只能对数值型字段进行计算。

查询结果如图 4.13 所示。

在例 4.12 中,系统自动为新字段命名,也可以用 AS 关键字由用户来为新字段命令。

【例 4.13】　查询成绩表中学号为“0901”的学生的总成绩和平均分,并将新生成的字段分别命名为:总分、平均分。

SELECT　SUM(成绩)　AS 总分,AVG(成绩) AS　平均分　FROM 成绩表;

WHERE 学号 =″0901″

说明:AS 是命名关键字

查询结果如图 4.14 所示。

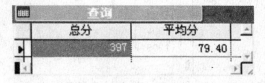

图 4.13　例 4.12 查询结果　　　　　图 4.14　例 4.13 查询结果

【例 4.14】 查询学生表中男生数量。

SELECT COUNT(＊) AS 男生数量 FROM 学生表 WHERE 性别="男"

说明:COUNT(＊)用来统计元组的个数,不消除重复行,不允许使用 DISTINCT 关键字。

总分	平均分
397	79.40

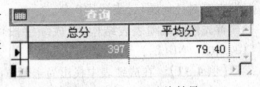

图 4.15 例 4.14 查询结果

查询结果如图 4.15 所示。

4.1.4 分组查询

就计算查询而言,利用 GROUP BY 短语进行分组计算查询使用得更加广泛。GROUP BY 短语可以将查询结果按字段或字段组合在行的方向上进行分组,还可以用 HAVING 关键字进一步限定分组的条件。

【例 4.15】 查询成绩表中每个学生的学号和选课门数。

SELECT 学号 ,COUNT(＊) AS 选课门数 FROM 成绩表;

GROUP BY 学号

说明:GROUP BY 短语用来按学号值分组,所有具有相同学号的元组为一组,对每一组使用函数 COUNT 进行计算,统计每个学生选课的门数。

GROUP BY 短语一般跟在 WHERE 短语之后,没有 WHERE 短语时,跟在 FROM 短语之后。HAVING 关键字必须跟在 GROUP BY 短语之后,不能单独使用。在查询中是先用 WHERE 限定元组,然后根据 GROUP BY 进行分组,最后再用 HAVING 限定分组。

查询结果如图 4.16 所示。

【例 4.16】 查询成绩表中选课门数为 4 的学生的平均分。

SELECT 学号,AVG(成绩) AS 平均分 FROM 成绩表;

GROUP BY 学号 HAVING COUNT(＊)=4

说明:WHERE 短语与 HAVING 关键字的根本区别在于作用对象不同,WHERE 作用于表,从表中选取满足条件的元组。HAVING 作用于组,选择满足条件的组,必须用于 GROUP BY 子句之后,但 GROUP BY 子句可以没有 HAVING 关键字。

查询结果如图 4.17 所示。

学号	选课门数
0901	5
0902	4
0903	4
1001	3
1002	3
1003	2
1004	3
1005	4

图 4.16 例 4.15 查询结果

学号	平均分
0902	71.50
0903	88.75
1005	76.67

图 4.17 例 4.16 查询结果

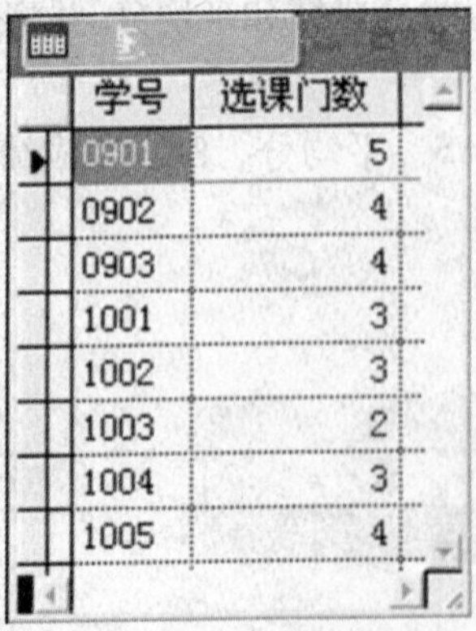

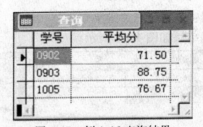

4.1.5　排序查询

当需要对查询结果排序时,可用 ORDER BY 短语对查询结果按一个或多个字段的升序(ASC)或降序(DESC)排列,省略时默认为升序。

【例 4.17】　按出生日期升序查询学生信息。

SELECT　*　FROM　学生表　ORDER　BY　出生日期　ASC

查询结果如图 4.18 所示。

学号	姓名	性别	出生日期	籍贯	民族	团员	奖学金	简历	照片
1003	金海龙	男	06/04/89	吉林	朝鲜族	T	0.0	memo	gen
0904	高天亮	男	07/15/89	山东	汉族	T	0.0	memo	gen
1002	关荣丽	女	03/20/90	黑龙江	汉族	T	600.0	memo	gen
0903	李海艳	女	04/22/90	吉林	汉族	F	1000.0	memo	gen
0901	李成章	男	05/30/90	黑龙江	汉族	T	800.0	memo	gen
1001	乌云散旦	女	12/14/90	内蒙古	蒙古族	F	800.0	memo	gen
1004	王鑫	女	02/19/91	河北	汉族	F	1000.0	memo	gen
1103	朱丽丽	女	04/13/91	黑龙江	汉族	F	800.0	memo	gen
1104	李玉	女	04/13/91				1000.0	memo	gen
0902	陈翔	男	08/17/91	黑龙江	汉族	T	600.0	memo	gen
1005	郑佩钢	男	08/24/91	山东	汉族	F	800.0	memo	gen
1101	苏迪	男	01/26/92	甘肃	回族	T	0.0	memo	gen
1102	刘鹏	男	11/03/92	黑龙江	汉族	F	600.0	memo	gen

图 4.18　例 4.17 查询结果

在学生表最后插入一条与原有记录出生日期相同的记录,如图 4.19 最后两行所示。

学号	姓名	性别	出生日期	籍贯	民族	团员	奖学金	简历	照片
0901	李成章	男	05/30/90	黑龙江	汉族	T	800.0	memo	gen
0902	陈翔	男	08/17/91	黑龙江	汉族	T	600.0	memo	gen
0903	李海艳	女	04/22/90	吉林	汉族	F	1000.0	memo	gen
0904	高天亮	男	07/15/89	山东	汉族	T	0.0	memo	gen
1001	乌云散旦	女	12/14/90	内蒙古	蒙古族	F	800.0	memo	gen
1002	关荣丽	女	03/20/90	黑龙江	汉族	T	600.0	memo	gen
1003	金海龙	男	06/04/89	吉林	朝鲜族	T	0.0	memo	gen
1004	王鑫	女	02/19/91	河北	汉族	F	1000.0	memo	gen
1005	郑佩钢	男	08/24/91	山东	汉族	F	800.0	memo	gen
1101	苏迪	男	01/26/92	甘肃	回族	T	0.0	memo	gen
1102	刘鹏	男	11/03/92	黑龙江	汉族	F	600.0	memo	gen
1103	朱丽丽	女	04/13/91	黑龙江	汉族	F	800.0	memo	gen
1104	李玉	女	04/13/91				1000.0	memo	gen

图 4.19　插入新记录后

【例 4.18】　按出生日期进行升序,出生日期相同时按奖学金进行降序排序,查询学生信息。

SELECT　*　FROM　学生表;

ORDER　BY　出生日期　ASC,奖学金　DESC

说明:ASC,DESC 两者不能同时限定 1 个排序项。

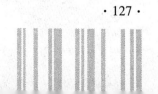

ORDER BY 对最终的查询结果进行排序,不能在嵌套查询的子查询中使用此短语。查询结果如图 4.20 所示。

图 4.20　例 4.18 查询结果

查询结构排序后可以只显示全部结果中的前几个或前百分之几个。

TOP N 表示显示排序查询结果中的前 N 条记录。

【例 4.19】　显示查询结果中的前 3 项。

SELECT TOP 3 ＊ FROM 学生表 ORDER BY 出生日期

查询结果如图 4.21 所示。

图 4.21　例 4.19 查询结果

TOP N PERCENT 表示查询排序结果中前百分之 N 条记录。

【例 4.20】　显示查询结果中的前 10%。

SELECT TOP 10 PERCENT ＊ FROM 学生表 ORDER BY 出生日期

查询结果如图 4.22 所示。

图 4.22　例 4.20 查询结果

注意:TOP N ［PERCENT］关键字只能跟随 ORDER BY 短语使用,不能单独使用,要放在"要查询数据"前。

4.1.6　查询结果的存放

在前面的查询例题中,查询结果以浏览形式输出,这是 SELECT 命令默认的输出形式,SELECT 命令还有以下几种输出形式:

1. 将结果存放在永久表中

INTO TABLE|DBF　表名

说明:通过该子句可实现表的复制。

2. 将结果存放在临时表中

INTO CURSOR　表名

说明:临时表是一个只读的 DBF 文件,当查询结束后该临时表是当前表,可像一般的 DBF 文件一样使用,当关闭时该表将自动删除。

3. 将结果存放在数组中

INTO ARRAY　数组名

说明:假设查询结果有 3 条记录,4 个字段,则存放结果是:数组名(3,4)的二维数组。

4. 将结果存放到文本文件中

TO FILE 文件名

说明:新生成的文本文件的扩展名是.TXT。可以用"MODIFY　COMMAND　文件名.TXT"或"MODIFY　FILE　文件名"查看.TXT 文件的内容。

5. 将结果直接送打印机

TO PRINTER[PROMPT]

说明:如果使用 PROMPT 关键字,在开始打印之前会打开打印机设置对话框。

【例4.21】　查询学生表中的学生信息,并将查询结果分别以文件名"查询结果"输出到永久表、临时表、文本文件、数组、打印机中去。

SELECT　*　FROM　学生表　INTO　TABLE　查询结果

SELECT　*　FROM　学生表　INTO　DBF　查询结果

SELECT　*　FROM　学生表　INTO　CURSOR　查询结果

SELECT　*　FROM　学生表　INTO　ARRAY　查询结果

SELECT　*　FROM　学生表　TO　FILE　查询结果

SELECT　*　FROM　学生表　TO　PRINTER　PROMPT　查询结果

查询去向为文本的查询结果如图4.23所示。

学号	姓名	性别	出生日期	籍贯	民族	团员	奖学金	简历	照片
0901	李成章	男	05/30/90	黑龙江	汉族	.T.	800.0	memo	gen
0902	陈翔	男	08/17/91	黑龙江	汉族	.T.	600.0	memo	gen
0903	李海艳	女	04/22/90	吉林	汉族	.F.	1000.0	memo	gen
0904	高天亮	男	07/15/89	山东	汉族	.T.	0.0	memo	gen
1001	乌云散旦	女	12/14/90	内蒙古	蒙古族	.F.	800.0	memo	gen
1002	关荣丽	女	03/20/90	黑龙江	汉族	.T.	600.0	memo	gen
1003	金海龙	男	06/04/89	吉林	朝鲜族	.F.	0.0	memo	gen
1004	王鑫	女	02/19/91	河北	汉族	.F.	1000.0	memo	gen
1005	郑佩钢	男	08/24/91	山东	汉族	.F.	800.0	memo	gen
1101	苏迪	男	01/26/92	甘肃	回族	.T.	0.0	memo	gen
1102	刘鹏	男	11/03/92	黑龙江	汉族	.T.	600.0	memo	gen
1103	朱丽丽	女	04/13/91	黑龙江	汉族	.F.	800.0	memo	gen
1104	李玉	女	04/13/91				.F.	1000.0	memo	gen

图4.23　例4.21查询去向为文本的查询结果

4.1.7　连接查询

存放在一个数据库中的各个表既是相互独立的,又具有一定联系。用户经常需用多个表中数据的组合综合地获取所需的信息。SELECT 命令也可以根据两个以上的表进行查询。前面的查询都是针对一个表进行的,而当一个查询同时涉及多个表时,称为连接查询。连接查询实际上是通过各个表之间共有的字段来查询数据的,这个共有的字段称为连接条件。

连接方式可以选择以下四种连接方式中的一种。

(1)INNER JOIN:显示符合条件的记录,此为默认值。

(2)LEFT JOIN:显示符合条件的数据行以及左边表中不符合条件的数据行,此时右边数据行会以 NULL 来显示,此称为左连接。

(3)RIGHT JOIN:显示符合条件的数据行以及右边表中不符合条件的数据行,此时左边数据行会以 NULL 来显示,此称为右连接。

(4)FULL JOIN:显示符合条件的数据行以及左边表和右边表中不符合条件的数据行,此时缺乏数据的数据行会以 NULL 来显示。

当将 JOIN 关键词放于 FROM 子句中时,应有关键词 ON 与之相对应,以表明连接的条件。

【例4.22】　查询每个学生的学号、姓名、课程号和成绩。

SELECT　学生表.学号,姓名,课程号,成绩;

FROM　学生表　JOIN　成绩表　ON　学生表.学号=成绩表.学号

说明:本例的查询结果包括两个表"学生表"与"成绩表"的字段,因为两个表都有学号字段,所以必须指明所属表。

学号是公用字段(连接条件),因此前面必须加表名,指明是哪个数据表的字段。

本例也可用 WHERE 短语改写:

SELECT　学生表.学号,姓名,成绩;

FROM　学生表,成绩表;

WHERE　学生表.学号=成绩表.学号

查询结果如图 4.24 所示。

在成绩表中添中一条记录(0904,01,100),分别以全连接、左连接、右连接方式连接,则运行结果如图 4.25,4.26,4.27 所示。

学号	姓名	课程号	成绩
0901	李成章	01	75
0901	李成章	02	84
0901	李成章	04	91
0901	李成章	06	70
0901	李成章	07	77
0902	陈翔	01	72
0902	陈翔	03	81
0902	陈翔	06	58
0902	陈翔	07	75
0903	李海艳	02	89
0903	李海艳	03	92
0903	李海艳	05	86
0903	李海艳	06	88
1001	乌云散旦	01	78
1001	乌云散旦	03	85
1001	乌云散旦	04	80
1002	关荣丽	01	74
1002	关荣丽	02	48
1002	关荣丽	05	66
1003	金海龙	01	42
1003	金海龙	02	54
1004	王蠢	01	87
1004	王蠢	02	96
1004	王蠢	05	89
1005	郑佩钢	02	90
1005	郑佩钢	03	57
1005	郑佩钢	04	83
1005	郑佩钢	01	NULL.

图 4.24　例 4.22 查询结果

学号	姓名	课程号	成绩
0901	李成章	01	75
0901	李成章	02	84
0901	李成章	04	91
0901	李成章	06	70
0901	李成章	07	77
0902	陈翔	01	72
0902	陈翔	03	81
0902	陈翔	06	58
0902	陈翔	07	75
0903	李海艳	02	89
0903	李海艳	03	92
0903	李海艳	05	86
0903	李海艳	06	88
0904	高天亮	.NULL.	NULL.
1001	乌云散旦	01	78
1001	乌云散旦	03	85
1001	乌云散旦	04	80
1002	关荣丽	01	74
1002	关荣丽	02	48
1002	关荣丽	05	66
1003	金海龙	01	42
1003	金海龙	02	54
1004	王蠢	01	87
1004	王蠢	02	96
1004	王蠢	05	89
1005	郑佩钢	02	90
1005	郑佩钢	03	57
1005	郑佩钢	04	83
1005	郑佩钢	01	NULL.
1101	苏迪	NULL.	NULL.
1102	刘鹏	NULL.	NULL.
1103	朱丽丽	.NULL.	NULL.
1104	李玉	.NULL.	NULL.
.NULL.	NULL.	05	100

图 4.25　全连接

学号	姓名	课程号	成绩
0901	李成章	01	75
0901	李成章	02	84
0901	李成章	04	91
0901	李成章	06	70
0901	李成章	07	77
0902	陈翔	01	72
0902	陈翔	03	81
0902	陈翔	06	58
0902	陈翔	07	75
0903	李海艳	02	89
0903	李海艳	03	92
0903	李海艳	05	86
0903	李海艳	06	88
0904	高天亮	.NULL.	NULL.
1001	乌云散旦	01	78
1001	乌云散旦	03	85
1001	乌云散旦	04	80
1002	关荣丽	01	74
1002	关荣丽	02	48
1002	关荣丽	05	66
1003	金海龙	01	42
1003	金海龙	02	54
1004	王鑫	01	87
1004	王鑫	02	96
1004	王鑫	05	89
1005	郑佩钢	02	90
1005	郑佩钢	03	57
1005	郑佩钢	04	83
1005	郑佩钢	01	NULL.
1101	苏迪	.NULL.	NULL.
1102	刘鹏	.NULL.	NULL.
1103	朱丽丽	.NULL.	NULL.
1104	李玉	.NULL.	NULL.

图 4.26 左连接

学号	姓名	课程号	成绩
0901	李成章	01	75
0901	李成章	02	84
0901	李成章	04	91
0901	李成章	06	70
0901	李成章	07	77
0902	陈翔	01	72
0902	陈翔	03	81
0902	陈翔	06	58
0902	陈翔	07	75
0903	李海艳	02	89
0903	李海艳	03	92
0903	李海艳	05	86
0903	李海艳	06	88
1001	乌云散旦	01	78
1001	乌云散旦	03	85
1001	乌云散旦	04	80
1002	关荣丽	01	74
1002	关荣丽	02	48
1002	关荣丽	05	66
1003	金海龙	01	42
1003	金海龙	02	54
1004	王鑫	01	87
1004	王鑫	02	96
1004	王鑫	05	89
1005	郑佩钢	02	90
1005	郑佩钢	03	57
1005	郑佩钢	04	83
1005	郑佩钢	01	NULL.
.NULL.	.NULL.	05	100

图 4.27 右连接

4.1.8 嵌套查询

嵌套查询是另一类基于多表的查询,此类查询的查询结果中的字段出自一个表,但查询条件却涉及多个表。

【例 4.23】 查询女生选课信息,包括学号、课程号、成绩。

SELECT * FROM 成绩表;

WHERE 学号 IN;

(SELECT 学号 FROM 学生表 WHERE 性别="女")

说明:在此查询中,查询结果中的学号、课程号、成绩,都来源于成绩表,但查询条件中的性别却只在学生表中有,因此先用子查询在"学生表"中筛选出性别为"女"的记录,再从成绩表中找出相对应记录的学号、课程号和成绩。

查询结果如图 4.28 所示。

学号	课程号	成绩
0903	02	89
0903	03	92
0903	05	86
0903	06	88
1001	01	78
1001	03	85
1001	04	80
1002	01	74
1002	02	48
1002	05	66
1004	01	87
1004	02	96
1004	05	89

图 4.28　例 4.23 查询结果

注意 SELECT 语句的工作流程:在 SELECT 命令中,各子句出现的先后顺序是有严格要求的。必须符合本节 SELECT 命令的一般格式顺序。

SELECT 语句的工作流程可以用语言描述为:首先根据 JOIN ON 连接条件把几个表连接成一个临时表;其次根据 WHERE 查询条件进行筛选,筛选出来的结果根据 GROUP BY 分组条件分组,再分别对这些组进行计算,得出一个临时表;然后根据 HAVING 分组条件对这个临时表再一次筛选;最后按指定的次序输出到指定的地方。它中间生成的临时表完全由系统自己创建、使用、删除,完全不受用户控制。

4.2　数据定义

DDL 是 SQL 语言集中负责数据结构定义与数据库对象定义的语言,由 CREATE, ALTER 与 DROP 三个命令组成。本节主要介绍 Visual FoxPro 支持的关于表的定义功能。

4.2.1　表的创建

表是关系数据库的基本组成单位,在 SQL 语言中,使用 CREATE TABLE 命令创建表。命令格式为:

```
CREATE  TABLE  <表名> ［FREE］
(字段名 1  字段类型 ［(字段宽度 ［,小数位数 ])］［NULL|NOT NULL］
［CHECK  表达式 ［ERROR  字符表达式]]
［DEFAULT  默认值]
［PRIMARY  KEY|UNIQUE]
```

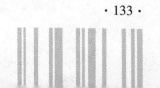

［,字段名2…］ ）

说明：

（1）CREATE TABLE 短语,用于创建表。没有 FREE 关键字时,如果当前打开了数据库,则在此数据库中建立数据库表,否则建立的是自由表。如果加 FREE,不管是否打开数据库,都是建立自由表。

（2）NULL|NOT　NULL 短语,用于定义该字段是否可以为空值。

（3）CHECK 短语,定义域完整性约束条件。ERROR 关键字引导出错信息提示。

（4）DEFAULT 短语,用于定义字段的默认值。

（5）PRIMARY KEY|UNIQUE 短语,用于定义索引。PRIMARY KEY 用于定义主索引;UNIQUE 用于定义候选索引。

（6）表的所有字段都用一个括号括起来。段信息间用逗号分隔。字段名和字段类型用空格分隔。

【例4.24】 在学籍管理系统数据库下,建立学生表2数据表。表结构如图4.29所示。

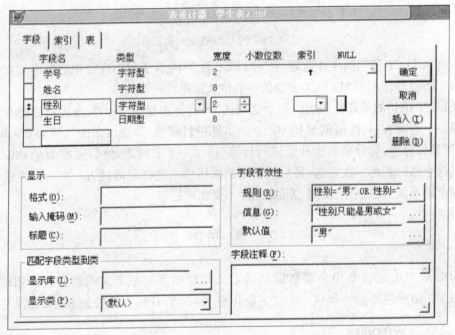

图4.29　例4.24表结构图

CREATE TABLE 学生表2;

(学号　 C(2) NOT NULL PRIMARY KEY;

,姓名　 C(8);

,性别 C(2) CHECK 性别="男" OR 性别="女";

ERROR　"性别只能是男或女"　DEFAULT "男";

,生日 D)

说明:学号上建立主索引,其值不可为空。

性别上定义域完整性约束条件,只能取男、女两值中的一个,默认值为男。不满足该约束条件,即出错时,提示"性别只能是男或女"。

生日是日期型数据,长度由系统给出,无需定义。

4.2.2　表结构的修改

SQL 语言使用 ALTER TABLE 命令来完成表结构修改这一数据定义功能。

命令格式分为以下三种,分别完成三种不同的表结构修改。

1. 添加或修改字段

命令格式为

ALTER TABLE　表名　ADD|ALTER

字段名　字段类型　[(字段宽度[,小数位数])]　[NULL|NOT　NULL]

[CHECK　表达式　[ERROR　字符表达式]]

[DEFAULT　默认值]

[PRIMARY　KEY|UNIQUE]

说明:

(1)其命令格式基本与 CREATE　TABLE 的格式相对应。

(2)ADD 关键字,添加新的字段并同时设置新字段的有效性规则、出错提示、默认值、定义主关键字等段信息。

(3)ALTER 关键字,修改已有字段的类型、宽度及有关规则。

(4)不能修改字段名,不能删除字段,也不能删除已经定义的规则等。

【例 4.25】　给学生表 2 添加成绩字段,设置有效性规则为:成绩值在 0～100 之间,默认值为 60,出错时提示"成绩只能在 0～100 之间"。

ALTER TABLE 学生表 2 ADD 成绩　N(6,2);

CHECK 成绩>=0 AND 成绩<=100;

ERROR ″成绩只能在 0—100 之间″ DEFAULT 60

在表设计器下查看表结构如图 4.30 所示。

2. 定义、修改、删除字段一级有效性规则和默认值

命令格式为:

ALTER TABLE 表名　ALTER

字段名　[NULL|NOT　NULL]

[SET　CHECK　表达式　[ERROR　字符表达式]]

[SET　DEFAULT　默认值]

[DROP　DEFAULT]

[DROP　CHECK]

说明:此命令与前面介绍的 ALTER TABLE 命令中的 ALTER TABLE ALTER…的主要区别在于省略了字段名后的"字段类型[(字段宽度[,小数位数])]"等字段信息。又在 CHECK,DEFAULT 短语前添加了 SET 关键字,用于定义或修改字段一级有效性规则和默认值。还添加了[DROP DEFAULT],[DROP CHECK]两条短语,用于删除有效性规则和默认值。同时去掉了[PRIMARY KEY|UNIQUE]短语,因为它是对表一级的定义,而此命

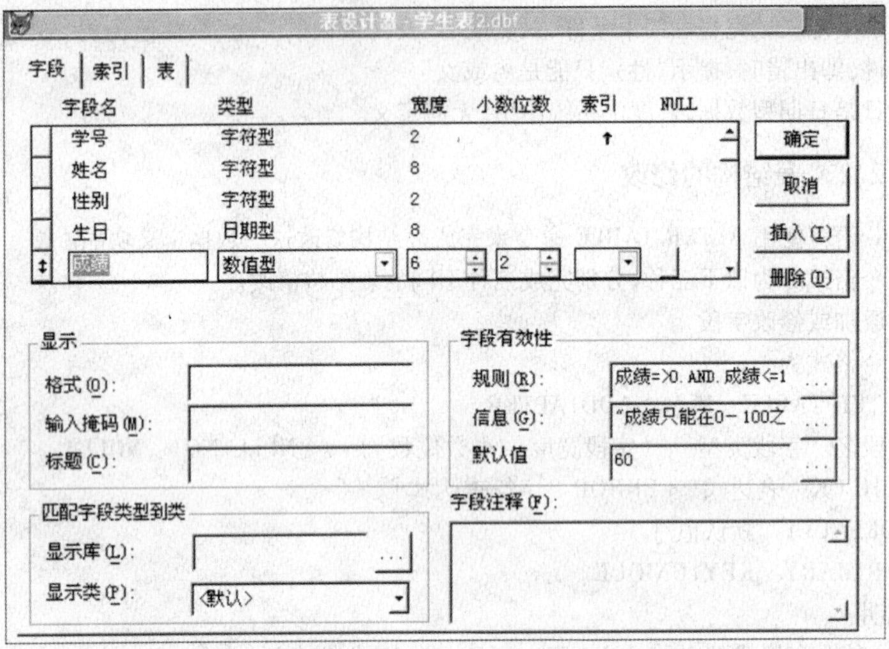

图 4.30　例 4.25 表结构示意图

令格式只能定义、修改、删除字段一级的有效性规则。

【例 4.26】　删除学生表 2 中成绩字段的有效性规则。

ALTER　TABLE　学生表 2　ALTER　成绩　DROP　CHECK

在表设计器下查看表结构,如图 4.31 所示。

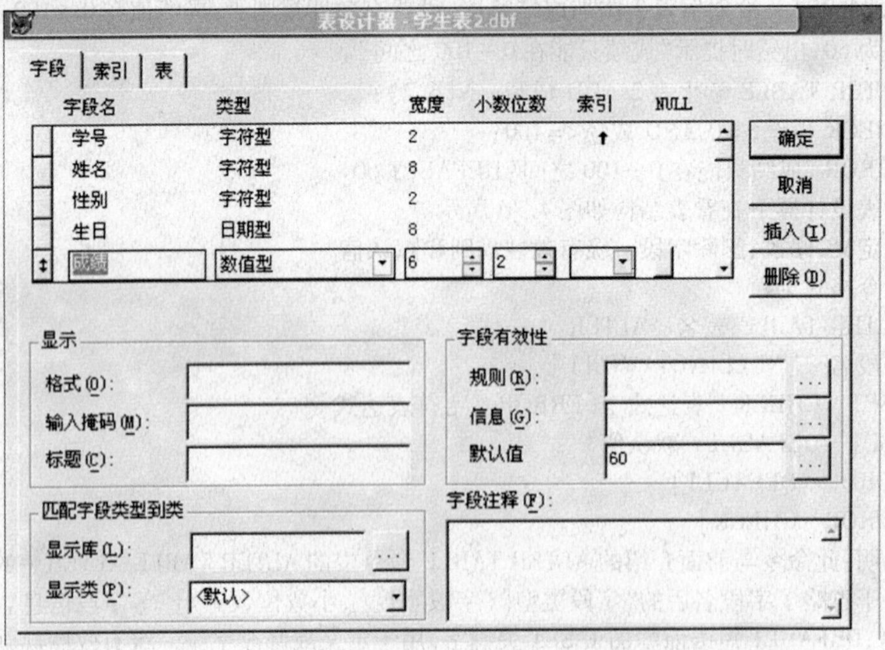

图 4.31　例 4.26 表结构示意图

【例 4.27】 再按例 4.25 重新添加成绩字段的有效性规则。

ALTER　TABLE　学生表　2　ALTER　成绩；

SET　CHECK　成绩>=0　AND　成绩<=100；

ERROR ″成绩只能在 0—100 之间″

表结构恢复为图 4.30 所示。

3. 删除、重命名字段

命令格式为：

ALTER TABLE 表名［DROP 字段名］

［SET CHECK　表达式［ERROR 字符串表达式］］

［DROP CHECK ］

［ADD PRIMARY KEY/UNIQUE］

［DROP PRIMARY KEY］

［RENAME COLUMN 字段名 TO 新字段名 ］

【例 4.28】 将学生表 2 的姓名字段改名为学生姓名。

ALTER　TABLE　学生表 2　RENAME　姓名　TO　学生姓名

在表设计器下查看表结构，如图 4.32 所示。

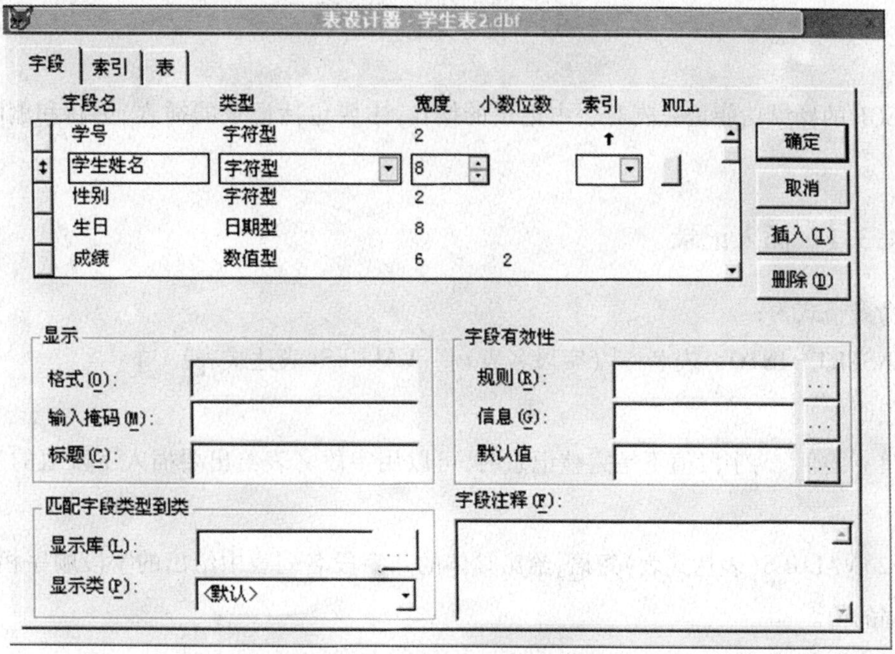

图 4.32　例 4.28 表结构示意图

【例 4.29】 删除学生表 2 中的成绩字段。

ALTER TABLE 学生表 2 DROP 成绩

表结构恢复为图 4.29 所示。

4.2.3 表的删除

SQL 使用 DROP 命令来完成删除表这一数据定义功能。

命令格式为：

DROP　TABLE 表名

说明：直接从磁盘上删除指定的表，如果是数据库表，在执行该命令前必须先打开相应的数据库。否则，虽然从磁盘上删除了表，但在数据库中记录此表的信息却没有删除，以后使用该数据库时就会出错。

【例 4.30】 删除本节定义的表"学生表 2"。

DROP　TABLE　学生表 2

4.3 数据操纵

SQL 的操纵功能是完成对表中记录的操作，主要包括记录的插入、更新和删除等操作。

4.3.1 插入记录

命令格式为：

INSERT　INTO　表名　[（字段名表）]　VALUES（表达式表）

说明：

（1）当插入的字段值不是完整记录时，可以用字段名表给出要插入字段值的字段名列表。

（2）VALUES（表达式表）短语，给出具体的与字段名列表中给出的字段顺序相同、类型相同的值。

（3）和 Visual FoxPro 命令 APPEND 相似。

【例 4.31】 在成绩表（学号，课程号，成绩）插入元组（′0905′，′01′，0）。

INSERT　INTO　成绩表　VALUES（′0905′，′01′，0）

如果只插入学号和成绩：

INSERT　INTO　成绩表　（学号，课程号）VALUES（′0905′，′01′）

4.3.2　更新数据

命令格式为：

UPDATE　　<表名>

SET　字段名1=表达式1　［,字段名2=表达式2…］

［WHERE　条件］

说明：

（1）对表中的一行或多行记录的某些列值进行修改。

（2）WHERE短语指定修改的条件。如不使用此短语,则更新全部字段。

（3）和Visual FoxPro命令REPLACE相似。

【例4.32】　将成绩表中课程号为"01"的课程的成绩加1分。

UPDATE 成绩表　SET　学分=学分+1　WHERE　课程号="01"

更新结果如图4.33所示。

4.3.3　删除数据

SQL中逻辑删除记录的命令为DELECT,用来删除表中的一行或多行记录。

命令格式为：

DELETE　FROM 表　［WHERE　条件］

说明：

（1）此命令为逻辑删除。要物理删除,用PACK命令。

（2）没有WHERE短语,则逻辑删除表中的全部记录。

（3）和Visual FoxPro命令DELETE FOR相似。

【例4.33】　删除成绩表中学号为0905的元组。

DELETE　FROM 成绩表　WHERE 学号="0905"

学号	课程号	成绩
0901	01	76
0901	02	84
0901	04	91
0901	06	70
0901	07	77
0902	01	73
0902	03	81
0902	06	58
0902	07	75
0903	02	89
0903	03	92
0903	05	86
0903	06	88
1001	01	79
1001	03	85
1001	04	80
1002	01	75
1002	02	48
1002	06	66
1003	01	43
1003	02	54
1004	01	88
1004	02	96
1002	05	66
1003	01	43
1003	02	54
1004	01	88
1004	02	96
1004	05	89
1005	02	90
1005	03	57
1005	04	83
1005	01	NULL
0904	01	101
0905	01	1

图4.33　例4.32更新结果

习　题　4

一、选择题

1. SQL的数据操纵语句不包括(　　　)。

A. INSERT　　　　　B. UPDATE　　　　　C. DELETE　　　　　D. CHANGE

2. SQL语句中条件短语的关键字是(　　　)。

A. WHERE　　　　　B. FOR　　　　　C. WHILE　　　　　D. HAVING

3. SQL 语句中修改表结构的语句是(　　)。

A. MODIFY TABLE　　　　　　　　B. MODIFY STRUCTURE

C. ALTER TABLE　　　　　　　　　D. ALTER STRUCTURE

4. SQL 语句中删除表的语句是(　　)。

A. DROP TABLE　　B. DELETE TABLE　　C. ERASE TABLE　　D. DELETE DBF

5. SQL 语句中,用于创建表的语句是(　　)。

A. CREATE TABLE　　　　　　　　B. MODIFY STRUCTURE

C. CREATE STRUCTURE　　　　　　D. MODIFY TABLE

6. SQL 语句中,SELECT 命令中 JOIN 短语用于建立表之间的联系,连接条件应出现在(　　)短语中。

A. WHERE　　　　　B. ON　　　　　C. HAVING　　　　　D. IN

7. SQL 语句中限定查询分组条件的是(　　)。

A. WHERE　　　　　B. ORDER BY　　　C. HAVING　　　　D. GROUP BY

8. 使用 SQL 语句进行分组检索时,为了去掉不满足条件的分组,应当(　　)。

A. 使用 WHERE 子句

B. 在 GROUP BY 后面使用 HAVING 子句

C. 先使用 WHERE 子句,再使用 HAVING 子句

D. 先使用 HAVING 子句,再使用 WHERE 子句

9. SQL 语句中将查询结果存入数组中,应该使用(　　)短语。

A. INTO CURSOR　　B. TO ARRAY　　　C. INTO TABLE　　　D. INTO ARRAY

10. 书写 SQL 语句时,若一行写不完,需要写多行,在行的末尾要加续行符(　　)。

A. :　　　　　　　B. ;　　　　　　　C. ,　　　　　　　D. "

11. CREATE　TABLE 命令在建立表的同时还可以(　　)。

A. 建立索引　　　　B. 建立约束条件　　C. 定义默认值　　　D. 以上全部都可以

12. 语句"DELETE FROM GZ WHERE 工资>3000"的功能是(　　)。

A. 从 GZ 表中彻底删除工资大于 3 000 的记录

B. GZ 表中工资大于 3 000 的记录被加上删除标记

C. 删除 GZ 表

D. 删除 GZ 表的工资列

13. 只有满足连接条件的记录才包含在查询结果中,这种连接为(　　)。

A. 左连接　　　　　B. 右连接　　　　　C. 内部连接　　　　D. 完全连接

14. 下列关于 SQL 对表的定义的说法中,错误的是(　　)。

A. 利用 CREATE TABLE 语句可以定义一个新的数据表结构

B. 利用 SQL 的表定义语句可以定义表中的主索引

C. 利用 SQL 的表定义语句可以定义表的域完整性、字段有效性规则等

D. 对于自由表的定义,SQL 同样可以实现其完整性、有效性规则等信息的设置

15. 语句"DELETE FROM 成绩表 WHERE 计算机<60"的功能是(　　)。

A. 物理删除成绩表中计算机成绩在 60 分以下的学生记录

B. 物理删除成绩表中计算机成绩在 60 分以上的学生记录

C. 逻辑删除成绩表中计算机成绩在 60 分以下的学生记录

D. 将计算机成绩低于 60 分的字段值删除,但保留记录中其他字段值

根据表 4.1,4.2 完成 16~23 题。

表 4.1 "教师"表

工资号	姓名	职称	年龄	工资	系别
10001	张刚	讲师	29	1 000	01
10002	刘洋	讲师	30	1 100	02
10003	李理	副教授	35	1 700	03
10004	赵强	教授	40	2 300	03

表 4.2 "系"表

系别	系名
01	地质
02	化学
03	计算机
03	计算机

16. 根据表 4.1"教师"表,设置工资有效性规则为:工资>1 000,默认值为 1 000,应该使用 SQL 语句(   )。

A. CREATE TABLE 教师(职工号 C(6),姓名 C(8),职称 C(6),年龄 N(2,0),工资 N(7,2) CHECK 工资>1000 DEFAULT 1000,系别 C(2))

B. CREATE TABLE 教师(职工号 C(6),姓名 C(8),职称 C(6),年龄 N(2,0),工资 N(7,2) ERROR 工资>1000 DEFAULT 1000,系别 C(2))

C. CREATE TABLE 教师(职工号 C(6),姓名 C(8),职称 C(6),年龄 N(2,0),工资 N(7,2) CHECK 工资>1000 (1000),系别 C(2))

D. ALTER TABLE 教师(职工号 C(6),姓名 C(8),职称 C(6),年龄 N(2,0),工资 N(7,2) CHECK 工资>1000 DEFAULT 1000,系别 C(2))

17. 创建"系"表,并与"教师"表之间建立关联,应该使用 SQL 语句(   )。

A. CREATE TABLE 系(系别 C(2),系名 C(16),FOREIGN KEY 系别 TAG 系别 REFERENCES 教师)

B. CREATE TABLE 系(系别 C(2),系名 C(16),FOREIGN KEY 系别 TAG 系别 WITH 教师)

C. CREATE TABLE 系(系别 C(2),系名 C(16),FOREIGN KEY 系别 REFERENCES 教师)

D. CREATE TABLE 系(系别 C(2),系名 C(16),TAG 系别 REFERENCES 教师)

18. 显示所有姓"刘"的教师信息,应该使用的 SQL 语句是(   )。

A. SELECT 工资号,姓名,职称,年龄,工资,系别 FROM 教师,系 WHERE 教师.系

别=系. 系别 AND 姓名="刘"

B. SELECT 工资号,姓名,职称,年龄,工资,系别 FROM 教师,系 WHERE 教师. 系别=系. 系别 AND 姓名 LIKE"刘%"

C. SELECT 工资号,姓名,职称,年龄,工资,系别 FROM 教师,系 WHERE 教师. 系别=系. 系别 AND 姓名 LIKE 刘%

D. SELECT 工资号,姓名,职称,年龄,工资,系别 FROM 教师,系 WHERE 教师. 系别=系. 系别 AND 姓名 LIKE "刘-"

19. 显示工资最高的两个教师的信息,应该使用的 SQL 语句是( )。

A. SELECT * TOP 2 FROM 教师 ORDER BY 工资

B. SELECT * NEXT 2 FROM 教师 ORDER BY 工资

C. SELECT * TOP 2 FROM 教师 ORDER BY 工资 DESC

D. SELECT * TOP 0.5 PERCENT FROM 教师 ORDER BY 工资 DESC

20. 查询"计算机"系的教师信息,使用 JOIN 短语实现连接的 SQL 语句是( )。

A. SELECT 工资号,姓名,职称,年龄,工资 FROM 教师 JOIN 系 ON 教师. 系别=系. 系别 WHERE 系名="计算机"

B. SELECT 工资号,姓名,职称,年龄,工资 FROM 教师 JOIN 系 WHERE 系名="计算机" ON 教师. 系别=系. 系别

C. SELECT 工资号,姓名,职称,年龄,工资 FROM 教师 JOIN 系 WHERE 系名="计算机" AND 教师. 系别=系. 系别

D. SELECT 工资号,姓名,职称,年龄,工资 FROM 教师 TO 系 ON 教师. 系别=系. 系别 WHERE 系名="计算机"

21. 查询"张刚"的信息,将查询结果存入文本文件 ZG 中,应该使用的 SQL 语句是( )。

A. SELECT 工资号,姓名,职称,年龄,工资 系别 FROM 教师,系 WHERE 姓名="张刚" AND 教师. 系别=系. 系别 INTO TABLE ZG

B. SELECT 工资号,姓名,职称,年龄,工资 系别 FROM 教师,系 WHERE 姓名="张刚" AND 教师. 系别=系. 系别 INTO CURSOR ZG

C. SELECT 工资号,姓名,职称,年龄,工资 系别 FROM 教师,系 WHERE 姓名="张刚" AND 教师. 系别=系. 系别 INTO FILE ZG

D. SELECT 工资号,姓名,职称,年龄,工资 系别 FROM 教师,系 WHERE 姓名="张刚" AND 教师. 系别=系. 系别 TO FILE ZG

22. 查询各系所有教师的平均工资,应该使用的 SQL 语句是( )。

A. SELECT 系别,AVG(工资) FROM 教师

B. SELECT 系别,AVG(工资) FROM 教师 GROUP BY 系别

C. SELECT 系别,AVG(工资) FROM 教师 ORDER BY 系别

D. SELECT 系别,平均工资 FROM 教师 GROUP BY 系别

23. 查询"计算机"系教师的人数,应该使用的 SQL 语句是( )。

A. SELECT CNT(*) FROM 教师,系 WHERE 系名="计算机" AND 教师. 系别=系.

系别

B. SELECT SUM(*) FROM 教师,系 WHERE 系名 ="计算机" AND 教师.系别 =系.系别

C. SELECT TOTAL(*) FROM 教师,系 WHERE 系名 ="计算机" AND 教师.系别 =系.系别

D. SELECT COUNT(*) FROM 教师,系 WHERE 系名 ="计算机" AND 教师.系别 =系.系别

二、填空题

1. 在 SQL 语句中,_____命令可以向表中输入数据记录,_____命令可以修改表中的数据,_____命令可以修改表结构。

2. 在 SQL 语句中,空值用_____表示。

3. 在 Visual FoxPro 中,SQL DELETE 命令是_____删除纪录。

4. 在 SQL SELECT 中用于计算的函数有 COUNT,_____,_____,MAX 和 MIN。

5. SQL SELECT 语句为了将查询结果存放到临时表中应该使用_____短语。

6. 实现将所有职工的工资提高 5% 的 SQL 语句是:_____教师_____工资 =工资 * 1.05。

7. 计算职称为"教授"的所有教师的平均工资的 SQL 语句是:SELECT FROM 教师_____称 ="教授"。

8. 求"计算机"系所有教师工资的 SQL 语句是:SELECT 工资 FROM 教师 WHERE 系别_____(SELECT 系别 FROM WHERE 系名 ="计算机") 。

9. 在成绩表中,只显示分数最高的前 10 名学生的记录,SQL 语句为:SELECT_____10 * FROM 成绩表_____总分。

10. 用 SQL 语句实现查找"教师"表中"工资"低于 2 000 元且大于 1 000 元的所有记录:SELECT FROM 教师 WHERE 工资 <2000 _____工资 >1 000。

三、写出 SQL 命令

1. 建立数据库表 STUDENT. DBF。表中有字段:学号(C/4)、姓名(C/6)、年龄(N/4)、民族(C/4)、专业(C/10)、成绩(N/4.0)。

2. 插入记录:1228,王刚,男,21。

3. 将民族的默认值设为"汉"。

4. 假设表中又添加了若干记录,此时,列出男生的平均年龄。

5. 列出女生的最小年龄。

6. 将少数民族(非汉族)学生的成绩提高 10 分。

7. 将"成绩"字段改名为"入学成绩"。

8. 删除成绩为空的记录。

9. 删除表 STUDENT. DBF。

实 验 6

一、实验目的

1. 熟练掌握 SQL-SELECT 语句的语法格式及参数。

2. 熟练掌握 CREATE,DROP,ALTER 语句的语法格式及参数。

3. 熟练掌握 INSERT,DELETE,UPDATE 语句的语法格式及参数。

二、实验过程

1. 新建数据库:订货管理。

2. 新建四个数据表,字段类型根据下面给定的记录内容自己定义,表中的数据按照下面要求输入。

仓库:	仓库号	城市	面积
	WH1	北京	370
	WH2	上海	500
	WH3	广州	200
	WH4	武汉	400

以仓库号建立主索引。

职工:	仓库号	职工号	工资
	WH2	E1	1 220
	WH1	E3	1 210
	WH2	E4	1 250
	WH3	E6	1 230
	WH1	E7	1 250

以职工号建立主索引,以仓库号建立普通索引。

订购单:	职工号	供应商号	订购单号	订购日期
	E3	S7	OR67	2001/06/23
	E1	S4	OR73	2001/07/28
	E7	S4	OR76	2001/05/25
	E6	NULL	OR77	NULL
	E3	S4	OR79	2001/06/13
	E1	NULL	OR80	NULL
	E3	NULL	OR90	NULL
	E3	S3	OR91	2001/07/13

以订购单号建立主索引,以职工号、供应商号建立普通索引。

注意:NULL 代表空值,即不确定的值,输入方法为 Ctrl+0。但在创建表结构时对应的字段"NULL"按钮必须√,输入才能生效。

供应商:	供应商号	供应商名	地址
	S3	振华电子厂	西安
	S4	华通电子公司	北京
	S6	607 厂	郑州
	S7	爱华电子厂	北京

以供应商号建立主索引。

3.用 SQL 语句完成以下查询。

注意:将调试执行正确的下面 13 条 SQL 语句保存在一个.PRG 程序文件中,存放在你的文件夹下。

(1)检索在北京的供应商的名称。

结果:华通电子公司 爱华电子厂

(2)检索出向供应商 S3 发过订购单的职工的职工号和仓库号。

结果:WH1 E3

(3)检索出和职工 E1,E3 都有联系的北京的供应商信息。

结果:S4 华通电子公司 北京

(4)检索出向 S4 供应商发出订购单的仓库所在的城市。

结果:北京 上海

(5)检索出由工资多于 1 230 元的职工向北京的供应商发出的订购单号。

结果:OR76

(6)检索出所有仓库的平均面积。

结果:367

(7)检索出每个仓库中工资多于 1 220 元的职工个数。

结果:WH1 1,WH2 1,WH3 1

(8)检索出工资低于本仓库平均工资的职工信息。

结果:WH2 E1 1220,WH1 E3 1210

4.用 SQL 语句完成以下更新操作:

(1)插入一个新的供应商元组(S9,智通公司,沈阳)。

(2)删除目前没有任何订购单的供应商。

(3)删除由在上海仓库工作的职工发出的所有订购单。

(4)北京的所有仓库增加 100 m² 的面积。

(5)给低于所有职工平均工资的职工提高 5% 的工资。

三、实验要求

先编写调通前 8 条 SQL 语句,保证结果正确,之后再做后 5 条,达到熟练的目的。

第 5 章

Visual FoxPro 程序设计

计算机对数据的处理过程中,有许多任务仅靠执行一条命令是无法完成的,而是需要靠执行一组命令来完成。如果采用在命令窗口中逐条输入命令的方式进行,不仅麻烦还容易出错,特别是当命令需要反复执行或所包含的命令很多时,这种逐条输入命令的方式很容易出错,所以这时应采用程序方式。

5.1 程序设计概述

5.1.1 程序设计的概念

程序设计(Programming)是给出解决特定问题程序的过程,是软件构造活动中的重要组成部分。程序设计往往以某种程序设计语言为工具,给出这种语言下的程序。程序设计过程可以分成以下几个步骤。

(1)分析问题。对于接受的任务要进行认真的分析,研究所给定的条件,分析最后应达到的目标,找出解决问题的规律,选择解题的方法,完成实际问题。

(2)设计算法。即设计出解题的方法和具体步骤。

(3)编写程序。将算法翻译成计算机程序设计语言,对源程序进行编辑、编译和连接,最终形成一个可以被计算机运行的可执行文件。

(4)运行程序,分析结果。运行可执行程序,得到运行结果。能得到运行结果并不意味着程序正确,要对结果进行分析,看它是否合理。不合理要对程序进行调试,即通过上机发现和排除程序中的故障的过程。

Visual FoxPro 程序设计包括结构化程序设计和面向对象程序设计。Visual FoxPro 程序是为实现某一任务或功能,将若干条命令和程序控制语句按一定的结构组成命令序列,由计算机自动的去执行,这组命令被存在称为程序文件的文本文件中,其扩展名是. PRG。程序文件必须从外存储器调到内存储器中才能被执行。

5.1.2 Visual FoxPro 程序的语法和规则

在输写 Visual FoxPro 程序时,允许用户在程序文件中输入以下内容。

（1）命令：是指在 Visual FoxPro 中可以执行的命令。

（2）函数：Visual FoxPro 程序已经定义的实现某一个特定功能的模块。

（3）交互命令：在程序执行中可以实现人机对话的命令。

（4）语句：一条命令或由关键字引导的具有一定功能的文本行。

（5）表达式：由常量、变量和函数等构成的式子。

（6）过程或过程文件：实现某一特定功能的语句序列。

（7）参数：在调用子程序、过程或函数时传递的数据。

Visual FoxPro 的程序书规则如下：

（1）程序由若干程序行组成，一行只能写一条命令，每条命令以回车键结束。

（2）一条命令可以分成若干行书写，在分行处加续行符"；"，然后按回车键，在下一行继续书写。执行程序时 Visual FoxPro 把由续行符连接的多个文本行自动连接成一个命令行。

（3）每条命令中的命令动词、表达式、参数之间用空格分隔开。

（4）命令动词可以缩写成前 4 个字符。

（5）为了提高程序的可读性，可在程序中加入注释语句，用来说明某个程序段或语句的功能及含义。

5.2　程序文件的建立、执行和修改

5.2.1　程序文件的建立

建立和编辑程序文件可在任何文本编辑软件中进行，但 Visual FoxPro 中提供了文本编辑器，可以建立和编辑程序文件。

1. 菜单方式

选择"文件"菜单中的"建立"命令，或单击工具栏中的"新建"按钮，弹出"新建"对话框，如图 5.1 所示。选择"程序"选项，再单击"新建文件"按钮，即打开编辑窗口，如图 5.2 所示。新建文件时，默认文件名是"程序 1"，存储文件时再重命名文件名，结束编辑可按关闭窗口按钮，或按"Ctrl+W"组合键。

2. 命令方式

格式 1：

MODIFY COMMAND［<程序文件名>|?］

格式 2：

MODIFY FILE［<程序文件名>|?］

说明：两个命令均打开文本编辑器。格式 1 默认编辑.PRG 程序文件；格式 2 编辑任何文本文件，无默认扩展名，可编辑.TXT 文件。选择"?"命令时，出现"打开"对话框，从中选择要打开的文件。

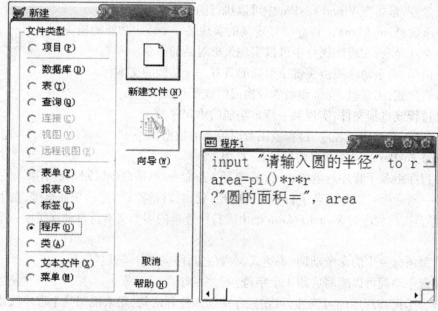

图 5.1　"新建"对话框　　　　图 5.2　程序编辑窗口

5.2.2　程序文件的执行与修改

1. 执行程序

执行 .PRG 源程序的方法主要有：

（1）选择"程序"菜单中的"运行"命令,在"运行"对话框中选择要执行的程序文件,单击"运行"按钮。

（2）执行当前打开编辑的程序文件,只需单击常用工具栏中的"!"按钮。

（3）在命令窗口,执行运行命令"DO <程序文件名>"。

2. 修改程序

在执行过程中,如果程序有错误,系统会弹出程序错误提示,提示错误语句和错误原因。单击"取消"按钮后,返回到程序编辑窗口,修改存盘后再运行。

5.3　输入输出命令

5.3.1　基本输入命令

1. 输入一个字符命令(等待命令)

格式：

WAIT［<字符表达式>］［TO <内存变量>］［NOWAIT］

［TIMEOUT<数值表达式>］［WINDOW［AT<行>,<列>]]

功能：暂停程序执行,等待用户从键盘输入任一字符后继续执行。

说明：

（1）该命令只能从键盘接受一个字符,选 TO <内存变量>将接收的字符赋值给内存变量。<字符表达式>为提示语,默认为“按任意键继续”。

（2）选择 WINDOW 短语,则将<字符表达式>提示语显示在屏幕右上角的窗口中,再选 AT 项,提示语在屏幕指定坐标位置显示;默认 WINDOW 在光标当前位置显示。

（3）选 NOWAIT 短语,显示提示语后,光标仍处于当前控制窗口中。

（4）选 TIMEOUT 短语,<数值表达式>以秒为单位给出最大等待时间,若不按键自动终止该命令。

WAIT 语句主要用于下列两种情况。

（1）暂停程序的运行,以便观察程序的运行情况,检查程序运行的中间结果。

（2）根据实际情况输入某个字符,以控制程序的执行流程。比如,在某应用程序的“Y/N”选择中,常用此命令暂停程序的执行,等待用户回答“Y”或“N”,这时只需输入单个字符,也不用按回车键,操作简单,响应迅速。

【例5.1】　WAIT″是否继续(Y/N)TO CHOICE″

2. 输入字符串命令

格式:

ACCEPT［<字符表达式>］TO <内存变量名>

功能:从键盘输入一个字符串常量赋给内存变量。

说明:

（1）输入的字符串不用定界符括起来,若使用定界符则成为字符串的内容。输入完成后按回车结束。

（2）［<字符表达式>］为提示字符串,若存在,则先显示该字符串内容,再接受输入的字符串。

【例5.2】　ACCEPT″请输入学生的学号:″to NUMBER

屏幕显示:请输入学生的学号:201101001↙

3. 输入任意型数据命令

格式:

INPUT［<字符表达式>］TO <内存变量>

功能:从键盘接受任意类型数据存入内存变量。

说明:

（1）输入的常量必须用符号表示数据类型,输入完按回车键结束。

（2）接受字符型数据时,要带定界符。

【例5.3】

INPUT TO NO

INPUT TO BIRTHDAY

INPUT TO MARRIAGE

INPUT TO HEIGHT

若分别输入″2011001″

｛^1980-01-02｝

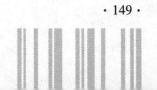

.F.

172.25

则上述变量分别取类型 C,D,L,N。

4. 三条输入命令的异同

(1)ACCEPT 命令只能接受字符型数据,不需要定界符,输入完毕按回车键结束。

(2)WAIT 命令只能输入单个字符,且不需定界符,输入完毕不需按回车键。

(3)INPUT 命令可接受数据值、字符型、逻辑型、日期型和日期时间型数据,数据形式可以是常量、变量、函数和表达式,如果是字符串,需用定界符,输入完毕按回车键结束。

5.3.2 基本输出命令

1. 输出命令

格式 1:

? [<表达式 1>][,<表达式 2>…]

格式 2:

?? [<表达式 1>][,<表达式 2>…]

功能:显示各表达式的值,表达式允许单独为常量、变量、函数。

说明:

(1)格式 1 先换行后显示表达式值。

(2)格式 2 不换行在光标当前位置显示表达式值。

(3)各表达式之间输出时留格式空格。

【例 5.4】

?"1 VISUAL FOXPRO"

WAIT

?"2 VISUAL FOXPRO"

WAIT WINDOW NOWAIT

?"3 VISUAL FOXPRO"

WAIT WINDOW TIMEOUT 3

2. 格式输出语句

@ <行,列>SAY<表达式>

功能:在指定的位标位置输出表达式的值。

说明:

(1)<表达式>可以是常数、字段变量及由它们组成的表达式。

(2)定位输出时,一次只能输出一个表达式。

【例 5.5】 在行 20 列 30 的位置上显示"姓名:张亮"。

@20,30 say "姓名:"

@20,36 say "张亮"

5.4　程序的三种基本结构

结构化程序设计把程序的结构限制为顺序结构、选择结构和循环结构三种。

顺序结构是指程序执行时,按照语句的排列顺序依次执行程序中的每一条语句。

选择结构是根据条件选择执行某些语句。在选择结构中存在判断的条件,根据条件的结果决定执行哪些程序语句。

循环结构是重复执行某些语句,这些被重复执行的语句通常称为循环体。在循环结构中存在循环条件,当满足循环条件时执行循环体,直到循环条件不成立时,结束执行循环语句。

5.4.1　顺序结构

顺序结构不需要特定的语句来实现,只需要将 Visual FoxPro 中的语句按照合理的逻辑顺序排列组合,即可完成顺序结构的程序设计,如图5.3所示。采用顺序结构编写程序,需要特别注意语句的逻辑顺序。事实上,不论程序中包含了什么样的结构,程序的总流程都是顺序结构的。

如果编写的程序与表无关,则程序中的语句通常体现以下几个方面。

（1）给已知变量赋值。

（2）根据数学模型给出正确的语句形式。

（3）输出求解结果。

如果编写的程序与表有关,则程序中的语句通常体现以下几个方面。

图5.3　顺序结构

（1）打开数据库和相关表。

（2）给出功能语句

（3）关闭表和数据库。

【例5.6】　已经圆的半径 R 的值为5,求圆的周长 L 和面积 AREA。

分析:

（1）周长与半径的关系为 $L=2\pi R$。

（2）面积与半径的关系为 $AREA=\pi R^2$。

建立程序文件 6 _ 1.PRG,按顺序输入语句:

```
R=3                 && 给变量 R 赋值
L=2*PI()*R          && 根据 L=2πR 给出语句形式
AREA=PI()*R^2       && 根据 AREA=πR² 给出语句形式
?"圆的周长为:",L,"圆的面积为:",AREA        && 输出
```

【例5.7】　显示某表中指定记录号的记录。

分析:

（1）首先给出要显示记录的记录号。

（2）用绝对定位方式定位到指定的记录。

（3）显示当前记录。

建立程序文件 6_2.PRG,按顺序输入语句:

```
USE 表名                && 打开表
INPUT "输入要显示记录的记录号" to RD      &&RD 表示记录号
GO RD                   && 绝对定位要第 RD 条记录
DISPLAY                 && 显示当前记录
USE                     && 关闭表
```

5.4.2 选择结构(分支结构)

在 Visual FoxPro 中,选择结构是通过双分支结构和多分支结构语句实现的。双分支语句只有一个判断条件,用 IF 语句实现。双分支语句是典型的选择结构形式,其流程如图 5.4 所示。多分支语句有多个判断条件,用 DO CASE 语句实现。

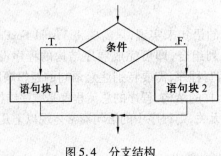

图5.4 分支结构

1. 双分支语句

语句格式:

IF <条件> [THEN]

  <语句块 1>

[ELSE

  <语句块 2>]

ENDIF

功能:当程序执行到 IF 语句时,首先对<条件>进行判断,判断结果为逻辑值. T. 时,执行<语句块 1>;结果为逻辑值. F. 时,如果有 ELSE 选项,则执行<语句块 2>,否则执行 ENDIF 后面的语句。

说明:

(1)IF<条件>后的 THEN 短语可以有,也可以没有。

(2)ELSE 短语可以有,也可以没有。若没有 ELSE 短语,则表示只有<条件>判断的结果为. T. 时执行<语句块 1>,<条件>判断的结果为. F. 时直接结束 IF 语句的执行。

【例 5.8】 输入两个整数,并从小到大输出。

分析:

(1)首先输入两个整数 X 和 Y。

(2)如果 X<Y,条件为. T. ,那么先输出 X,再输出 Y。

(3)如果 X>Y,条件为. F. ,那么先输出 Y,再输出 X。

建立程序文件 6 _ 3. PRG,按顺序输入语句:

INPUT "输入第一个数:" TO X

INPUT "输入第二个数:" TO Y

IF X<Y

　? X,Y

ELSE

　? Y,X

ENDIF

【例 5.9】　学生成绩用 SCORE 表示,在程序运行过程中给 SCORE 赋值,若 SCORE 的值超过 85 分,则输出"优秀",否则输出"良好"。

分析:

(1)用 INPUT 给 SCORE 赋值。

(2)如果 SCORE>=85,条件为. T. ,则输出"优秀"。

(3)如果 SCORE<85,条件为. F. ,则输出"良好"。

建立程序文件 6 _ 4. PRG,按顺序输入语句:

INPUT "输入学生成绩:" TO SCORE

IF SCORE>=85

　?"优秀"

ELSE

　?"良好"

ENDIF

2. 选择结构的嵌套

在用 IF 语句解决实际问题时,经常遇到类似这样的问题:根据学生成绩 SCORE 的值,分别输出"优""良""中""及格"和"不及格"。这样的问题可以通过 IF 语句嵌套来实现。

IF 语句嵌套形式:

IF 条件

语句块 1 $\begin{cases} \text{IF <条件 1>} \\ \quad \text{<语句块 11>} \\ [\text{ELSE} \\ \quad \text{<语句块 12>}] \\ \text{ENDIF} \end{cases}$

ELSE

语句块 2 $\begin{cases} \text{IF <条件 2>} \\ \quad \text{<语句块 21>} \\ [\text{ELSE} \\ \quad \text{<语句块 22>}] \\ \text{ENDIF} \end{cases}$

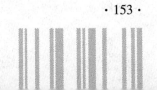

ENDIF

【例 5.10】 编程对每个学生的成绩计算评估："优秀"（90~100 分），"良好"（80~89 分），"中等"（70~79 分），"及格"（60~69 分），"不及格"（0~59 分），输入学生的计算机分数,显示其评估结果。

建立程序文件6_5.PRG,按顺序输入语句:

```
INPUT "输入学生成绩:" TO SCORE
IF SCORE>=90
    ?"优秀"
ELSE
    IF SCORE>=80
        ?"良好"
    ELSE
        IF SCORE>=70
            ?"中等"
        ELSE
            IF SCORE>=60
                ?"及格"
            ELSE
                ?"不及格"
            ENDIF
        ENDIF
    ENDIF
ENDIF
```

注意:在用 IF 语句嵌套形式时,IF 和 ENDIF 必须成对出现,在书写形式上可以采用缩进形式,增强程序的可读性。

3. 多分支语句

用 IF 语句的嵌套形式解决问题时,可以解决多个条件的问题,但在使用时容易出错,用多分支语句 DO CASE 会更方便些。

语句格式:

```
DO CASE
    CASE<条件 1>
        <语句块 1>
    CASE<条件 2>
        <语句块 2>
    …
    CASE<条件 N>
        <语句块 N>
    [OTHERWISE
```

<语句块 N+1>]

    ENDCASE

功能:

(1)依次判断每一个 CASE 后面的条件,当判断到一个条件满足时,就执行该条件下的语句块,然后转到 ENDCASE 后面的语句执行。

(2)如果所有条件都不满足,并选择了 OTHERWISE 语句,则执行其后语句块,否则不执行任何语句。

(3)若有多个条件成立,则只能执行到第一个满足条件的语句块,就转到 ENDCASE 后面执行。

(4)DO CASE 语句本身可以嵌套,也可以与 IF 语句互相嵌套。

【例5.11】 使用 DO CASE 语句对例5.10 重新编程。

```
INPUT "请输入学生成绩:" TO SCORE
DO CASE
    CASE SCORE>=90
    ?"优秀"
    CASE SCORE>=80
    ?"良好"
    CASE SCORE>=70
    ?"中等"
    CASE SCORE>=60
    ?"及格"
    OTHERWISE
    ?"不及格"
ENDCASE
```

5.4.3 循环结构

循环结构表示程序反复执行某个或某些操作,直到某条件为假时,才可终止循环,在循环结构中最主要的是:什么情况下执行循环? 哪些操作需要循环执行? 循环的基本结构如图5.5 所示。如果某些语句或语句块需要在一个固定的位置上重复操作,使用循环结构是最好的选择。Visual FoxPro 提供了三种循环结构语句。

1. DO WHILE 循环语句

语句格式:

DO WHILE<条件表达式>

<语句块 1>

ENDDO

功能:当<条件表达式>的值为. T. 时,重复执行 DO WHILE…ENDDO 之间的命令序

图5.5 循环结构

列,直到<条件表达式>的值为.F.时,退出循环,执行 ENDDO 后面的语句。

说明:

(1)格式中 DO WHILE 为循环起始语句,判断循环是否进行;ENDDO 为循环结束语句,循环到此结束。DO WHILE 与 ENDDO 之间的语句序列称为循环体,是循环执行的语句。

(2)执行到 DO WHILE 语句,再判断<条件表达式>的值,如果是.T.则执行循环体,由 ENDDO 返回到 DO WHILE 语句,再判断<条件表达式>的值,如果为.T.则继续执行循环体,直到条件表达式为.F.退出循环,执行 ENDDO 后面的语句。

(3)DO WHILE 与 ENDDO 必须配对使用,循环体中可以包含另一个循环体,形成循环嵌套,ENDDO 与最近的 DO WHILE 配对。

(4)<条件表达式>可以是逻辑型的常量、变量、函数以及逻辑表达式等。条件表达式本身不能改变其值来控制循环的执行,所以需要在循环体内相应的语句改变条件表达式的值。

【例 5.12】 求 1+2+3+4+⋯+10 的值。

分析:本题属于固定次数的循环。

```
s=0
i=1
DO WHILE i<=10
  s=s+i
  i=i+1
ENDDO
?"1+2+3+4+⋯+10=",s
```

2. FOR 循环语句

语句格式:

FOR 循环变量=<初始值> TO <终止值> [STEP<步长>]

 <循环体>

ENDFOR

功能:根据循环变量的值,控制循环执行的次数。

说明:

(1)FOR 语句每循环一次,自身便改变一次循环变量的值,STEP 短语设置改变的增量,由<步长>设置,正值为增加,负值为减少,默认为1。

(2)如果初始值大于终止值,则循环体不被执行。

【例 5.13】 用 FOR 语句完成例 5.12。

```
s=0
FOR i=1 TO 10
  s=s+i
ENDFOR
?"1+2+3+4+⋯+10=",s
```

【例 5.14】　求百钱买百鸡问题。其中公鸡值五钱,母鸡值三钱,三只小鸡值一钱,用一百钱买一百只鸡,公鸡、母鸡、小鸡各几只?

设:公鸡 x 只,母鸡 y 只,小鸡 z 只。

```
CLEAR
FOR x = 1 TO 20
    FOR y = 1 TO 33
    z = 100−x−y
    IF x * 5+y * 3+z/3 = 100
    ?"公鸡 ="+STR(x,2) ,"母鸡 ="+STR(y,2) , "小鸡 ="+STR(z,2)
    ENDIF
    ENDFOR
ENDFOR
```

3. SCAN 循环语句

语句格式:

```
SCAN [范围][FOR<条件>][WHILE<条件>]
    <循环体>
ENDSCAN
```

功能:在表中对指定范围内满足条件的每一条记录完成循环体的操作。

说明:

(1)每处理一条记录后,记录指针会自动指向下一条记录。

(2)FOR<条件>表示从表头至表尾检查全部满足条件的记录。

(3)WHILE<条件>表示从当前记录开始,当遇到第一个使<条件>为.F.的记录时,循环立刻结束。

【例 5.15】　显示"学生情况表"中的男生信息。

```
USE 学生情况表
SCAN FOR 性别 ="男"
    DISPLAY
ENDSCAN
USE
```

5.5　程序流程的控制命令

正常情况下,程序是按照前面三种结构执行的,但 LOOP 和 EXIT 语句可以用在循环语句中,来改变循环顺序。LOOP 语句用于结束本次循环,进入下一次循环的判断;EXIT 语句用于结束循环语句。LOOP 语句和 EXIT 语句一般与条件语句连用。

【例 5.16】　求 1+3+5+⋯+99 的和。

```
CLEAR
S = 0
```

```
FOR I = 1 TO 99
  IF MOD(J,2) = 0
    LOOP
  ENDIF
  S = S+I
ENDFOR
? S
```

【例 5.17】 求 1+2+3+…+100 的和,当和的值超过 1 000 时,结束程序。

```
CLEAR
S = 0
FOR I = 1 TO 100
  S = S+I
  IF S>1000
    EXIT
  ENDIF
ENDFOR
? S,I
```

5.6　模块化程序设计

在结构化程序设计中,一个应用程序通常由若干个小程序模块构成,这种设计思想就是程序的模块化设计,这些模块中有一个主模块和若干个子模块组成。其中主模块调用其他子模块,被称为主程序,主程序不被任何程序所调用。被调用的子模块称为子程序、过程或自定义函数。子模块也可以调用子模块。

5.6.1　子程序

1. 子程序的建立

子程序是一个存储在磁盘上的程序文件,与一般程序文件的建立、编写、运行方法都一样,也以独立的程序文件存在,其扩展名也是.PRG。子程序的文件格式:

[PARAMETERS　形参列表]

<子程序语句序列>

RETURN　[TO MASTER]

说明:

(1)子程序中必须有 RETURN 语句,用于正常返回调用程序。

(2)TO MASTER 表示返回最高一级调用程序,可以省略表示返回调用程序。

2. 子程序的调用

格式:

DO　<子程序文件名>　[WITH 实参列表]

功能:调用子程序,并执行子程序文件的内容。

说明:主程序中的实参列表与子程序中的形参列表的参数个数应该一一对应,调用时,将实参的值传递给形参,执行完毕,形参的值再传给实参。

【例 5.18】　编写程序计算长方形面积,用参数实现数据传递。

```
＊主程序名.prg
CLEAR
INPUT "输入长方形长:" TO X
INPUT "输入长方形高:" TO Y
MJ=0
DO　子程序名　WITH　X,Y,MJ
?"面积=",MJ
＊子程序名.prg
PARAMETERS　X,Y,S
S=X＊Y
RETURN
```

5.6.2　自定义函数

Visual FoxPro 系统为用户提供了很多函数,除此之外,用户也可以自己定义函数。函数与过程一样具有某一功能,但函数可以在表达式中调用,返回一个函数值。独立自定义的函数与过程非常相似,它所对应的程序单独以命令文件的形式存储,文件名即函数名。

1. 自定义函数的格式

格式:

```
FUNCTION <用户自定义函数名>
　[PARAMETERS　<变量名表>]
　<自定义函数的语句>
　[RETURN <表达式>]
ENDFUNC
```

说明:

(1)FUNCTION 是函数的标识符,后面是函数名。自定义函数名不能与系统函数名和内存变量名相同。

(2)PARAMETERS 用于定义函数中的形式参数,用来接受主程序中的实参数据。

(3)存放位置为调用程序段之后或过程文件中。

(4)RETUBN<表达式>用于返回函数值,其中的<表达式>值就是函数值。若省略该语句或省略<表达式>,函数返回值为".T."。

2. 调用自定义函数

格式:

<自定义函数名>([<表达式表>])

说明:有两种调用方式。

（1）过程调用方式，自定义函数等同于过程，其返回值无意义。

（2）等同于系统函数调用方式。

【例 5.19】 建立函数 AREA 求圆的面积。

```
CLEAR
INPUT "输入圆的半径:" TO R
? "圆的面积为:", AR(R)
FUNCTION   AR
PARAMETERS X
RETURN 3.14 * X * X
```

5.6.3 过程与过程文件

过程可以和主程序在同一文件中，也可以单独存在。

1. 建立过程文件

```
PROCEDURE   <过程名>
[PARAMETERS   <形参列表>]
<过程中的语句>
RETURN
```

2. 调用过程

```
DO <过程名> [WITH<实参列表>]
```

说明：

（1）过程没有扩展名。

（2）调用中的实参列表与过程中的形参列表的个数、类型要一致。

（3）调用时，首先将实参的值传递给形参，然后程序执行转到过程中执行，过程执行结束后返回主程序时，形参的值再传递给实参。

【例 5.20】 编程求 N 的阶乘。

```
CLEAR
INPUT "请输入 N:" TO A
Y = 1
DO PROC1 WITHA, Y            && 调用过程
? STR(A,2)+"! =", Y
PRCEDURE PROC1              && 求阶乘的过程
PARAMETERS X, Y
IF X>1
  DO PROC1 WITH X-1, Y
Y = X * Y
ENDIF
RETURN
```

5.6.4　内存变量的作用域

在程序设计中,特别是在多模块程序中,往往会用到许多内存变量,这些内存变量有的在整个程序运行过程中起作用,有的仅在某些程序模块中起作用,内存变量的这些作用范围称为内存变量作用域。内存变量的作用域根据作用范围可以分为三类:全局变量、局部变量和私有变量。

1. 全局变量

全局变量又称为公共变量,在程序运行中,上下各级程序或任何程序模块中都可以使用该内存变量。当程序执行完毕返回到命令窗口后,其值仍然保存。

格式:PUBLIC<内存变量表>

功能:将<内存变量表>中的内存变量定义为全局内存变量。

【例5.21】　观察下程序中变量的输出值,体会其作用域。

```
CLEAR
PUBLICA,B
A=10
DO SU
? A,B,C
PROCEDURE   SU
PUBLICC
C=A+5
? A,B,C
RETURN
```

输出结果为:

```
10    .F. 15
10    .F. 15
```

2. 局部变量

局部变量只能在定义它的程序中使用,一旦定义它的程序运行完毕,局部变量将从内存中释放。

格式:LOCAL<内存表量表>

功能:将<内存表量表>中指定的变量定义为本地变量。

说明:用 LOCAL 定义的本地变量,系统自动将其初始化赋以逻辑性.F.。LOCAL 与 LOCATE 前四个字母相同,故不可缩写。本地型内存变量只能在定义它的程序中使用,不能在上级或下级的调用程序中使用。

【例5.22】　观察下列程序中变量的输出值,体会其作用域。

```
CLEA
PUBLIC A
LOCALB
A=10
```

```
DO SU
? A,B
PROCEDURE   SU
LOCALC
C = A+5
? A,C,B
RETURN
```

3. 私有变量

在 Visual FoxPro 程序中,未加 PUBLIC 语句定义的内存变量,系统默认为私有变量,私有变量的作用域限制在定义它的程序和被该程序所调用的下级程序过程中,一旦定义它的程序运行完毕,局部变量将从内存中自动清除。

【例 5.23】 观察下列程序中变量的输出值,体会其作用域。

```
CLEAR
A = 10
B = 15
? A,B
DO SU
? A,B
PROCEDURE   SU
A = A+5
B = A−B
? A,B
RETURN
```

输出结果为:

```
10    15
150
150
```

习 题 5

一、选择题

1. 下面描述中,符合结构化程序设计风格的是(   )。

A. 使用顺序,选择和循环三种基本控制结构表示程序的控制逻辑

B. 模块只有一个入口,可以有多个出口

C. 注重提高程序的执行效率

D. 不使用 GOTO 语句

2. Visual FoxPro 的 DO CASE 语句是(   )。

A. 循环语句   B. 多重分支语句   C. 条件语句   D. 执行命令文件的语句

3. 执行程序文件的命令是( )。

A. EXECUTE　　　B. DO　　　　　C. START　　　　D. RUN

4. 下列叙述正确的是( )。

A. LOOP 语句的功能是退出循环

B. LOOP 和 EXIT 语句功能一样

C. EXIT 语句的功能是退出循环

D. 以上叙述都不正确

5. 组成 Visual FoxPro 应用程序的基本结构是( )。

A. 顺序结构、分支结构和模块结构

B. 分支结构、反复结构和模块结构

C. 逻辑结构、物理结构和程序结构

D. 顺序结构、分支结构和循环结构

6. 一个过程文件最多可以包含 128 个过程,其文件扩展名是( )。

A. . PRG　　　　　B. . FOX　　　　　C. . DBT　　　　D. . TXT

7. 用于建立、修改程序文件的 Visual FoxPro 命令依次是( )。

A. CREATE , MODIFY　　　　　　B. MODI COMM , DO

C. MODI COMM , MODI COMM　　　D. CREATE COMM , MODI COMM

8. 在"DO WHILE"循环结构中,循环次数最少是( )。

A. 0　　　　　　B. 1　　　　　　C. 2　　　　　　D. 不确定

9. 在 Visual FoxPro 中,关于过程调用的叙述正确的是( )。

A. 当实参的数量少于形参的数量时,多余的形参初值取逻辑假

B. 当实参的数量多于形参的数量时,多余的实参被忽略

C. 实参与形参的数量必须相等

D. A 和 B 都正确

10. 下列关于过程调用的叙述正确的是( )。

A. 被传递的参数是变量,则为引用方式

B. 被传递的参数是常量,则为传值方式

C. 被传递的参数是表达式方式,则为传值方式

D. 传值方式中形参变量值的改变不会影响实参变量的取值,引用方式则刚好相反

11. 下列程序段输出的结果是( )。

```
ACCEPT TO A
IF A = [12345678]
S = 0
ENDIF
S = 1
? S
```

A. 0　　　　　　B. 1　　　　　　C. 由 A 值决定　　　D. 程序出错

12. 执行下列程序,输出结果为( )。

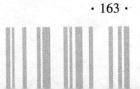

```
S=0
I=5
X=11
DO WHILE S<=X
  S=S+I
  I=I+1
ENDDO
? S
```
A. 5   B. 11   C. 18   D. 26

13. 在 Visual FoxPro 程序中,注释行使用的符号是( )。

A. //   B. *   C. '   D. {}

14. 下面程序段的功能是( )。
```
CLEAR
USE GZ
DO WHILE! EOF()
  IF 基本工资>=800
    SKIP
    LOOP
  ENDIF
  DISPLAY
  SKIP
ENDDO
USE
```
A. 显示第一条基本工资大于 800 元的职工信息

B. 显示第一条基本工资小于 800 元的职工信息

C. 显示所有基本工资大于 800 元的职工信息

D. 显示所有基本工资小于 800 元的职工信息

15. 执行下列程序后,将输出( )。
```
SET TALK OFF
STORE 0 TO X,Y
DO WHILE X<20
  X=X+Y
  Y=Y+2
ENDDO
? X,Y
SET TALK ON
```
A. 10 20   B. 20 10   C. 20 22   D. 22 20

16. 执行下列程序后,变量 X 的值为( )。

```
SET TALK OFF
PUBLIC X
X=5
DO SUB
?"X=",X
SET TALK ON
RETURN
PROCEDURE SUB
X=1
X=X*2+1
RETURN
```

A. 5　　　　　　　　B. 7　　　　　　　C. 9　　　　　　　　D. 11

17. 在 DO WHILE…ENDDO 循环结构中，EXIT 语句的作用是(　　)。

A. 退出过程，返回程序开始处

B. 转移到 DO WHILE 语句行，开始下一个判断和循环

C. 终止程序执行

D. 终止程序循环，将控制转移到本循环结构 ENDDO 后面的第一条语句继续执行

18. 在 INPUT, ACCEPT 和 WAIT 三个命令中，必须要以回车键表示输入结束的命令是(　　)。

A. INPUT, ACCEPT　　　　　　　B. INPUT, WAIT

C. ACCEPT, WAIT　　　　　　　D. INPUT, ACCEPT, WAIT

19. 执行下列程序后的结果是(　　)。

```
CLEAR
DO A
RETURN


PROCEDURE A
PRIVATE S
S=5
DO B
? S
RETURN


PROCEDURE B
S=S+10
RETURN
```

A. 5　　　　　　　　B. 10　　　　　　　C. 15　　　　　　　　D. 程序出错，找不到变量

20. 下列关于过程文件的说法错误的是(　　)。

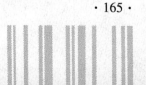

A. 过程文件的建立需要使用 MODIFY COMMAND 命令

B. 过程文件的默认扩展名为. PRG

C. 在调用过程文件中的过程之前不必打开过程文件

D. 过程文件只包含过程,可以被其他程序调用

21. DIMENSION 命令用于声明(　　　)。

A. 对象　　　　　　B. 变量　　　　　　C. 数据　　　　　　D. 数组

22. 下列说法正确的是(　　　)。

A. 循环结构的程序中不能包含选择(分支)结构

B. 使用 LOOP 命令可以跳出循环结构

C. SCAN 循环结构可以自动向上移动记录指针

D. FOR 循环结构的程序可以改写成 DO WHILE 循环结构

23. 执行定义数组命令 DIMENSION B(3),则语句 B=3 的作用是(　　　)。

A. 对 B(1)赋值 3

B. 对简单变量 B 赋值 3,与数组无关

C. 对每个元素均赋相同的值 3

D. 语法错误

24. 下列关于数组的叙述中,不正确的是(　　　)。

A. 用 DIMENSION 和 DECLARE 都可以定义数组

B. Visual FoxPro 中只支持一维数组和二维数组

C. 一个数组中各个数组元素必须是同一种数据类型

D. 新定义数组的各个数组元素初值为. F.

25. 下列关于循环嵌套的叙述中,正确的是(　　　)。

A. 循环体内不能含有条件语句

B. 正确的嵌套不能交叉

C. 循环不能嵌套在条件语句中

D. 嵌套只能一层,多层易出错

二、填空题

1. 在结构化程序设计中,EXIT 和 LOOP 语句只能在_____结构中使用。

2. 打开并编辑一个程序文件,应该使用的命令是_____。

3. 下列程序的运行结果是_____。

I=1

DO WHILE I<10

　I=I+2

ENDDO

? I

4. 一个名为 AA. DBF 的表文件,其内容如下:

记录号	编号	数量

1	A1	10
2	A0	85
3	A2	67
4	A10	50
5	A12	65

下列程序的运行结果是_____。

```
SET TALK OFF
USE AA
INDEX ON 编号 TAG 编号
STORE 0 TO S
LOCATE FOR 数量>10
DO WHILE NOT EOF( )
    ?? 编号
    IF SUBSTR(编号,2,1)=［1］
      S=S+数量
    ENDIF
    CONTINUE
ENDDO
? S
USE
```

5. 下列程序的显示结果是_____。

```
S=1
I=0
DO WHILE I<8
    S=S+I
    I=I+2
ENDDO
? S
```

6. 下列程序的运行结果是_____。

```
STORE 0 TO N,S
DO WHILE .T.
    N=N+1
    S=S+N
    IF N>11
       EXIT
    ENDIF
ENDDO
?"S="+STR(S,2)
```

7. 下列程序的运行结果是_____。

```
STORE 0 TO A,B,C,D,N
DO WHILE . T.
    N=N+5
    DO CASE
    CASE N<=50
        A=A+1
        LOOP
    CASE N>=100
        B=B+1
        EXIT
    CASE N>80
        C=C+1
    OTHERWISE
        D=D+1
    ENDCASE
    N=N+5
ENDDO
? A,B,C,D,N
```

8. 有如下程序,当执行完主程序后 S 的值是_____。

```
* 主程序:MAIN. PRG
CLEAR
S=0
DO SUB WITH 10,S
? S
RETURN
* 子程序 SUB. PRG
PROCEDURE SUB
PARAMETERS D1,D2
D1=D1+D1
D2=D1*2
RETURN
```

9. 阅读下列程序,程序的运行结果是_____。

```
SET TALK OFF
N=111
DO WHILE N<=1000
    N3=INT(N/100)
    X=N-N3*100
```

```
    N2 = INT( X/10)
    N1 = X−N2 * 10
    IF N1 = N3
        ?? N
    ENDIF
    N = N+100
ENDDO
SET TALK ON
```

10. 运行下列程序,从键盘依次输入数据 2.5,8,3.5,3,4,5,10,程序的运行结果是_____。

```
SET TALK OFF
I = 1
CLEAR
DO WHILE I<=2
    INPUT"A =" TO A
    IF A>INT(A) OR A>=10
        LOOP
    ELSE
        INPUT"B =" TO B
        IF B=INT(B) AND B<10
            LOOP
        ELSE
            ? A,"+",B,"=",A+B
        ENDIF
    ENDIF
    I=I+1
ENDDO
SET TALK ON
```

三、判断题

1. 在条件语句"IF…ENDIF"中,若条件不满足,将执行 ENDIF 后面的语句行序列。

2. 在输入"MODIFY COMMAND <命令文件名>"命令时,扩展名可以省略不写。

3. 在循环语句"FOR…ENDFOR"循环结构中,若省略 STEP<N>项,则表明其循环变量的步长为1。

4. 子程序文件的扩展名是.PRG。

5. 在 Visual FoxPro 中,SCAN…ENDSCAN 结构可适合任何情况下的循环。

6. 在 Visual FoxPro 中,程序语句的顺序是可以任意改变的。

7. 在 Visual FoxPro 中,基本结构包括顺序结构、选择结构、循环结构和过程与函数。

8. 以 DO…WHILE 开头的循环结构,应该以 ENDDO 结束。

9. 在 Visual FoxPro 中没有给用户提供自定义函数功能。

10. 循环体均在条件的值为假时退出。

四、程序填空题

1. 求 1～100 之间偶数的和,超出范围则退出。

```
X = 1
Y = 0
DO WHILE .T.
  X = X+1
  DO CASE
    CASE _____
      LOOP
    CASE X>100

      _____
    OTHERWISE
      Y = Y+X
  ENDCASE

_____
?"1-100 之间的偶数之和为:", Y
RETURN
```

2. 对表 XS.DBF 中的英语和计算机都大于 90 分的学生的奖学金进行调整,教育系学生奖学金增加 12 元,计算机系学生奖学金增加 15 元,中文系学生奖学金增加 18 元,其他系学生奖学金增加 20 元。

```
USE XS

_____
DO WHILE FOUND( )
DO CASE
    CASE 系别="教育"
     ZJ = 12
    CASE 系别="计算机"
     ZJ = 15
    CASE 系别="中文"
     ZJ = 18

     _____
     ZJ = 20
ENDCASE
REPLACE 奖学金 WITH 奖学金+ZJ

_____
ENDDO
```

```
USE
```

3. 找出 XS. DBF 中奖学金最高的学生记录并输出显示。

```
_____
MAX = 0
DO WHILE _____
    IF MAX<奖学金

      _____
      JL = RECN( )
    ENDIF
    SKIP
ENDDO
? MAX
DISP FOR RECN( ) = JL
USE
```

4. 显示输出图 5.6。

```
        *
      * * *
    * * * * *
```

图 5.6　显示图形

```
CLEAR
I = 1
DO WHILE I<=3
  ? SPACE(10−I)
  J = 1
  DO WHILE J<=2*I−1

    _____
    _____
  ENDDO

  _____
ENDDO
```

5. 从键盘输入五个数,然后找出其中的最大值与最小值,将最大值存放在变量 MAX 中,最小值存放在变量 MIN 中,显示 MAX 和 MIN 的值。

```
SET TALK OFF
INPUT TO X
MAX = X
MIN = X
I = 1
DO WHILE _____
```

```
    INPUT TO X
    IF _____
        MAX = X
    ENDIF
    IF _____
        MIN = X
    ENDIF
    I = I+1
ENDDO
? MAX, MIN
SETTALK ON
```

五、程序改错题(注意:划横线的语句错误)

1. 在 XS. DBF 表中统计计算机和英语两个系的总人数和奖学金总额。

```
USE XS
STORE 0 TO R,S
DO WHILE .T.
    IF 系别="计算机" OR 系别="英语"
        STORE S+奖学金 TO S
        R = R+1
    ENDIF
    SKIP
    IF NOT FOUND(   )
        EXIT
    ENDIF
ENDDO
? S,R
USE
```

2. 将一串字符串"123ABC"逆序输出。

```
S = "123ABC"
? S+"的逆序是:"
L = STR(S)
DO WHILE L >= 1
    ?? SUBSTR(S,L,1)
    L = L+1
ENDDO
```

3. 显示 XSCG. DBF 中每个学生的姓名、计算机成绩和等级,成绩大于等于 90 分等级为"优秀",成绩大于 60 分小于等于 89 分等级为"及格",成绩小于 60 分等级为"不及格"。

```
USE XSCG
DO WHILE . NOT. EOF(   )
    LIST 姓名,计算机
    DO CASE
        CASE 计算机>=90
            ??"优秀"
        CASE 计算机>=60
            ??"及格"
        CASE 计算机<60
            ??"不及格"
    ENDCASE
    GO NEXT
ENDDO
USE
```

六、编程题

1.编写程序输出乘法口诀表。

2.编写程序求一元二次方程 $ax^2+bx+c=0$ 的根。（a,b,c 由键盘输入）

3.编程输出图 5.7。

```
* * * * * * *
  * * * * * * *
    * * * * * * *
      * * * * * * *
```

图 5.7　显示图形

4.编程计算 T=1！ +3！ +5！ +7！ +9！。

5.编程输出 N 行的杨辉三角形（图 5.8）。（N 由键盘输入）

```
        1
      1   1
    1   2   1
  1   3   3   1
1   4   6   4   1
      ...
```

图 5.8　杨辉三角形

实 验 7

一、实验目的与要求

1.掌握程序的建立、修改和执行方法。

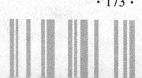

2.掌握顺序、选择和循环三种结构语句的执行过程。

3.初步掌握模块化程序的设计方法。

二、实验内容

1.编写程序文件 SY601.PRG,依次浏览"学籍管理系统"数据库中"学生表"和"成绩表"中记录。

2.编写程序文件 SY602.PRG,输入圆的半径,然后计算圆的面积。

3.编写程序文件 SY603.PRG,输入圆的半径,当半径大于 0 时,计算圆的面积,否则给出错误提示。

4.编写程序文件 SY604.PRG,计算 1+2+…+100 的和。

三、实验步骤

1.选择"文件"→"新建"命令,在打开的程序编辑窗口中输入程序代码。(也可以在命令窗口中输入:MODIFY COMMAND 文件名)

2.选择"程序"→"运行"命令,在屏幕上显示程序运行过程和结果。(也可以在命令窗口输入:DO 文件名)

参考程序代码:

(1)SY601.PRG

```
CLEAR
OPEN DATABASE 学籍管理系统
USE 学生情况表
LIST
USE
WAIT
USE 学生成绩表
LIST
USE
CLOSE DATABASE
```

(2)SY602.PRG

```
SET TALK OFF
CLEAR
INPUT"请输入圆的半径" TO R
S=PI( ) * R * R
?"圆的面积为:",S
SET TALK ON
```

(3)SY603.PRG

```
SET TALK OFF
CLEAR
```

```
INPUT"请输入圆的半径" TO R
IF R>0
  S=PI( ) * R * R
  ?"圆的面积为:",S
ELSE
  ?"圆的半径输入错误!"
ENDIF
SET TALK ON
```

（4）SY604. PRG

```
SET TALK OFF
CLEAR
S=0
I=I
DO WHILE I<100
  S=S+I
  I=I+1
ENDDO
?"1+2+…+100=",S
SET TALK ON
```

实 验 8

一、实验目的与要求

掌握过程文件、子程序和自定义函数的定义、调用和参数传递。

二、实验内容

1. 建立 SY605. PRG 文件,观察下列程序的运行结果。

```
X=1
Y=2
DO P3 WITH X,Y
? X,Y
PROCEDURE P3
PARAMETERS X,Y
X=3
Y=4
RETURN
```

2. 编写程序文件 SY606. PRG,利用过程求圆的面积,在主程序中调用该过程。

3.编写程序文件 SY607.PRG 和函数 AREA,利用函数 AREA 求圆的面积,在主程序中调用 AREA 函数。

三、实验步骤

1.选择"文件"→"新建"命令,在打开的程序编辑窗口中输入程序代码。(也可以在命令窗口中输入:MODIFY COMMAND 文件名)

2.选择"程序"→"运行"命令,在屏幕上显示程序运行过程和结果。(也可以在命令窗口输入:DO 文件名)

参考程序代码:

(1)SY606.PRG

```
CLEAR
INPUT "请输入圆的半径" TO R
DO P1 WITH R
?"圆的面积为:",R
PROCEDURE P1
PARAMETERS R
R=PI( )*R*R
RETURN
```

(2)SY607.PRG

```
CLEAR
INPUT"输入圆的半径:" TO R
?"圆的面积为:",AR(R)
FUNCTION   AR
   PARAMETER X
RETURN   PI( )*X*X
```

第6章

表单设计与应用

Visual FoxPro 支持面向对象的程序设计,为用户提供了强大的可视化的编程工具。表单的设计是可视化程序设计的基础,在表单设计器中,将原有的结构化程序设计与面向对象程序设计紧密结合在一起,帮助用户创建出功能强大、界面友好、操作简便的应用程序。

6.1 面向对象程序设计

6.1.1 类与对象

1. 类

类是客观世界中具有相同数据特征和行为特征的所有事物的统称。例如,学生可以称为一个类,该类下的每一名学生都具有相同的数据特征,他们都有学号、姓名、性别、年龄等;他们又都具有相同的行为特征,他们上课、学习、考试。类可以是有形的事物,比如,汽车;也可以是无形的事物,比如,一项计划。把数据特征称为属性,把行为特征称为方法。

2. 对象

对象是类的一个具体实例。每个对象所具有的属性和行为由其所在类决定。例如,李成章是一名学生,他就是学生类下的一个对象,具有该类的属性和行为,学号 0901,姓名李成章,性别男,年龄 18,可以进行上课、学习、考试等行为活动。

类包含了相关对象的所有特征和行为信息,它是对象的框架,对象的属性由所在的类的属性决定。每个对象都可以对发生在其上的行为动作进行识别和响应,发生在对象上的行为称为事件。事件是类的行为,是预先定义好的特定的动作,大多数情况下事件是通过与用户的交互操作产生的。方法又称方法程序,是对象对事件的响应过程,与对象紧密地连接在一起。

6.1.2 Visual FoxPro 中的类与对象

Visual FoxPro 提供了大量可以直接使用的类,从是否可以包含其他对象角度分类,

Visual FoxPro 中的类可以分为容器类和控件类。容器类可以包含其他对象,并且允许访问这些对象。控件类作为整体操作,不能包含其他对象。

在 Visual FoxPro 中容器类包括:表单、页框、命令按钮组、选项按钮组、表格等,控件类包括标签、文本框、命令按钮、编辑框、列表框、组合框等。Visual FoxPro 类的分类如图 6.1 所示。

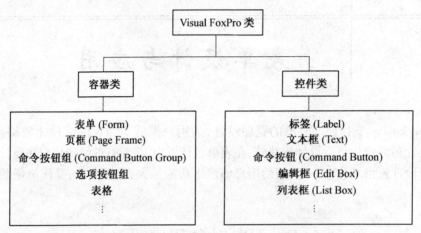

图 6.1　Visual FoxPro 类的分类图

6.1.3　对象的引用

在 Visual FoxPro 中,对象的引用是使用"."符号来进行的。"."的作用是分隔对象的层次,指明对象之间的关系。

1. THISFORM 引用

格式:THISFORM [.对象1[.对象2]…] [.属性|方法程序]

功能:在本表单范围内各种对象的属性或方法程序的引用。

说明:

(1)该引用的作用范围是表单本身,或其内部对象和子对象。

(2)对象1 和对象2 是对象名称,它们是父子关系,一定要先引用父对象,再引用子对象。

(3)该引用也称绝对引用,不论在表单的任何地方编写代码,都可以使用该引用,指定该表单任何一个对象的属性或方法。

【例6.1】　写出图6.2 所示表单中文本框的 Value 属性的绝对引用。

文本框的 Value 属性的绝对引用为:

THISFORM.TEXT1.VALUE

2. THIS 引用

格式:THIS [.对象1[.对象2]…] [.属性|方法程序]

功能:在当前对象范围下对象属性或方法程序的引用。

说明:该引用是在当前对象前提下的相对引用。

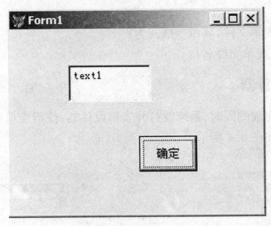

图 6.2 例 6.1 表单

【例 6.2】 写出图 6.3 所示表单中标签的 Caption 属性的相对引用。

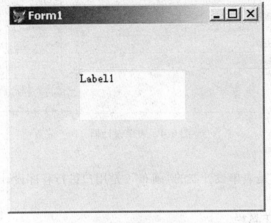

图 6.3 例 6.2 表单

标签的 Caption 属性的相对引用为：
THIS. CAPTION

6.2 表单的设计

6.2.1 建立表单

表单是 Visual FoxPro 应用程序与用户之间进行数据交换的人机对话界面。表单中各种控件的载体,用户可以根据自己的设计需要在表单上添加不同的控件对象,并对控件进行属性、事件和方法程序的设计。表单文件的扩展名为. SCX。

1. 菜单方式

选择"文件"菜单下的"新建"命令,在弹出的"新建"对话框中,选择"表单"选项,最后单击"新建文件"。

2. 命令方式

用命令方式建立表单文件,其命令格式为:

CREATE FORM［表单文件名|?］

6.2.2 表单设计器

在表单文件建立完成的同时,系统就打开表单设计器,使得表单设计工作变得又直观又容易。表单设计器如图 6.4 所示。

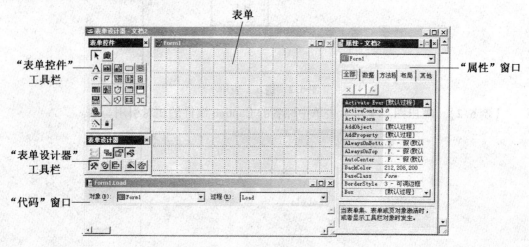

图 6.4 表单设计器

1. 表单

表单是容器控件,是表单设计器的"画布",是用户进行程序设计的载体,可以在表单上任意添加其他控件。

2. "表单设计器"工具栏

"表单设计器"工具栏如图 6.5 所示,包括"设置 Tab 键次序""数据环境""属性窗口""代码窗口""表单控件工具栏""调色板工具栏""布局工具栏""表单生成器"和"自动格式"按钮。通过单击对应按钮,可以隐藏或显示对应的窗口和工具栏。

图 6.5 "表单设计器"工具栏

3. "数据环境设计器"窗口

表单可以和表有关,也可以和表无关。如果表单设计与表有关,就应该在建立表单时设置相应的数据环境。点击"表单设计器"工具栏上的"数据环境",打开如图 6.6 所示的"数据环境设计器"窗口,添加或移去表或视图,并与表单一起保存。

4. "表单控件"工具栏

"表单控件"工具栏可以为表单添加各种控件,每种控件都有其独特的用法和功能。

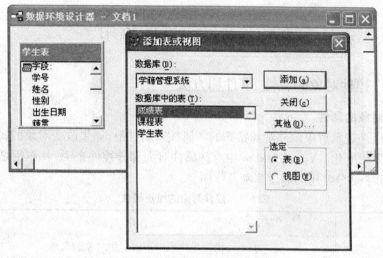

图 6.6　"数据环境设计器"窗口

在表单上添加控件的方法:首先,用鼠标左键单击要添加的控件,然后在表单上拖动或单击表单即可。

5."属性"窗口

打开"属性"窗口会显示选定对象的属性或事件。如果选择了多个对象,这些对象共有的属性将显示在"属性"窗口中。要编辑另一个对象的属性或事件,可在"对象"框中选择这个对象,或者直接从表单中选择这个控件。

6."代码"窗口

表单中的每一个控件对象都有自己的代码窗口,用于响应各种事件。用户可以用多种方法来打开对象的代码窗口。方法一,在对象上双击鼠标左键。方法二,在对象上单击鼠标右键,从弹出的快捷菜单中选择"代码"。方法三,选中某个对象,然后点击"显示"菜单,选择"代码"命令。

7."布局"工具栏

利用"布局"工具栏上的按钮,很容易精确排列表单上的控件。方法是:先选中要布局的控件,再点击相应的布局按钮。

6.2.3　表单的保存与执行

1.保存

选择"文件"菜单中的"保存"命令,或单击"常用"工具栏上的"保存"按钮,保存表单文件,表单文件会以.SCX 为扩展名被保存到指定路径下,同时系统还会自动生成一个同名的扩展名为.SCT 的表单备注文件。

2.执行

方法一:在"常用"工具栏上单击"运行"按钮 ！来运行表单。

方法二:在命令窗口输入"DO FORM 表单文件名"来运行表单。

方法三:选择"表单"菜单中的"执行表单"命令。

方法四:用鼠标右键单击表单,在快捷菜单中选择"执行表单"命令。

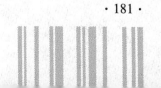

6.3 表单控件的应用

6.3.1 控件对象的属性、事件和方法

1. 控件对象的属性

属性是用来表示对象的外观和状态的。属性有属性值,如果改变对象的属性值,其状态也会随之发生变化。Visual FoxPro 中有些属性对大部分控件来说,其作用是相同的,表6.1 中列举出了部分常用的通用属性及作用。

表6.1 控件对象的通用属性

属性	作用
Name	指定在代码中用以引用对象的名称
Caption	指定对象标题
Enabled	指定能否由用户触发事件
Alignment	指定文件的对齐方式
BackColor	指定对象的背景颜色
ForeColor	指定对象的前景颜色
FontSize	指定文本的字体大小
FontName	指定文本的字体
FontBold	指定文本是否为粗体
FontItalic	指定文本是否为斜体

2. 对象的事件

事件是指由用户或系统触发的一个特定的操作。一个对象可以定义多个事件,一个事件对应一个程序,称为事件过程。事件种类是由系统预先定义好的,用户不能增加,事件过程代码可以由用户来编写。表6.2 中列举了 Visual FoxPro 中常见的部分事件。

表6.2 Visual FoxPro 常用事件

事件	触发时机	事件	触发时机
Load	创建对象前	InteractiveChange	用户改变控件的值时
Init	创建对象时	KeyPress	按下并释放键盘时
Error	运行存在错误时	DblClick	快速双击鼠标左键时
Click	单击鼠标左键时	Destroy	释放对象时

3. 对象的方法

方法是 Visual FoxPro 为对象内定的通过过程,能使对象执行一个操作。方法程序代码由 Visual FoxPro 定义,它对用户是不可见的。表6.3 列举了部分 Visual FoxPro 中对象的常用方法。

表 6.3　控件对象的常用方法

事件	作用
Refresh	重新绘制对象并刷新
Setfocus	为一个对象设置焦点
Cls	清除表单的内容
Clear	清除组合框或列表框内容
Move	移动一个对象
Release	从内存中释放对象

事件与方法有相似之处,都是为了完成某个任务,但同一个事件可以完成不同的任务,取决于编写的代码;而方法是固定的,任何时候调用都完成同一任务。尽管方法代码不可见,但还是可以修改的。用户在代码编辑窗口写入代码相当于为该方法增加了功能,而 Visual FoxPro 为该方法程序定义的原来功能并不清除。

6.3.2　"表单"控件

表单(Form)是 Visual FoxPro 中其他控件的容器,通常用于设计应用程序中的窗口和对话框等界面。用户可以在表单上添加所需要的控件对象,以完成应用程序中窗口和对话框等界面的设计要求。

1. 常用属性

MaxButton:表单是否可以进行最大化操作,为.T. 时表示可以。

MinButton:表单是否可以进行最小化操作,为.T. 时表示可以。

2. 常用事件

Load:表单运行时,创建表单之前触发此事件。

Init:表单运行时,创建表单时触发此事件。

Click:表单运行时,单击表单时触发此事件。

RightClick:表单运行时,右击表单时触发此事件。

3. 常用方法

Refresh:刷新表单。

Release:释放表单。

6.3.3　"标签"控件

标签(Label)常用来显示表单中间的各种说明或提示,被显示的文本在 Caption 属性中指定,称为标题文本。

1. 常用属性

Caption:标签显示的文本。

BackColor:标签的背景颜色(在 BackStyle=2 时不起作用)。

Name:引用改对象时所用的名称。

BackStyle:确定标签是否透明,1—不透明。

2. 常用方法

Click：单击标签时触发此事件。

【例 6.3】 表单中有三个标签，如图 6.7 所示。当鼠标单击任何一个标签时，其他两个标签的标题文本互换。

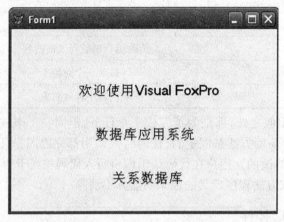

图 6.7 例 6.3 建立表单

操作步骤如下：

(1) 创建表单，然后在表单中添加三个标签，分别是 Label1、Label2，Label3。

(2) 分别为三个标签控件设置 Caption 属性，属性值如图 6.7 所示。

(3) 控件事件代码的编写。

标签 Label1 的 Click 时间代码为：

t=ThisForm. Label2. Caption

ThisForm. Label2. Caption=ThisForm. Label3. Caption

ThisForm. Label3. Caption=t

标签 Label2 的 Click 时间代码为：

t=ThisForm. Label1. Caption

ThisForm. Label1. Caption=ThisForm. Label3. Caption

ThisForm. Label3. Caption=t

标签 Label3 的 Click 时间代码为：

t=ThisForm. Label1. Caption

ThisForm. Label1. Caption=ThisForm. Label2. Caption

ThisForm. Label2. Caption=t

6.3.4 "文本框"控件

文本框(Text)是用来在应用系统与用户之间进行数据交互的一种常用工具，它允许用户添加或编辑保存在表中非备注字段中的数据。

1. 常用属性

Alignment：文本框中的内容是左对齐、右对齐、居中对齐还是自动对齐。自动对齐取决于数据类型。例如,数据型右对齐,字符型左对齐。

PasswordChar：当该属性为空时,文本框显示用户的实际输入字符,当其为一个非空字符时,用户每输入一个字符,文本框的对应位置就显示一个这里设定的字符。

Value：文本框的当前值,要引用文本框的值时,应使用 Value 属性。如果 ControlSource 属性指定了字段或内存变量,则该属性将与 ControlSource 属性指定的变量具有相同的数据和类型。

2. 常用事件

InteractiveChange：当文本框的内容发生变化时触发此事件。

6.3.5 命令"按钮控件

命令按钮(CommandButton)是常见的一种控件,由其派生的命令按钮对象在表单中随处可见。

1. 常用属性

Caption：在按钮上显示的标题文本。

Enabled：能否选择此按钮,值为.T. 可用,值为.F. 不可用。

Picture：指定要在按钮上显示的图文文件。

2. 常用事件

Click：当单击命令按钮时触发该事件。

【例6.4】 建立如图6.8所示表单,要求在文本框中输入后,点击"上传"文本框中的内容上传到标签。

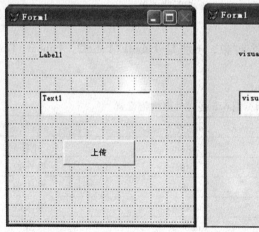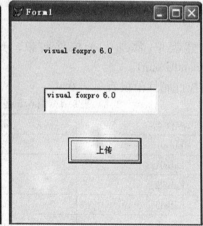

图6.8 例6.4建立表单

操作步骤：

(1)创建表单,添加三个控件对象,分别是 Label1,Text1,Command1。

(2)各控件属性采用默认值。

(3)Command1 的 Click 事件代码为：

```
thisform. label1. caption = thisform. text1. value
```

6.3.6 "命令按钮组"控件

命令按钮组(CommandGroup)控件是包含一组命令按钮的容器控件,用户可以单个或作为一组来操作其中的按钮。

1. 常用属性

ButtonCount:命令按钮组中命令按钮的数目。

Value:命令按钮组中当前选中的命令按钮的序号,序号是根据命令按钮的排列顺序从 1 开始编号的。

Enabled:能够选择此按钮。

2. 常用事件

Click:当单击命令按钮时触发该事件。

【例 6.5】 利用命令按钮和命令按钮组设计一个简单的计算器,表单如图 6.9 所示。

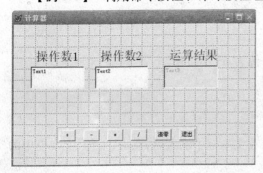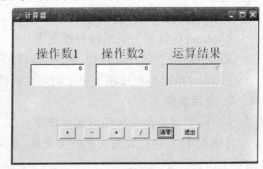

图 6.9 例 6.5 所建表单

操作步骤:

(1)创建表单,添加七个控件对象,分别是 Label1,Label2,Label3,Text1,Text2,Text3,CommandGroup1。

(2)各控件属性值设置见表 6.4。

表 6.4 例 6.5 各控件属性值设置

控件名	属性名	属性值
Form1	Caption	计算器
Label1	Caption	操作数 1
Label2	Caption	操作数 2
Label3	Caption	操作数 3
Text3	Enabled	. F.
Commmandgroup1	Buttoncount	5
Commmandgroup1. Commmand1	Caption	=
Commmandgroup1. Commmand2	Caption	−
Commmandgroup1. Commmand3	Caption	8
Commmandgroup1. Commmand4	Caption	/
Commmandgroup1. Commmand5	Caption	退出

（3）控件事件代码的编写。

CommandGroup1 的 Click 事件代码为：

DO Case

Case This. Value = 1

ThisForm. Text3. Value = val(ThisForm. Text1. Value) + val(ThisForm. Text2. Value)

Case This. Value = 2

ThisForm. Text3. Value = val(ThisForm. Text1. Value) − val(ThisForm. Text2. Value)

Case This. Value = 3

ThisForm. Text3. Value = val(ThisForm. Text1. Value) * val(ThisForm. Text2. Value)

Case This. Value = 4

ThisForm. Text3. Value = val(ThisForm. Text1. Value)/val(ThisForm. Text2. Value)

Case This. Value = 5

ThisForm. Text1. Value = 0

ThisForm. Text2. Value = 0

ThisForm. Text3. Value = 0

Otherwise

Thisform. release

EndCase

6.3.7　"选项按钮组"控件

选项按钮组（OptionGroup）控件是包含选项按钮的容器。一个选项按钮组中往往包含若干个选项按钮,但用户只能从中选择一个按钮。

1. 常用属性

ButtonCount：指定单选按钮控件所包含的选项按钮个数。

Value：选项按钮的序号,根据排列从 1 开始。

2. 常用事件

InteractiveChange：选项按钮发生改变时触发该事件。

6.3.8　"复选框"控件

复选框（CheckBox）控件,也是一种经常使用的控件,它可以用来表示某些状态是否成立,其值是一个逻辑值。

1. 常用属性

ButtonCount：指定单选按钮控件所包含的选项按钮个数。

Value：指定复选框的出事状态和数据类型,可为 0,1 或 .T. ,. F. ,当设定为 1 或 .T. 时,复选框的初始状态为选中,否则为非选中。

2. 常用事件

Click：当单击命令按钮时触发该事件。

InteractiveChange：选项按钮发生改变时触发该事件。

【**例 6.6**】 完成如图 6.10 所示表单,对标签中的文本的字号、字体和字型进行设置。

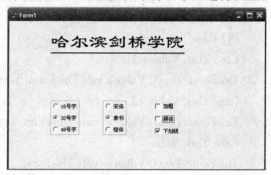

图 6.10 例 6.6 建立表单

操作步骤:

(1)创建表单,添加六个控件对象,分别是 Label1,Optiongroup1,Optiongroup2, Check1,Check2,Check3。

(2)各控件属性值设置见表 6.5。

表 6.5 例 6.6 各控件属性值设置

控件名	属性名	属性值
Label1	Caption	哈尔滨剑桥学院
Optiongroup1	Buttoncount	3
Optiongroup1. option1	Caption	16 号字
Optiongroup1. option2	Caption	32 号字
Optiongroup1. option3	Caption	48 号字
Optiongroup2	Buttoncount	3
Optiongroup2. option1	Caption	宋体
Optiongroup2. option2	Caption	隶书
Optiongroup2. option3	Caption	楷体
Check1	Caption	加粗
Check2	Caption	倾体
Check3	Caption	下划线

(3)各控件事件代码编写。

OptionGroup1 的 InteractiveChange 事件代码为:

```
If Thisform. Optiongroup1. Value = 1
    Thisform. Label1. Fontsize = 16
Endif
If Thisform. Optiongroup1. Value = 2
    Thisform. Label1. Fontsize = 32
```

Endif

If Thisform. Optiongroup1. Value = 3

　　Thisform. Label1. Fontsize = 48

Endif

OptionGroup2 的 InteractiveChange 事件代码为：

If Thisform. Optiongroup1. Value = 1

　　Thisform. Label1. Fontname = "宋休"

Endif

If Thisform. Optiongroup1. Value = 2

　　Thisform. Label1. Fontname = "隶书"

Endif

If Thisform. Optiongroup1. Value = 3

　　Thisform. Label1. Fontname = "楷体"

Endif

Check1 的 InteractiveChange 事件代码为：

If This. Value = 1

　　Thisform. Label1. Fontbold = . t.

Else

　　thisform. label1. fontbold = . f.

Endif

Check2 的 InteractiveChange 事件代码为：

If This. Value = 1

　　Thisform. Label1. Fontitalic = . t.

Else

　　Thisform. Label1. Fontitalic = . f.

Endif

Check3 的 InteractiveChange 事件代码为：

If this. Value = 1

　　Thisform. Label1. Fontunderline = . t.

Else

　　Thisform. Label1. Fontunderline = . f.

Endif

6.3.9　"编辑框"控件

　　编辑框（EditBox）控件与文本框相似，它也是用来输入用户的数据，但它有自己的特点，编辑框实际上是一个完整的字处理，利用它能够选择、剪切、粘贴以及复制文本。

1. 常用属性

AllowTabs：确定用户在编辑框中能否使用 Tab 键。

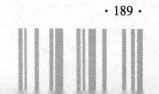

ReadOnly：用户能否修改编辑框中的文本。

ScrollBars：是否具有垂直滚动条。

【例6.7】 完成如图6.11所示表单，计算100～1 000之间能被37整除的数有哪些。

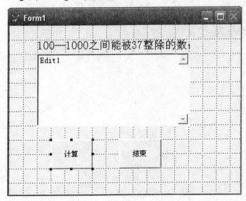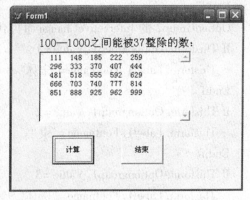

图6.11　例6.7所建立表单

操作步骤：

（1）创建表单，添加四个控件对象，分别是 Label1，Edit1，Command1，Command2。

（2）各控件属性值设置见表6.6。

表6.6　例6.7各控件属性值设置

控件名	属性名	属性值
Label1	Caption	100～1 000之间能被37整除的数：
Command1	Caption	计算
Command2	Caption	结束

（3）各控件事件代码编写。

Command1 事件代码为：

```
k=0
FOR x=100 TO 1000
If x%37=0
Thisform. Edit1. Value=Thisform. Edit1. Value+STR(x,5)
k=k+1
If k%5=0
Thisform. Edit1. Value=Thisform. Edit1. Value+CHR(13)
Endif
Endif
Endfor
```

Command2 事件代码为：

```
Thisform. release
```

6.3.10 "列表框"控件

列表框(ListBox)控件提供一组选项,用户可以从中选择一个或多个选项。

1. 常用属性

RowSource:列表中显示的值的来源,默认值为无。

RowSourceType:确定 RowSourcer 的类型是一个值、表、SQL 语句、查询、数组、文件列表或字段列表。

MultiSelect:用户能否从列表中一次选择一个以上的项。

ColumnCount:列表框的列数。

ListCount:列表框选项的个数。

Selected:指定列表框内的某个选项是否处于选定状态。

2. 常用事件

InteractiveChange:选项按钮发生改变时触发该事件。

Click:当单击命令按钮时触发该事件。

3. 常用方法

AddItem:用于向列表框添加列表项。

RemoveItem:用于从列表框中删除选定的选项。

Clear:用于清除列表框中的所有列表项。

4. 使用说明

RowSourceType 指定列表框数据源的类型:一个值、表、SQL 语句、查询、数组、文件列表或字段列表等,具体情况见表 6.7。

表 6.7　列表框控件的 RowSourceType 数据源类型

属性值	数据源类型	说明
0	无	默认值,不能自动填充列表,可用 AddItem 在运行时将数据添加到列表框中
1	值	在 RowSource 设置多个以逗号分隔开的且在列表框中显示数据值
2	别名	在 RowSource 设置表别名,并用该表的一个或多个字段值填充列表,该表由数据环境提供,用 ColumnCount 来确定要显示的字段数
3	SQL 语句	在 RowSource 设置 SQL SELECT 命令,在表中选出相关的记录,并创建一个表或临时表
4	查询	系统默认文件扩展名为. QPR,在 RowSource 设置一个. QPR 文件名,用其查询结果填充列
5	数组	在 RowSource 设置数据名,用数组元素填充列
6	字段	在 RowSource 设置一个字段或用逗号分隔的字段值来填充列表,表是数据环境提供的,首字段有表名前缀
7	文本	在 RowSource 设置要显示的文件类型,路径等概要信息时,可用通配符,或用当前目录下的文件名来填充列表
8	结构	在 RowSource 设置指定的表,以该表的字段名来填充列表
9	弹出式菜单	可用一个先前定义的弹出式菜单来填充列表

【例 6.8】 建立如图 6.12 所示表单,通过列表框显示学生表的部分字段,并可以从列表框中选中添加到另一列表框中,在另一列表框中也可以选中并删除。

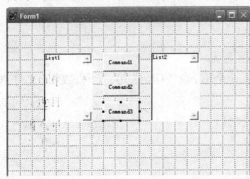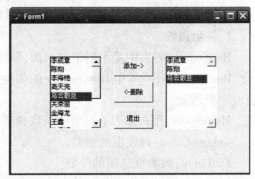

图 6.12 例 6.8 所建立表单

操作步骤:

(1)创建表单,添加数据环境,选择"学生表. DBF",添加 5 个控件对象,分别是 List1, List2,Command1,Command2,Command3。

(2)各控件属性值设置见表 6.8。

表 6.8 例 6.8 各控件属性值设置

控件名	属性名	属性值
List1	RowSourceType	6-字段
	RowSource	学生表. 姓名
Command1	Caption	添加->
Command2	Caption	<-删除
Command3	Caption	退出

(3)各控件事件代码编写。

Command1 的 Click 事件代码为:

```
for i = 1 to thisform. list1. listcount
   if thisform. list1. selected(i)
      thisform. list2. additem(thisform. list1. list(i))
   endif
endfor
```

Command2 事件代码为:

```
i = 1
do while i < = thisform. list2. listcount
   if thisform. list2. selected(i)
      thisform. list2. removeitem(i)
   else
      i = i+1
```

```
    endif
enddo
```

Command3 事件代码为：

Thisform. release

6.3.11 "组合框"控件

组合框(Combo)通常提供用户在其下拉列表中选定选项,或者输入一个数据值。组合框兼有列表框和文本框的功能,可以看成是两者功能合并而成的新对象。

组合框同列表框一样有一个供用户选择选项的列表。它们的区别在于:组合框平时只显示一个项,在用户单击它的下拉按钮后才会显示可滚动的下拉列表,而列表框任何时候都会显示它的列表。因此若用户要节省空间,同时又要突出当前选项就可以使用组合框。

组合框分为下拉组合框和下拉列表框两种(通过 Style 设置,0 为下拉组合框,2 为下拉列表框),下拉组合框可以输入数据,而下拉列表框和列表框一样都仅有选择功能。

6.3.12 "表格"控件

表格(Grid)是在表单或页面上显示的一个类似人们常见表格的对象。一般情况下,表格的行用于显示一条记录,表格的列用于显示一个字段。但要注意区分表格和表的概念。

1. 常用属性

RecorderSouceType:表格中显示数据的来源,0 为表、1 为别名、2 为提示、3 为查询、4 为 SQL。

RecorderSouce:表格中要显示的数据。

2. 使用说明

如果在表格控件中显示一个表的数据,可以先添加数据环境,在"数据环境设计器"窗口打开的情况下,直接拖动表的标题到表单中。

如果用表格控件创建一多对表单,当文本框显示父表记录的数据时,表格显示子表的记录;或当在父表中浏览记录时,另一表格将显示相应的子表中的记录。

如果添加到数据环境的两个表之间具有数据库中建立的永久关系,那么这些关系也会自动添加到数据环境中。如果两个表之间没有这种关系,则可以在数据环境设计器中为两个表设置关系。方法是,将主表的某个字段拖动到子表相匹配的索引名即可。

【例6.9】 建立如图 6.13 所示表单,通过组合框选取学生学号,查看该生的课程成绩。

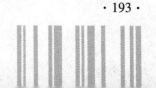

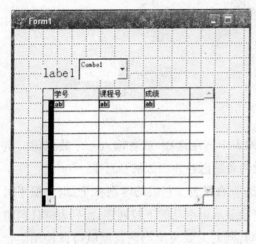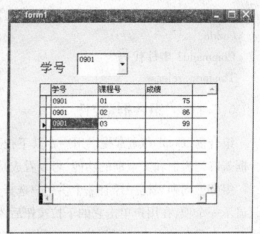

图 6.13　例 6.9 建立表单

操作步骤：

（1）创建表单，添加三个控件对象，分别是 Label1，Combo1，Grid1。

（2）各控件属性值设置见表 6.9。

表 6.9　例 6.9 各控件属性值设置

控件名	属性名	属性值
Label1	Caption	学号
	Fontsize	16
Combo1	RecorderSouceType	3-SQL 语句
	RecorderSouce	sele distinct 成绩表.学号 from 成绩表
Grid1	RecorderSouceType	1-别名
	RecorderSouce	成绩表

（3）各控件事件代码编写。

Combo1 的 InteractiveChange 事件代码为：

sele 成绩表

if alltrim(thisform. combo1. value) = ＝ ''

set filter to

else

set filter to 学号＝alltrim(thisform. combo1. value)

endif

thisform. grid1. refresh

6.3.13　"页框"控件

页框（Pageframe）是包含页面的容器，用户可以在页框的页面上编辑对象。当表单上的控件过多或者需要实现较多功能时，使用页框可以起到节省空间的作用，此外页框也可以将相同或相似的多个页面一起显示在同一个表单中。

6.3.14　"微调按钮"控件

微调按钮(Spinner)主要用于接受用户给定范围之内的选定或输入的数值。它既可以通过单击微调按钮上下箭头来增减当前值,也可以用键盘在该控件内直接输入数据,但输入的数据不能超出用户设定的范围,否则会产生错误。

1. 主要属性

Increment:每次单击向上或向下时增或减的值。

Value:微调控件当前的值。

Keyboardhighvalue:能输入的最大值。

Keyboardlowvalue:能输入的最小值。

Spinnerhighvalue:单击向上能显示的最大值。

Spinnerlowvalue:单击向上能显示的最小值。

2. 主要事件

Interactivechange:当微调控件的值发生改变时触发该事件。

【例6.10】　建立如图6.14所示表单,标签的值受微调按钮的控制。

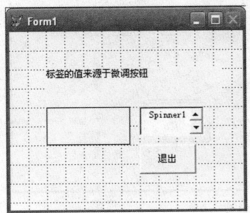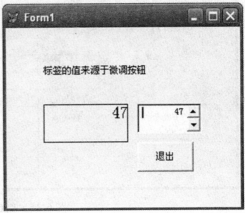

图6.14　例6.10建立表单

操作步骤:

(1)创建表单,添加四个控件对象,分别是 Label1,Label2,Spinner1,Command1。

(2)各控件属性值设置见表6.10。

表6.10　例6.10 各控件属性值设置

控件名	属性名	属性值
Label1	Caption	标签的值来源于微调按钮
Label2	Fontsize	16
	BorderStyle	1-固定单线
Command1	Caption	退出

（3）各控件事件代码编写。

Spinner1 的 InteractiveChange 事件代码为：

thisform. label2. caption = str(thisform. spinner1. value)

6.3.15 "计时器"控件

计时器(Timer)控件与用户的操作独立。它只对事件作出反应，以一定的间隔重复地执行某种操作。

1. 主要属性

Enabled：若想让计时器在表单加载时就开始工作，则应将该属性设置为. T. ，否则为. F. 。

Interval：触发 Timer 事件间隔的毫秒数。

2. 主要事件

Timer：经过 Interval 属性设置的时间间隔后触发的事件。

【例 6. 11】 建立如图 6. 15 所示表单，实时显示系统时间。

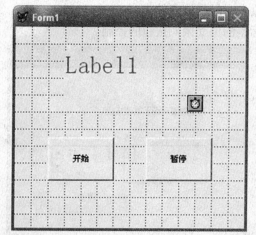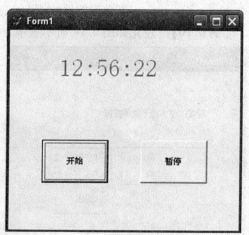

图 6.15　例 6. 11 建立表单

操作步骤：

（1）创建表单，添加四个控件对象，分别是 Label1 ，Timer1 ，Command1 ，Command2

（2）各控件属性值设置见表 6. 11。

表 6. 11　例 6. 11 各控件属性值设置

控件名	属性名	属性值
Label1	ForeColor	255,0,0(红色)
Timer1	Interval	1000
Command1	Caption	开始
Command2	Caption	暂停

（3）各控件事件代码编写。

Timer1 的 Time 事件代码为：

thisform. label1. caption＝time( )

Command1 的 Click 事件代码为：

thisform. timer1. enabled＝. t.

Command2 的 Click 事件代码为：

thisform. timer1. enabled＝. f.

6.3.16 "图像"控件

图像(Image)是用来显示一个来自文件的图片,利用图像控件的 Picture 属性可以在表单上创建图像,但是用户不能直接修改图片。图像控件和其他控件一样有自己的属性,在运行表单时,可以动态的改变它,Visual FoxPro。支持的图像文件类型有. BMP 和. JPG 等。

6.3.17 "线条"控件

线条(Line)是一种用于在表单上绘画各种类型线条的图形控件,包括显示水平线、竖直线、斜线或对角线。线条的倾斜度决定于控件区域的宽度和高度,用户可以用 Width 和 Height 来设置。当 Height 属性值为 0 时,线条为水平直线,当 Width 属性值为 0,时,线条为垂直直线。

6.3.18 "形状"控件

形状(Shape)控件用于在表单上画出各种类型的形状,包括矩形、正方形、椭圆形或圆。形状控件的形状主要用 Curvature、Width 与 Height 属性来指定。Curvature 属性决定显示什么样的图形,值从 0～99。0 表示无曲率,用来创建矩形,99 表示最大曲率,用来创建圆或椭圆。

习 题 6

一、选择题

1. 以下所列各项属于命令按钮事件的是( )。

A. Parent B. This C. ThisForm D. Click

2. 假定一个表单里有一个文本框 Text1 和一个命令按钮组 CommandGroup1。命令按钮组是一个容器对象,其中包含 Command1 和 Command2 两个命令按钮。如果要在 Command1命令按钮的某个方法中访问文本框的 Value 属性值,正确的表达式是( )。

A. This. ThisForm. Text1. Value B. This. Parent. Parent. Text1. Value

C. Parent. Parent. Text1. Value D. This. Parent. Text1. Value

3. 在表单设计中,经常会用到一些特定的关键字、属性和事件,下列各项中属于属性的是( )。

A. This B. ThisFrom C. Caption D. Click

4. 表单名为 myFrom 的表单中有一个页框 myPageFrame,将该页框的第 3 页(Page3)的标题设置为"修改",可以使用代码(　　　)。

A. myForm. Page3. myPageFrame. Caption = "修改"

B. myForm. myPageFrame. Caption. Page3 = "修改"

C. Thisform. myPageFrame. Page3. Caption = "修改"

D. Thisform. myPageFrame. Caption. Page3 = "修改"

5. 假定一个表单里有一个文本框 Text1 和一个命令按钮组 CommandGroup1。命令按钮组是一个容器对象,其中包含 Command1 和 Command2 两个命令按钮。如果要在 Command1命令按钮的某个方法中访问文本框的 Value 属性值,不正确的表达式是(　　　)

A. Thisform. Text1. Value

B. This. Parent. Parent. Text1. Value

C. This. Thisform. Text1. Value

D. Thisform. CommandGroup1. Parent. Text1. Value

6. 在 Visual FoxPro 中,下面关于属性,方法和事件的叙述错误的是(　　　)。

A. 属性用于描述对象的状态,方法用于表示对象的行为

B. 基于同一个类产生的两个对象可以分别设置自己的属性值

C. 事件代码也可以像方法一样被显示调用

D. 在创建一个表单时,可以添加新的属性、方法和事件

7. 创建一个名为 student 的新类,保存新类的库类名称是 mylib,新类的父类是 Person,正确的命令是(　　)'。

A. CREATE CLASS mylib OF student As Person

B. CREATE CLASS student OF Person As mylib

C. CREATE CLASS student OF mylib As Person

D. CREATE CLASS Person OF mylib As student

8. 打开已经存在的表单文件的命令是(　　　)。

A. MODIFY FORM　　　　　　B. EDIT FORM

C. OPEN FORM　　　　　　　D. READ FORM

9. 在 Visual FoxPro 中调用表单文件 mf1 的正确命令是(　　　)。

A. DO mf1　　　　　　　　　B. DO FROM mf1

C. DO FORM mf1　　　　　　D. RUN mf1

10. 设置表单标题的属性是(　　　)。

A. Title　　　　　B. Text　　　　　C. Biaoti　　　　　D. Caption

11. 在 Visual FoxPro 中,如下描述正确的是(　　　)。

A. 对表的所有操作,都不需要使用 USE 命令先打开表

B. 所有 SQL 命令对表的所有操作都不需要使用 USE 命令先打开表

C. 部分 SQL 命令对表的所有操作都不需使用 USE 命令先打开表

D. 传统的 FoxPro 命令对表的所有操作都不需使用 UES 命令先打开表

12. 在 Visual FoxPro 中,释放表单时会引发的事件是(　　　)。

A. UnLoad 事件　　B. Init 事件　　　C. Load 事件　　　　D. Rellease 事件

13. 释放和关闭表单的方法是(　　　)。

A. Release　　　　B. Delete　　　　C. LostFocus　　　　D. Destroy

14. 将当前表单从内存中释放的正确语句是(　　　)。

A. ThisForm. Close　　　　　　　B. ThisForm. Clear

C. ThisForm. Release　　　　　　D. ThisForm. Refresh

15. 如果运行一个表单,以下表单事件首先被触发的是(　　　)。

A. Load　　　　　B. Error　　　　C. Init　　　　D. Click

16. 在 Visual FoxPro 中,下列陈述正确的是(　　　)。

A. 数据环境是对象,关系不是对象

B. 数据环境不是对象,关系是对象

C. 数据环境是对象,关系是数据环境中的对象

D. 数据环境和关系都不是对象

17. 关闭表单的程序代码是 ThisForm. Release,Release 是(　　　)

A. 表单对象的标题　　　　　　　B. 表单对象的属性

C. 表单对象的事件　　　　　　　D. 表单对象的方法

18. 在 Visual FoxPro 中,下面属性、事件、方法叙述错误的是(　　　)。

A. 属性用于描述对象的状态

B. 方法用于表示对象的行为

C. 事件代码也可以像方法一样被显示调用

D. 基于同一个类产生的两个对象不能分别设置自己的属性值

19. 下面关于类、对象、属性和方法的叙述中,错误的是(　　　)。

A. 类是对一类相似对象的描述,这些对象具有相同种类的属性和方法

B. 属性用于描述对象的状态,方法用于表示对象的行为

C. 基于同一个类产生的两个对象可以分别设置自己的属性值

D. 通过执行不同对象的同名方法,其结果必然是相同的

二、填空题

1. 在 Visual FoxPro 中,对象可分为控件和_____两种。

2. 表单是 Visual FoxPro 应用程序和用户之间进行数据交换和人机对话的_____。

3. 在 Visual FoxPro 中,对象的引用是使用_____符号来进行的。

4. 计时器的 Interval 属性可以指定定时事件的触发时间间隔,单位为_____。

5. 当线条的 Height 属性值为 0 时,线条为一条_____直线。

6. 刷新当前表单的命令是_____。

实 验 9

一、实验目的

1. 熟悉 Visual FoxPro 表单界面。

2. 熟练掌握各种控件对象。

3. 熟练进行面向对象的程序设计。

二、实验内容

1. 完成如图 6.16 所示表单,实现用户名和密码都正确时,显示"登录成功,欢迎进入",用户名或密码不正确时,显示"用户名或密码不正确,请重新输入"。

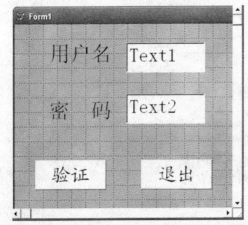 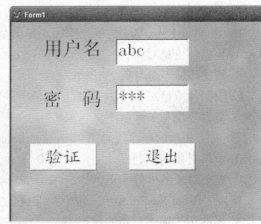

图 6.16　实验 9 建立表单 1

实验步骤:

(1)创建表单,添加相应控件对象,主要属性见表 6.12。

表 6.12　实验 9 控件属性值设置 1

控件名	属性名	属性值
Label1	Caption	用户名
Label2	Caption	密码
Command1	Caption	验证
Command2	Caption	退出

(2)各控件事件代码编写。

Command1 的 Click 事件代码为:

if thisform. text1. value ="abc" and thisform. text2. value ="123"

　　wait "登录成功,欢迎使用" window

　　thisform. release

else

　　wait "用户名或密码错误,请重新输入" window

　　thisform. text1. value =""

　　thisform. text2. value =""

endif

Command2 的 Click 事件代码为:

Thisform. release

2. 完成如图 6. 17 所示表单,实现各种形状的变化显示。

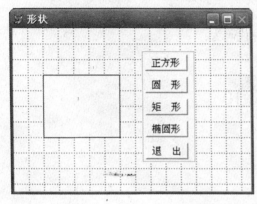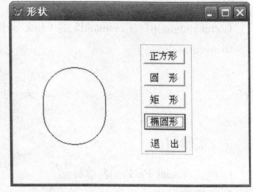

图 6.17 实验 9 建立表单 2

实验步骤:

(1)创建表单,添加相应控件对象,主要属性见表 6. 13。

表 6.13 实验 9 控件属性值设置 2

控件名	属性名	属性值
Shape1	默认	默认
Commandgroup1. Command1	Caption	正方形
Commandgroup1. Command2	Caption	圆形
Commandgroup1. Command3	Caption	矩形
Commandgroup1. Command4	Caption	椭圆形
Commandgroup1. Command5	Caption	退出

(2)各控件事件代码编写。

Commandgroup1. Command1 的 Click 事件代码为:

thisform. shape1. curvature = 0

thisform. shape1. width = 100

thisform. shape1. height = 100

Commandgroup1. Command2 的 Click 事件代码为:

thisform. shape1. curvature = 99

thisform. shape1. width = 100

thisform. shape1. height = 100

Commandgroup1. Command3 的 Click 事件代码为:

thisform. shape1. curvature = 0

thisform. shape1. width = 150

thisform. shape1. height = 50

Commandgroup1. Command4 的 Click 事件代码为:

thisform. shape1. curvature = 98

thisform. shape1. width = 100

thisform. shape1. height = 120

Commandgroup1. Command5 的 Click 事件代码为:

thisform. release

实　验 10

一、实验目的

1. 熟悉 Visual FoxPro 表单界面。

2. 熟练掌握各种控件对象。

3. 熟练进行表单设计操作。

二、实验内容

1. 完成如图 6.18 所示表单,实现对学生表中部分信息的统计。

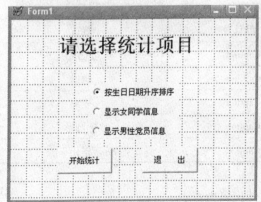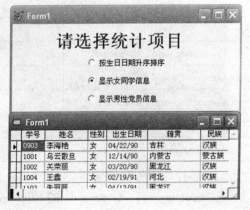

图 6.18　实验 10 建立表单 1

实验步骤:

(1)创建表单,添加相应控件对象,主要属性见表 6.14。

表 6.14　实验 10 控件属性值设置 1

控件名	属性名	属性值
Label1	Caption	请选择统计项目
Optiongroup1. option1	Caption	按出生日期升序排序
Optiongroup1. option2	Caption	显示女同学信息
Optiongroup1. option3	Caption	显示男生党员信息
Command1	Caption	开始统计
Command2	Caption	退出

（2）主要控件事件代码编写。

Command1 的 Click 事件代码为：

```
do case
      case thisform. optiongroup1. value = 1
            sele * from 学生表 order by 出生日期    into table 表 1
            browse
      case thisform. optiongroup1. value = 2
            sele * from 学生表 where 性别 = "女"   into table 表 2
            browse
      case thisform. optiongroup1. value = 3
            sele * from 学生表 where 性别 = "男" and 团员 = . f.    into table 表 3
            browse
endcase
```

2. 完成如图 6.19 所示表单，点击"奔跑"按钮让"狐狸"运动起来，点击"停止"按钮，让"狐狸"静止下来。

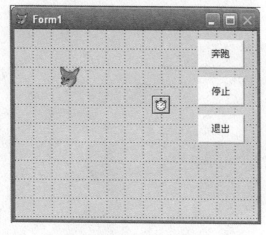

图 6.19　实验 10 建立表单 2

实验步骤：

（1）创建表单，添加相应控件对象，主要属性见表 6.15。

表 6.15　实验 10 控件属性值设置 2

控件名	属性名	属性值
Image	Picture	选择图片所在路径
Timer1	Interval	200
Command1	Caption	奔跑
Command2	Caption	停止
Command3	Caption	退出

（2）主要控件事件代码编写。

Command1 的 Click 事件代码为：

Thisform. Timer1. enabled＝. t.

Command2 的 Click 事件代码为：

Thisform. Timer1. enabled＝. f.

Timer1 的 Time 事件代码为：

```
x＝thisform. image1. left+10
y＝thisform. image1. top+15
if x>＝thisform. width or y>＝thisform. height
x＝0
y＝0
endif
thisform. image1. move(x,y)
```

第**7**章

查询与视图

在软件开发中经常用到数据的查询,如学生成绩管理,人事档案,图书检索等软件,查询的准确、速度直接影响软件的质量、效率、应用及维护,Visual FoxPro 开发工具用三个途径解决查询问题。第一个途径就是运用 SQL 语句查询,第二个途径就是用查询设计器建立快速查询,第三个途径是用视图设计器建立视图,实现快速查询。

7.1 查 询

在第 4 章中介绍了 SELECT 语句,它适合于复杂条件的查询。Visual FoxPro 提供了用查询设计器进行查询,它的每一个查询都对应一个 SELECT 语句。由于已学完 SELECT 语句,现在再学查询设计器,就会感到它的方便简单。它很形象,可以将查询结果用浏览器、报表、表、图形等来表示出来。

Visual FoxPro 中的查询使用查询设计器,从数据库表或自由表中获取有用数据,经过对查询条件、查询要求的设置,形成一个 ∗.QPR 文件,通过 DO 命令来执行。

7.1.1 建立查询

1.用向导建立查询

在文件菜单中选择新建或点击常用工具栏新建按钮,选择文件类型为查询→向导,打开"向导选取"对话框(图 7.1),选择查询向导,点击确定。打开"查询向导"对话框步骤 1—字段选取(图 7.2),点击 3 个点按钮,打开"打开"对话框,文件类型选数据库,选"学籍管理系统",点击确定,在"数据库和表"列表框中选"学生表",将可用字段中字段选入选定字段中,再在"数据库和表"列表框中选"成绩表",将可用字段中字段选入选定字段中,点击下一步,进入"查询向导"对话框步骤2—为表建立关系(图 7.3)。选择添加,点击下一

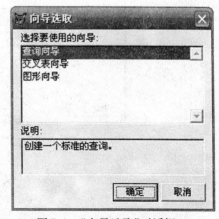

图 7.1 "向导选取"对话框

步进入"查询向导"对话框步骤 2a—字段选取(图 7.4),点击下一步进入"查询向导"对话框步骤 3—筛选记录(图 7.5),点击下一步进入"查询向导"对话框步骤 4—排序记录(图 7.6),选"学生表.学号",点击添加,点击下一步,进入"查询向导"对话框步骤 4a—限制记录(图 7.7),点击下一步进入"查询向导"对话框步骤 5—完成(图 7.8),点击预览,点击完成。打开"另存为"对话框,在文件名文本框输入"查询学生",点击保存。在查询设计器打开下,通过查询菜单,查询 SQL 选项可查看对应的 SQL SELECT 语句。

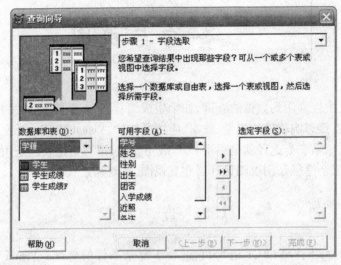

图 7.2　查询向导步骤 1 对话框

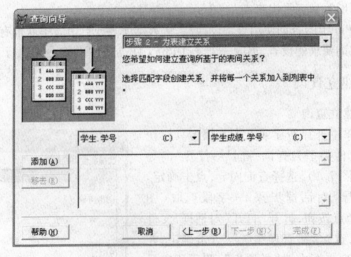

图 7.3　查询向导步骤 2 对话框

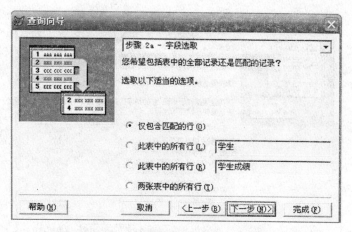

图 7.4　查询向导步骤 2a 对话框

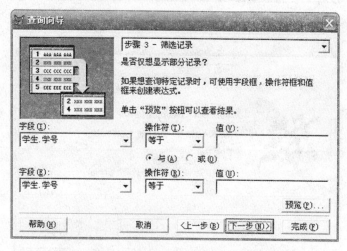

图 7.5　查询向导步骤 3 对话框

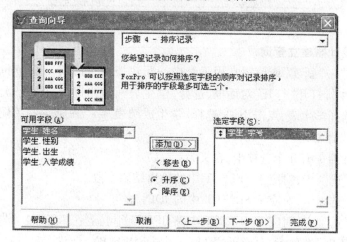

图 7.6　查询向导步骤 4 对话框

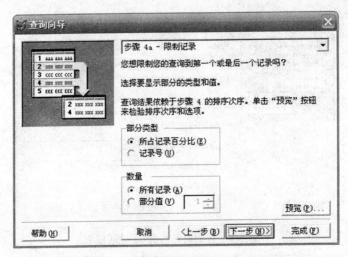

图 7.7　查询向导步骤 4a 对话框

图 7.8　查询向导步骤 5 对话框

2. 用查询设计器建立查询

选择"文件"→"新建"或使用常用工具栏的新建按钮,打开"新建"对话框,选择"查询"→"新建文件",打开"打开"对话框,选择"学生表",点击确定(图 7.9)。在添加表或视图对话框中选择学生表,点击添加,选择"学生成绩表"→"添加"→"关闭"。进入如图 7.10 所示查询设计器中。

在查询设计器中有几个选项卡,含义为:

(1)"字段"选项卡,对应于 SELECT 中的输出结果字段。

(2)"联接"选项卡,对应于 SELECT 中的 JOIN 子句。

(3)"筛选"选项卡,对应于 SELECT 中 WHERE 子句。

(4)"排序依据"选项卡,对应于 SELECT 中 ORDER BY 子句。

(5)"分组依据"选项卡,对应于 SELECT 中 GROUP 与 HAVING 子句。

(6)"杂项"选项卡,对应于 SELECT 中[ALL|DISTINCT]子句与[TOP …]子句。

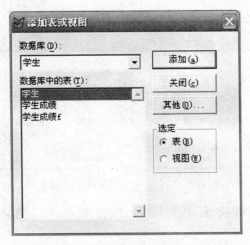

图 7.9　"添加表或视图"对话框

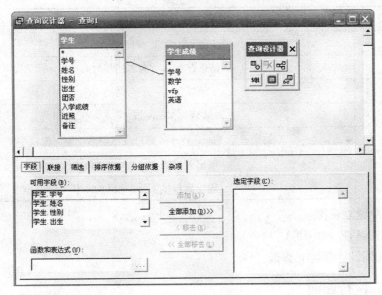

图 7.10　查询设计器

　　在字段选项卡中函数和表达式 3 点按钮用于在可用字段中设函数和表达式。选择全部添加→联接选项卡、取默认内联接在类型内容左边有一个水平向外双向箭头按钮,若单击此按钮打开联接条件对话框,显示联接条件的一些信息。若单击类型下面的列表框,显示所有可选的连接类型。选择筛选选项卡→字段名下拉表框选学生.学号→条件为 = ,单击条件下拉列表框,显示所有可选条件。在实例文本框中输入学生成绩.学号,选择排序选项卡,在字段列表框中选学生.学号→添加→分组选项卡,在可用字段列表框中选学生.性别→添加→杂项取默认全部→常用工具栏中的执行按钮或程序菜单中的运行,显示查询对话框→查询中关闭按钮→查询设计器中关闭组,打开"确认"对话框,点击是,打开"另存"对话框,在保存文件名中输入查询学生 1 ,点击保存。

　　3. 定向输出查询结果

　　在查询设计器打开基础上:查询菜单→查询去向,打开"查询去向"对话框(图7.11),

默认为浏览即屏幕输出。

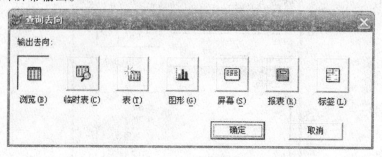

图 7.11 "查询去向"对话框

可根据需要选择临时表、表、图形、屏幕、报表、标签,点击确定即可。这些选择的说明见表 7.1。

表 7.1 查询输出去向类型说明

输出类型	说明
浏览	在 BROWSE 窗口显示结果
临时表	结果存在一个命名的临时表中
表	结果存在一个命名的表中
图形	查询结果与 Microsoft Graph 一起应用
屏幕	结果显示 Visual ForPro 窗口或当前活动输出窗口中
报表	输出到报表文件(*.FRX)中
标签	输出到标签文件(*.LBX)中

4.用命令建立查询

格式:CREATE QUERY

功能:查询设计器建立查询。

7.1.2 执行查询

(1)选择"文件"→"打开",在"打开"对话框中选文件类型为查询,选文件名为"查询学生",点击确定。

选择"程序"→"运行"或单击常用工具栏中的运行按钮。

(2)在命令窗口中输入 DO 查询学生.QPR。

7.1.3 查询设计器的局限性

用查询设计器建立的查询,简单,易学,但在应用中有一定的局限性,它适用于比较规范的查询,而对于较复杂的查询是无法实现的,下面来看一个用 SELECT 查询的例子。

【例 7.1】 查询入学成绩。

建一个查询 X.QPR 程序文件。

OPEN DATABASE 学生

SELECT a1.学号，a1.姓名，a1.入学成绩 FROM 学生 AS a1；
WHERE 入学成绩=(SELECT MAX(入学成绩) FROM 学生 AS b1
WHERE a1.学号=b1.学号)

这个例子用查询分析器是无法完成查询的，若用查询设计器修改常出现如图7.12所示的对话框。

图7.12 提示信息对话框

7.1.4 修改查询文件

修改查询文件首先要打开查询设计器，操作方法如下：

单击"文件"菜单中的"打开"按钮，或单击工具栏上的"打开"按钮，选择要打开的查询文件，单击"确定"按钮。

执行 MODIFY QUERY<查询文件名>。

打开查询文件后，即可修改查询文件。

7.2 视 图

Visual FoxPro 中的视图是用视图设计器从数据库表中获取有用数据，与查询一样经过查询条件、查询要求的设置形成视图。视图是以视图名的形式存在数据库中，不生成独立文件。视图中数据的更新可以使源表相应数据更新。视图的执行要在数据库中执行。

7.2.1 定义视图

格式：CREATE VIEW 视图名 AS SELECT 语句
功能：建立视图。用 SELECT 语句限定视图数据。

【例7.2】 建立视图。

OPEN DATABASE 学生
CREATE VIEW 学生视图 AS SELECT ＊ FROM 学生 WHERE 入学成绩>=500
CLOSE DATABASE ALL

7.2.2 删除视图

格式：DROP VIEW 视图名
功能：删除视图。

【例7.3】 视图的删除。

OPEN DATABASE 学生

DROP VIEW 学生视图

CLOSE DATABASE ALL

7.2.3　修改视图文件

MODIFY VIEW< 视图文件名>

7.2.4　视图与查询

数据库中只存放视图的定义,视图的定义被保存在数据库中,数据库不存放视图的对应数据,这些数据仍然存放在表中。

视图与查询一样都是要从表中获取数据,它们查询的基础实质上都是 SELECT 语句,它们的创建步骤也是相似的。视图与查询的区别主要是:视图是一个虚表,而查询是以 *.QPR 文件形式存放在磁盘中,更新视图的数据同时也就更新了表的数据,这一点与查询是完全不同的。

7.2.5　本地视图与远程视图

视图从获取数据来源可将它分为本地视图和远程视图两种。本地视图是指使用当前数据库中表建立的视图,远程视图是指使用非当前数据库的数据源中的表建立的视图。

1.本地视图

用向导建立本地视图:在打开所需数据库的基础上,选择"文件"→"新建"或使用工具栏中的新建按钮,打开"新建"对话框,选择"文件类型视图"→"向导",然后按向导提示完成操作。

用视图设计器建立本地视图:在打开所需数据库的基础上,选择"文件"→"新建"或使用工具栏中的新建按钮,选择"文件类型视图"→"新建",打开"添加表或视图"对话框,在数据库的下拉列表框中选择所需数据库,在数据库的列表框中选表,点击添加,若需多表可反复选表单击"添加"按钮,单击关闭,打开如图 7.13 所示的视图设计器,它与查询设计器几乎一样,就多一个更新条件选项卡,以后步骤除更新条件选项卡外都与查询设计器在建立查询时一样的步骤。

最后关闭视图设计器,打开"确认"对话框,点击是,打开"保存"对话框输入视图名,点击确认。

2.远程视图与连接

(1)建立连接。选择"文件"→"新建"或使用工具栏中的新建按钮,打开"新建"对话框,文件类型选连接,点击新建文件按钮,打开连接设计器,如图 7.14 所示。选择新建数据源,打开"ODBC 数据源管理器"对话框,如图 7.15 所示。在"用户 DSN"选项卡下,选择"添加",打开"创建新数据源"对话框,如图 7.16 所示,点击完成,打开"ODBC Visual FoxPro Setup"对话框,如图 7.17 所示。在 Data Source Name 文本框中输入数据源名 qqq,打开"Select Database"对话框,如图 7.18 所示,选所需数据库,点击"打开"→"ok"→"确定",在数据源下拉列表框中选 qqq→验证连接,显示连接设计器连接成功对话框,点击确

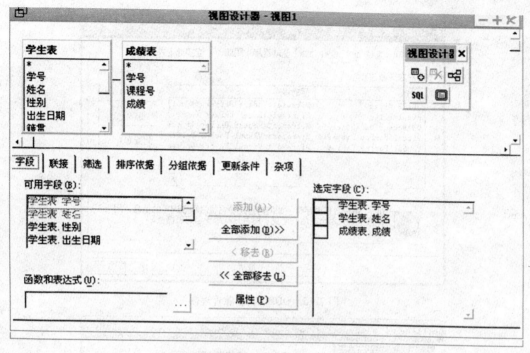

图 7.13　视图设计器

定→关闭，打开"Microsoft Visual FoxPro"对话框，打开"保存"对话框，在连接文本框中输入连接名，点击确定。

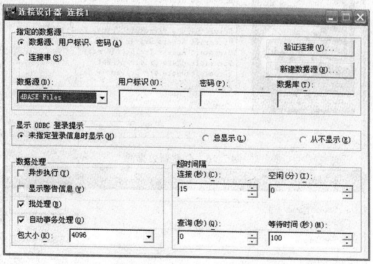

图 7.14　连接设计器　连接 1

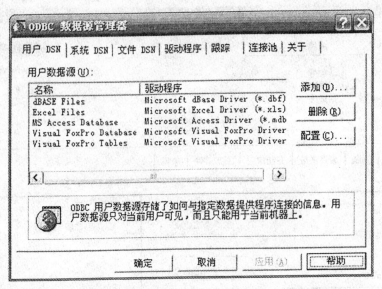

图 7.15　ODBC 数据源管理器

图 7.16　创建新数据源

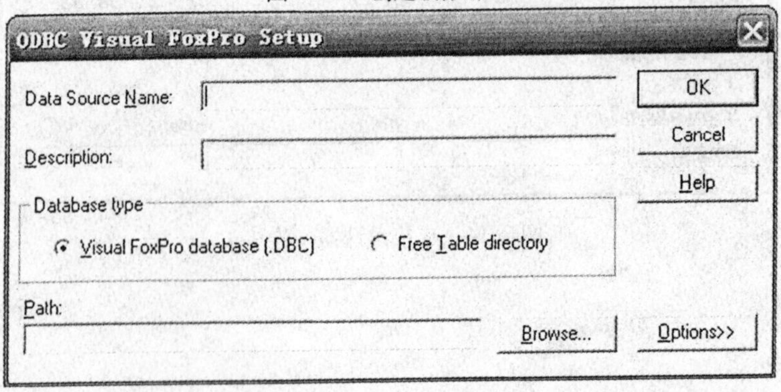

图 7.17　ODBC Visual FoxPro Setup

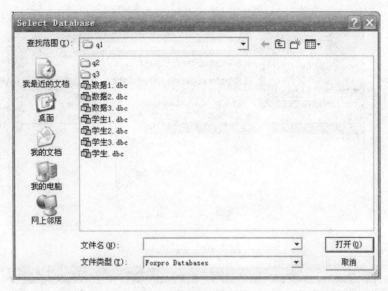

图 7.18　Select Satabase

（2）建立远程视图。

①用向导建立远程视图：在数据库打开的基础上，选择"文件"→"新建"或使用工具栏中的新建按钮，打开"新建"对话框，在文件类型中选择"远程视图"→"向导"，打开"远程视图向导步骤 1—数据源选取"对话框，如图 7.19 所示。在可用的数据源列表框中选数据源 qqq，点击下一步，进入"步骤 2—字段选取"对话框，如图 7.20 所示。在列表框中选表，在可用字段列表框中选字段，若为多表，可重复选表与选字段操作，点击下一步，进入"步骤 3—为表建立关系"对话框，如图 7.21 所示，点击添加，点击下一步，进入"步骤 3a—字段选取对话框，如图 7.22 所示，点击下一步，进入"步骤 4—排序记录"对话框，如图 7.23 所示，选字段，点击下一步，进入"步骤 5—筛选记录"对话框，如图 7.24 所示，点击下一步，进入"步骤 6—完成"对话框，如图 7.25 所示，点击完成，打开"视图"对话框，如图 7.26 所示。在远程视图名文本框中输入视图，点击确定。

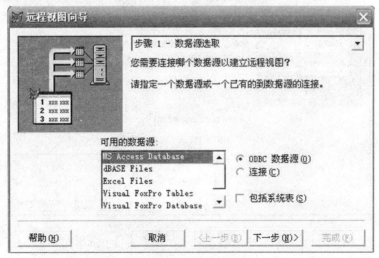

图 7.19　数据源选取

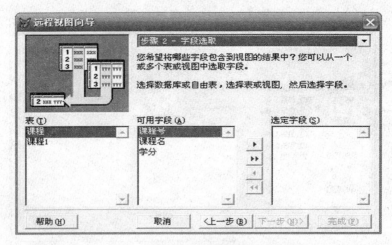

图 7.20　字段选取

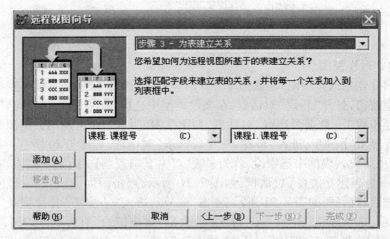

图 7.21　为表建立关系

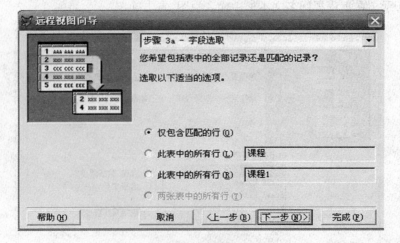

图 7.22　字段选取

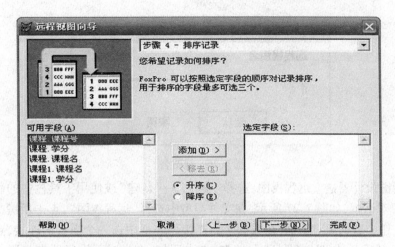

图 7.23 排序记录

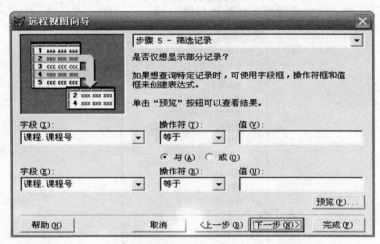

图 7.24 筛选记录

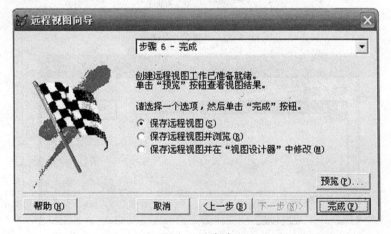

图 7.25 完成

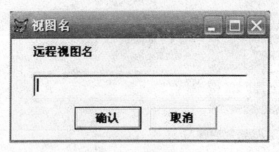

图 7.26　视图名

②用视图设计器建立远程视图:选择"文件"→"新建"或使用工具栏中的新建按钮,打开"新建"对话框,如图 7.27 所示,在文件类型中选择"远程视图",点击新键文件按钮,打开选择按钮或数据源对话框,在数据库的连接列表框中选一个需要的连接,点击确定,打开"打开"对话框,如图 7.28 所示,选表,点击添加,多表时可重复选表与添加操作,关闭进入视图设计器。以后步骤与本地视图步骤一样。

图 7.27　"新建"对话框

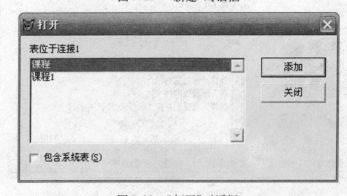

图 7.28　"打开"对话框

7.2.6　视图与更新

通过视图进行查询时,其结果是只读的。要想对视图查询结果进行修改,必须在视图设计器中的更新条件选项卡中进行一些相应的设置,视图的修改可以使得原表随着修改。

1. 设置关键字段与更新字段

在视图设计器中,选择"更新条件"选项卡,如图 7.29 所示。字段名列表框中显示着视图查询结果中的字段名,字段名左侧带钥匙的为关键字段,此时出现√,说明此字段已经设置为了关键字段,若要恢复到设置前的初始状态,可单击重置关键字按钮,字段名左侧出现修改完毕标识,说明此字段已设置为更新字段。若要更新所有字段,可将所有字段设为更新,点击全部更新。

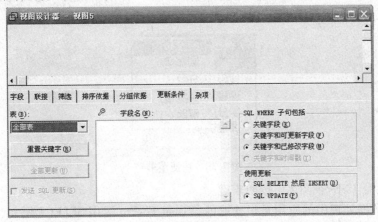

图 7.29　更新条件选项卡

2. 向表发送更新数据

若要将视图修改结果送到源表即视图更新让源表随着更新,就勾选发送 SQL 更新复选框即可。

3. 检查更新冲突

主要用于多用户工作环境中,视图数据源中的数据可能正在被其他用户访问,这包括用户对数据的使用,更新,删除等操作,为了让 Visual FoxPro 检查视图所用数据源中的数据在更新前是否被其他用户修改过,可使用更新选项卡中的 SQL WHERE 子句对话框中的选项来帮助遇到其他用户同时访问时如何更新记录。

下面给出 SQL WHERE 子句包括框中各单选按钮的含义。

(1)关键字段:当源表中的关键字段被改变时,使更新失败。

(2)关键字段和可更新字段:当远程表中的任何标记可更新的字段被改变时,更新失败。

(3)关键字和修改字段:当在视图中改变任意字段的值时,源表中已被改变时,更新失败。

(4)关键字和时间戳:当远程表上记录的时间戳在首次检索之后被更改时,更新失败。

（5）使用更新方式。

使用更新框主要用于对视图更新方法的控制，它有两个单选按钮：

①SQL DELETE 然后 INSERT 含义为先用 SQL DELETE 命令将旧值删除，然后用 SQL INSERT 命令向源表插入更新记录。

②SQL UPDATE 含义为使用 SQL UPDATE 更新信息表记录。

7.2.7 运行视图

在数据库打开基础上，以下操作之一：

（1）双击视图标题栏。

（2）选择"视图"→"右键"，打开快捷菜单，如图 7.30 所示，选择"修改"，打开视图设计器，使用工具栏的运行按钮。

图 7.30 快捷菜单

（3）用命令 USE<视图名> 按回车键。

查询在数据处理中的应用是很普遍的，Visual FoxPro 运用 SELECT 语句，查询，视图来完成查询，SELECT 语句对于简单到复杂要求的查询都可以实现，查询与视图实质上也是基于 SELECT 语句的查询。查询与视图简单方便，它们很相似，但也有一定的区别，查询是以文件形式存放于磁盘中，而视图是存放在数据库中的一个虚表，视图与查询的主要区别在于视图中数据的修改可以使源表数据改变。

习 题 7

一、选择题

1. 在 Visual FoxPro 中，关于查询和视图的正确描述是(   )。

A. 查询是一个预先定义好的 SQL SELECT 语句文件

B. 视图是一个预先定义好的 SQL SELECT 语句文件

C. 查询和视图是同一种文件，只是名称不同

D. 查询和视图都是一个存储数据的表

2. 在 Visual FoxPro 中，以下叙述正确的是(   )。

A. 利用视图可以修改数据

B. 利用查询可以修改数据

C. 查询和视图具有相同的作用

D. 视图可以定义输出去向

3. 关于视图和查询,以下描述正确的是( )。

A. 视图和查询都只能在数据库中建立

B. 视图和查询都不能在数据库中建立

C. 视图只能在数据库中建立

D. 查询只能在数据库中建立

4. 下列关于查询的描述正确的是( )

A. 不能根据自由表建立查询

B. 只能根据自由表建立查询

C. 只能根据数据库表建立查询

D. 可以根据数据库表和自由表建立查询

5. 以下关于查询的描述正确的是( )。

A. 查询保存在项目文件中

B. 查询保存在数据库文件中

C. 查询保存在表文件中

D. 查询保存在查询文件中

6. 在使用查询设计器创建查询时,为了指定在查询结果中是否包含重复记录(对应于 DISTINCT),应该使用的选项卡是( )。

A. 排序依据　　　B. 联接　　　　C. 筛选　　　　D. 杂项

7. 在 Visual FoxPro 的查询设计器中对应的 SQL 短语是 WHERE 的选项卡是( )。

A. 字段　　　　　B. 联接　　　　C. 筛选　　　　D. 杂项

8. 在 Visual FoxPro 中,要运行查询文件 query1.pqr,可以使用命令( )。

A. DO query 1　　　　　　　　B. DO query1.qpr

C. DO QUERY query1　　　　　D. RUN query1

9. 可以运行查询文件的命令是( )。

A. DO　　　　　B. BROWSE　　　C. DO QUERY　　D. CREATE QUERY

10. 有关查询设计器正确的描述是( )。

A. "联接"选项卡与 SQL 语句的 GROUP BY 短语对应

B. "筛选"选项卡与 SQL 语句的 HAVING 短语对应

C. "排序依据"选项卡与 SQL 语句的 ORDER BY 短语对应

D. "分组依据"选项卡与 SQL 语句的 JOIN ON 短语对应

11. SQL 的查询结果可以存放到多种类型的文件中,下列文件类型都可以用来存放查询结果的是( )。

A. 数组,永久性表,视图　　　　　B. 临时表,视图,文本文件

C. 视图,永久性表,文本文件　　　D. 永久性表,数组,文本文件

12. 在查询设计器环境中,"查询"菜单下的"查询去向"命令指定了查询结果的输出去向,输出去向不包括( )。

A. 临时表　　　　B. 表　　　　　C. 文本文件　　D. 屏幕

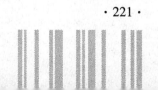

13. 以下关于查询的正确描述是(　　　)。

A. 查询文件的扩展名为. PRG 　　B. 查询保存在数据库文件中

C. 查询保存在表文件中 　　　　　D. 查询保存在查询文件中

14. 以下关于视图的描述正确的是(　　　)。

A. 视图保存在项目文件中 　　　　B. 视图保存在数据库中

C. 视图保存在表文件中 　　　　　D. 视图保存在视图文件中

15. 以下关于视图的正确描述是(　　　)。

A. 视图独立于表文件 　　　　　　B. 视图不可更新

C. 视图只能从一个表派生出来 　　D. 视图可以删除

16. 以下关于视图的描述正确的是(　　　)。

A. 视图和表一样包含数据 　　　　B. 视图在物理上不包含数据

C. 视图定义保存在命令文件中 　　D. 视图定义保存在视图文件中

17. 以下关于视图描述错误的是(　　　)。

A. 只有在数据库中可以建立视图 　B. 视图定义保存在视图文件中

C. 用户查询的角度视图和表一样 　D. 视图在物理上不包括数据

18. 在 Visual FoxPro 中,关于视图的不正确的描述是(　　　)。

A. 通过视图可以对表进行查询 　　B. 通过视图可以对表进行更新

C. 视图就是一个虚表 　　　　　　D. 视图就是一个数据库表

19. 在 Visual FoxPro 中,以下关于视图描述错误的是 (　　　)。

A. 通过视图可以对表进行查询 　　B. 通过视图可以对表进行更新

C. 视图是一个虚表 　　　　　　　D. 视图就是一种查询

20. 在视图设计器中有,而在查询设计器中没有的选项卡是(　　　)

A. 排序依据 　　B. 更新条件 　　C. 分组依据 　　D. 杂项

21. 下列关于视图的描述,正确的是(　　　)。

A. 可以根据自由表建立视图 　　　B. 可以根据查询建立视图

C. 可以根据数据库表建立视图 　　D. 可以根据数据库表和自由表建立视图

22. 视图设计器中包括的选项卡有(　　　)。

A. 联接,显示,排序依据 　　　　　B. 更新条件,排序依据,显示

C. 显示,排序依据,分组依据 　　　D. 更新条件,筛选,字段

23. 查询设计器中包括的选项卡有(　　　)。

A. 字段,筛选,排序依据 　　　　　B. 字段,条件,分组依据

C. 条件,排序依据,分组依据 　　　D. 条件,筛选,杂项

二、填空题

1. 通过 Visual FoxPro 的视图,不仅可以查询数据库表,还可以_____数据库表。

2. 为了通过视图更新基本表中的数据,需要在视图设计器界面的左下角选中_____复选框。

3. 建立远程视图必须首先建立与远程数据库的_____。

4. 在 Visual FoxPro 中视图可以分为本地视图和_____视图。

5.数据库中可以设计视图和查询,其中_____不能独立存储为文件(存储数据库中)。

6.已有查询文件 queryone. qpr,要执行该查询文件可使用命令_____。

7.查询设计器中的"分组依据"选项卡与语句的_____短语对应。

8.在 Visual FoxPro 中,为了通过视图修改基本表中的数据,需要在视图设计器的_____选项卡设置有关属性。

三、操作题

1.对学生表,成绩表,建立如下查询。

(1)查询入学成绩大于的等于 500 分的学生自然情况。

(2)查询姓名为李海燕的学生的 Visual FoxPro 的所有成绩。

(3)查询性别为男的学生的 Visual FoxPro 成绩。

(4)将学生表按入学成绩降序排序且显示。

(5)查询姓王的学生的自然情况。

(6)统计性别为女的学生人数。

(7)统计男生,女生的平均入学成绩。

(8)查询入学成绩最高分的学生自然情况。

2.用学生数据库建立一个视图,选定字段自定。

实 验 11

一、实验目的

1.掌握查询文件的创建和修改。

2.掌握查询文件的运行。

3.掌握视图的创建、修改和使用。

二、实验内容

1.在学籍管理系统中,根据学生表建立团员学生查询,含有除团员字段之外的所有。使用视图设计器建立查询,建立之后浏览。

2.在学籍管理系统中,根据学生表和成绩表,建立可更新视图科目 1 成绩视图,含有学号、姓名和成绩 3 个字段,其中,科目 1 字段是可更新的。使用视图设计器建立视图,建立之后,浏览视图,并通过键入新数据更新学生成绩表的科目 1 字段值。

三、步骤提示

1.团员学生查询。

(1)打开学籍管理系统。

(2)通过"文件"→"新建"→"查询"→"新建文件",打开查询设计器。

(3)把学生表添加到查询设计器的上窗格。

（4）在"字段"选项卡,将团员字段之外的所有字段添加到选定字段列表中。

（5）在"筛选"选项卡,设置筛选条件为:学生表.团员=.T.。

（6）选择"查询"→"运行查询",查看生成的查询内容。

（7）关闭查询设计器窗口,保存视图团员学生查询。

（8）打开数据库设计器,显示学籍管理系统,双击视图团员学生查询浏览。

2. 科目 1 成绩视图。

（1）仿照步骤提示 1 的（2）（3）步骤,把学生表和成绩表添加到视图设计器的上窗格。

（2）在"字段"选项卡,将实验题目指定的 3 个字段添加到选定字段列表中。

（3）在"筛选"选项卡,设置成绩表.课程号="01"。

（4）在"更新条件"选项卡,确保学生.学号标记为关键字、成绩表.成绩为可更新的,选中"发送 SQL 更新"。

（5）关闭视图设计器,保存视图科目 1 成绩视图。

（6）在数据库设计器窗口双击视图科目 1 成绩视图,修改外语字段值,关闭浏览窗口。

（7）在数据库设计器窗口双击成绩表,观察成绩字段的修改结果。

（8）关闭数据库设计器。

第 8 章

报　表

应用程序除了完成对信息的处理、加工之外,还要完成对信息的打印输出。Visual FoxPro 提供的报表功能可以将要打印的信息快速的组织、修饰即布局,形成报表或标签的形式打印输出。报表由数据源和布局组成,数据源通常是指数据库表、自由表、视图、查询和临时表,布局是指定义报表的打印格式。尽管报表和标签可以完成对信息的打印输出任务,但它们并不是万能的,在实际应用中有时遇到的特殊报表仍然需要通过编程来处理。

8.1　用编程打印输出报表

8.1.1　建立输出报表的相关命令

用编程建立报表的一般步骤:

(1)启动打印机命令。

(2)输出报表标题。

(3)输出报表内容。

(4)关闭打印机恢复屏幕输出状态。

8.1.2　启动打印机与关闭打印机命令

格式 1:SET DEVICE TO SCREEN ｜ TO PRINT ｜ TO FILE

格式 2:SET PRINT ON ｜ OFF

功能:格式 1 用来指定将@ …say 命令的输出结果直接送到屏幕或打印机或文件中。

格式 2 若取 ON 是将除@ …say 命令以外的输出命令如?,?? 等送到打印机输出,同时也输出到屏幕;若取 OFF 表示只输出到屏幕。

【例8.1】　将学生表中的学号、姓名、入学成绩打印输出。

```
 * p8_1
use 学生
 * set print on                         && 打印机开可去掉此行首 *
```

```
?  space(10)+'学生入学成绩单'
?'学号'+space(10)+'姓名'+space(2)+'入学成绩'
scanfor ! eof( )
?  学号+space(5)+'姓名'+space(4)+str(入学成绩,3)
endscan
use
 * set print off                          && 打印机开可去掉行首 *
return
```

【例 8.2】 将学生表中的学号、姓名、性别、入学成绩输出到打印机。

```
* p8_2. prg
use 学生
 * set device  to print                   && 若打印将行首 * 去掉
@ 1, 20 say '学生情况表'
@ 2, 1 say '学号          姓名        性别   入学成绩'
i = 3
scan for ! eof( )
@ i, 1 say 学号+space(5)+姓名+space(4)+性别+space(4)+str(入学成绩,4)
i = i+1
endscan
use
 * set device to screen
return
```

8.1.3 关于@ …say 语句

1. 在@ …say 语句中可加入字体、字型、字号

格式:@ <行, 列> say <表达式> [FONT <字体名> [, <字大小>]]

功能:在指定的行列显示表达式的值。

说明:<字体名>需用字符定界符括起来。

2. 打印图形

格式:@ <行, 列> say <位图文件名> BITMAP ∣ <通用型字段名> [ISOMETRIC ∣ STRETCH] [SIZE <数值表达式 1>, <数值表达式 2>] [NOWAIT]

功能:将位图文件或通用字段显示在指定行、列的位置。

说明:

(1) [ISOMETRIC]表示缩放图片,使其比例适应指定区域的大小。

(2) [STRETCH]表示在水平垂直两个方向缩放图片。

(3) [SIZE <数值表达式 1>, <数值表达式 2>]用来指定图片的大小,<数值表达式 1>为高度,<数值表达式 2>为宽度。

(4) [NOWAIT]表示在执行时不等待。

【例8.3】 将例8.2加上字体和大小

```
* p8_3. prg
use 学生
* set deviceto print
@ 0, 20 say '学生情况表' font '隶书', 20
@ 3, 1 say '学号        姓名        性别   入学成绩' font '黑体', 10
i=4
scan for ！eof( )
@ i, 1 say 学号+space(5)+姓名+space(4)+性别+space(4)+str(入学成绩, 4) font '黑体', 10
i=i+1
endscan
use
* set device to screen
return
```

【例8.4】 显示学生的近照。

```
* p8_4. prg
use 学生
@ 1, 1 say '学生近照'
i=2
scan for ！eof( )
@ i, 1 say 姓名
@ i, 20 say 近照 isometric size 20, 20
i=i+12
endscan
use
return
```

注意:此题学生表中的近照字段要全部录入照片!

8.2 报表设计

Visual FoxPro 创建报表有三种方式,第一种是用向导创建报表;第二种是使用快速报表创建报表;第三种是用报表设计器创建报表。不管使用哪种方式创建报表,都要在创建报表之前先对报表进行总体规划和布局。

8.2.1 报表的总体规划和布局

1.总体规划

(1)决定要创建的报表类型。

（2）需要的数据源是一个还是多个，它们之间的关系。

（3）采用哪种常规布局方式。

2. 报表的常规布局

在创建报表前应确定所需报表的常规布局，根据不同的需要，表 8.1 列出了报表常规布局的说明，在确定常规布局时要考虑纸张的要求。

表 8.1　报表常规布局

布局类型	说明	示例
列	每一行一条记录，每一条记录的字段在页面上按水平方向设置	分组/总汇报表，财政报表等
行	一列的记录，每条记录的字段在一侧竖直放置即每个字段一行字段名在数据左侧，字段与其数据在同行	列表
一对多	一条记录或一对多关系。其内容包括父表的记录及子表的记录	发票、会计报表
多列	多列记录，每条记录的字段沿左边缘竖直放置	电话号码簿、名片

8.2.2　用报表向导创建报表

选择"文件"→"新建"或使用常用工具栏中的新建按钮，打开"新建"对话框，在文件类型中选"报表"→"向导"，打开"向导选取"对话框，如图 8.1 所示，此对话框中有两个选项供选择。当报表数据源为一个单一的表时选报表向导，当数据源是由父表和子表组成时，选一对多报表向导。然后根据向导各步骤的提示完成报表的制作。

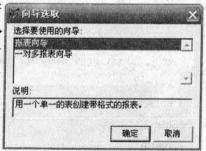

图 8.1　"向导选取"对话框

【例 8.5】 用报表向导为学生表创建报表。

启动报表向导的步骤为：选择"文件"→"新建"，在"新建"对话框文件类型中选"报表"→"新建"，打开"报表选取"对话框，选择报表向导，点击确定，进入报表向导步骤 1—字段选取，如图 8.2 所示。单击对话框按钮，打开"打开"对话框，在文件列表框中选学生表，点击确定，将可用字段列表框中的字段移到选定字段列表框中，点击下一步，进入步骤 2—分组记录，如图 8.3 所示（值得说明的是分组分三个层次，只有当对分组字段索引后，分组才能正确，本例不分组），点击下一步，进入步骤 3—选择报表样式，如图 8.4 所示，本例选简报式，点击下一步，进入步骤 4—定义报表布局，如图 8.5 所示，列数为 1，方向为纵向，点击下一步，进入步骤 5—排序记录，指定按学号排序，点击下一步，进入步骤 6—完成，如图 8.6 所示，点击预览，显示预览结果如图 8.7 所示，关闭预览，点击完成，打开"另存为"对话框，如图 8.8 所示。在"保存报表为"文本框中输入报表名学生报表 1,点击保存,此时以学生报表 1.FRX 存入磁盘。

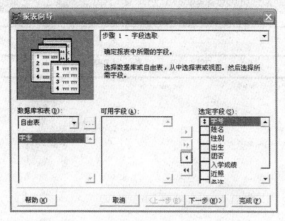

图 8.2 步骤 1—字段选取

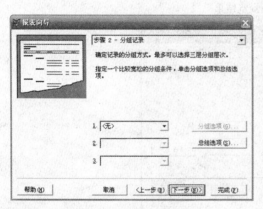

图 8.3 步骤 2—分组记录

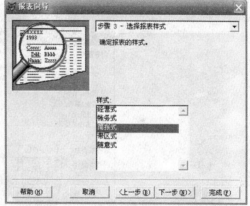

图 8.4 步骤 3—选择报表样式

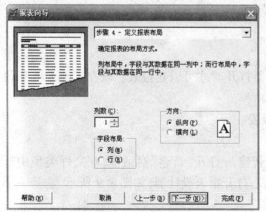

图 8.5 步骤 4—定义报表布局

图 8.6 步骤 6—完成

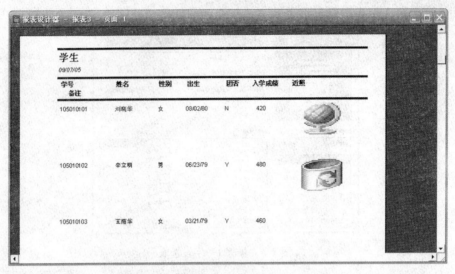

图 8.7　预览结果

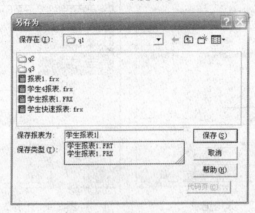

图 8.8　"另存为"对话框

8.2.3　用快速报表创建报表

快速建表创建报表时,必须在报表设计器打开时才可以建报表。现在用例 8.6 来说明快速建表的方法。

【例 8.6】　用快速报表为学生表建立报表。

操作步骤如下:

(1)打开报表设计器。选择"文件"→"新建",打开"新建"对话框,在文件类型中选报表,打开"新建报表"对话框,选择新建报表,打开报表设计器,如图 8.9 所示,它是一个空白的报表,此时在主菜单中出现报表菜单。

(2)进入快速报表设计报表。选择"报表"→"快速报表",打开"打开"对话框,在文件列表框中选学生表,点击确定,打开"快速报表"对话框,如图 8.10 所示。选标题复选框,选添加别名,选将表添加到数据源环境中,选字段布局中左侧按钮(字段布局共有左右两个大按钮,左侧按钮是产生列报表,右侧按钮则产生字段在报表中竖向排列的行报

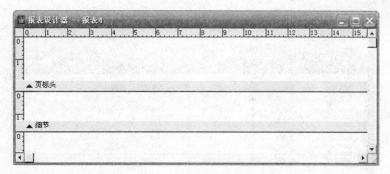

图 8.9 报表设计器

表),点击字段,打开"字段选择"对话框,将所有字段列表框中的字段移到选定字段列表框中,如图 8.11 所示,点击确定,返回"快速报表"对话框,点击确定,此时屏幕出现快速报表如图 8.12 所示。

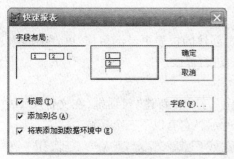

图 8.10 "快速报表"对话框

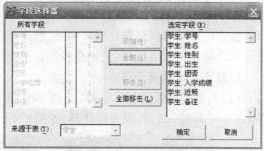

图 8.11 字段选择对话框

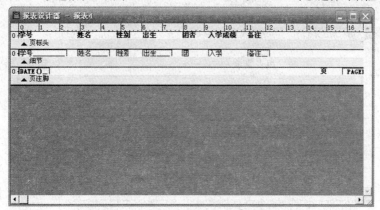

图 8.12 快速报表

(3)预览报表。选择"显示"→"预览"或单击常用工具栏中的打印按钮,在屏幕上出现预览报表,如图 8.13 所示,关闭预览。

(4)保存报表。选择"文件"→"保存",将该报表以学生快速报表.FRX 文件存入磁盘。

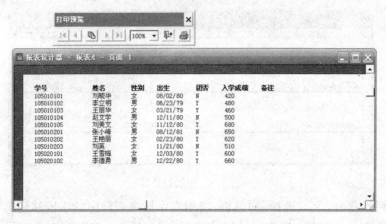

图 8.13 预览报表

8.2.4 用报表设计器创建报表

报表设计器可以创建比报表向导、快速报表创建的报表更灵活多样、更复杂的报表，它还可以将已由报表向导、快速报表创建的报表进行修改。

1.报表设计器简介

（1）打开报表设计器。选择"文件"→"新建"，打开"新建"对话框，在文件类型中选"报表"→"新建"，打开报表设计器，如图 8.14 所示。它有以下三个区域。

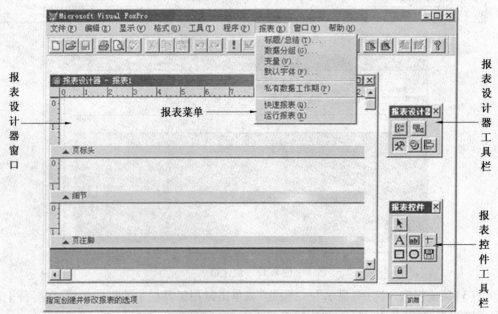

图 8.14 报表设计器

①页标头：每页打一次，一般打印报表名及字段名，位置在标题后，页初。

②细节：它是报表的内容区，一般存放记录的内容。打印的次数由实际输出表中记录数决定，每条记录打印一次，位置在页标头或组标头后。

③页注脚:每页打一次,打印在每页的尾部,可以用来打印小计、页号等。

除此之外,报表还可有如表 8.2 所示的 6 个带区。

表 8.2　报表带区的建立和作用

带区名称	带区产生与删除	打印周期	打印位置
标题	从报表菜单中选标题/总结命令	每个报表一次	报表的开头或独占一页
列标头	从文件菜单中选页面设置命令设置列数	在多列报表中每列一次	页标头后
组标头	从报表菜单中选数据分组命令	每组一次	页标头、组标头、组注脚后
组注脚	从报表菜单中选数据分组命令	每组一次	细节后
列注脚	从文件菜单中选页面设置命令设置列数	每列一次	页脚注前
总结	从报表菜单中选标题/总结	每个报表一次	组脚注后,可占一页

(2)报表设计器工具栏,如图 8.15 所示,从左至右按钮分别为数据分组、数据环境、报表控件工具栏和调色板工具拦和布局工具栏按钮。

图 8.15　报表设计器工具栏

(3)报表控件工具栏,如图 8.16 所示,从左至右按钮为:

图 8.16　报表控件工具栏

①选定对象按钮,与表单中的选定按钮用法一样。

②标签按钮,为报表创建一个标签控件。

③域控件按钮,在报表上创建一个字段、内存变量、表达式。

④线条,用于画线条。

⑤矩形,可画矩形。

⑥圆角矩形,可画圆角矩形。

⑦图片/Activex 绑定控件,用于显示图片或通用字段的内容。

⑧按钮锁定,允许添加多个同类型控件,而不需多次选中该按钮。

（4）报表数据源。单击报表设计器工具栏数据环境按钮或显示菜单的数据环境命令，和前面表单中的数据源用法是一样的。在数据环境中单击右键打开快捷菜单，选属性，打开属性窗口，如图 8.17 所示。当数据环境中已有表时，在属性窗口中的对象下拉列表框中选 Cursor1 对象，此时该对象指向当前表，可对当前表相关的属性进行设置，如用 Order 属性可设置表的一个索引，报表可按表的索引顺序输出记录。

（5）关于数据分组，是指对报表进行分组。可由"报表"→"数据分组"或使用报表设计器工具栏的数据分组打开"数据分组"对话框，如图 8.18 所示。

（6）报表的输出。

①报表的页面设计。选择"文件"→"页面设置"，打开"页面设置"对话框，如图 8.19 所示，可按对话框的相应提示进行各项设置。

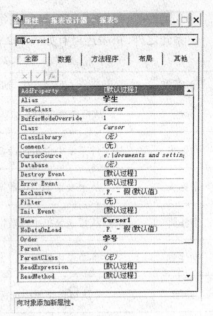

图 8.17　属性窗口

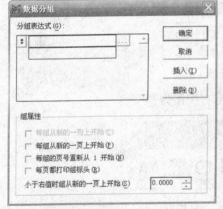

图 8.18　"数据分组"对话框

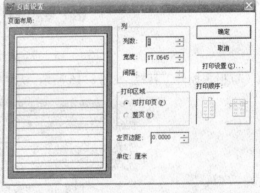

图 8.19　"页面设置"对话框

②报表的输出。选择"文件"→"打印"或使用常用工具栏的打印按钮，打开"打印"对话框，进行相应设置，点击确定即可。

2. 举例

【例 8.7】　用表创建学生自然情况表，将学生表复制成学生 4 表（本例用学生 4 表创建报表）。

操作步骤如下：

（1）打开报表设计器。选择"文件"→"新建"，打开"新建"对话框，在文件类型中选"报表"→"新建"，打开报表设计器。

（2）为报表添加标题带区。选择"报表"→"标题/总结"，打开"标题/总结"对话框，如图 8.20 所示,选中标题带区复选框,单击确定,报表设计器界面如图 8.21 所示。

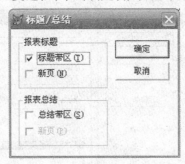

图 8.20 "标题/总结"对话框

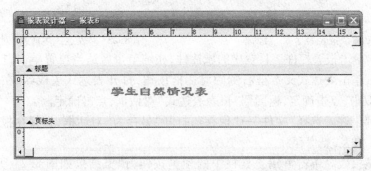

图 8.21 具有标题带区的报表设计器

(3)为报表添加标题。单击报表控件工具栏标签按钮,在标题带区的适当位置单击左键确定标题位置,输入学生自然情况表。

(4)对标题字体进行修饰。选中标题学生自然情况表,选择"格式"→"字体",打开"字体"对话框,选字体为隶书,字型为粗体,大小为小二号,颜色为红色,点击确定。

(5)设置页标头。单击报表设计器工具栏中的标签按钮,分别在页标头区输入学号、姓名、性别、入学成绩。

(6)打开数据环境。选择"显示"→"数据环境",打开数据环境设计器,在数据环境中单击右键,打开快捷菜单,选择添加,打开"打开"对话框,在文件列表框中选学生 4 表,点击确定,显示添加表或视图对话框,点击关闭。

(7)设置细节。将数据环境中学生 4 表的学号、姓名、性别、入学成绩字段拖放到细节带区,若某个字段放置位置不令人满意,可在细节带区单击该字段使它的周边出现 8 个黑色方框,此时可用光标键(或鼠标)移动它的位置。

(8)设置报表输出顺序。在数据环境中单击右键,打开快捷菜单,选择属性,打开属性窗口,在对象下拉列表框中选 Cursor1,在属性列表框中找 Order 属性并选中,在属性设置框中选学号,关闭属性窗口。

(9)设置页注脚。为报表填日期和页码。

①日期。单击报表控件工具栏中的域控件,在细节带区适当位置单击,打开"报表表达式"对话框,如图 8.22 所示。单击表达式文本框右侧的对话框按钮,打开"表达式生成器"对话框,如图 8.23 所示。在日期下拉列表框中选 DATE( )函数双击,点击确定,返回

到"报表表达式"对话框,点击确定。

图 8.22 "报表表达式"对话框　　　　图 8.23 "表达式生成器"对话框

②页码。单击报表控件工具栏中的域控件,在细节带区适当位置单击,打开"报表表达式"对话框,单击表达式文本框右侧的对话框按钮,打开表达式生成器,在变量列表框下选 pageno 双击,点击确定,返回到"报表表达式"对话框,点击确定。

(10)保存报表。选择"文件"→"保存",打开"另存为"对话框,在保存报表为文本框中输入学生 4 报表,点保存。

(11)预览报表。单击常用工具栏中的预览按钮,预览结果如图 8.24 所示,关闭预览。

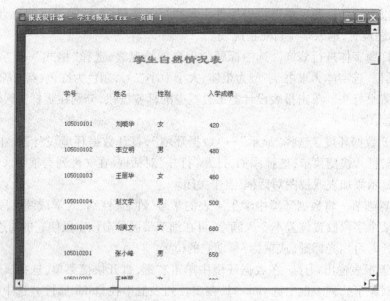

图 8.24 学生 4 报表预览结果

此题只是做了一个简单的报表,读者若需要做复杂些的报表,如数据分组等,可按前面介绍的方法制作。

8.2.5 用命令打印或预览报表

格式:REPORT FORM <报表文件名> [ENVIRONMENT] [PRIVIEW] [TO PRINT] [PROMPT]

功能:预览或打印由报表文件名指定的报表。

说明:

(1)[ENVIRONMENT]用于恢复存储在报表文件中的环境信息。

(2)[PRIVIEW]预览报表。

(3)[TO PRINT] 打印报表,若选[PROMPT]在打印前打开设置打印机的对话框,用户可以进行相应的设置。

8.3 修改报表

1. 给报表添加带区

默认情况下,"报表设计器"显示三个带区:页标头、细节和页注脚(表8.3)。

表 8.3 可给报表添加的带区

带区	打印	典型内容
标题	每个报表一次	标题、日期或页码、公司标徽、标题周围的框
列标头	每列一次	列标题
列脚	每列一次	总结,总计
组标头	每组一次	数据前面的文本
组脚	每组一次	组数据的计算结果值
总结		总结、"Grand Totals"等文本

2. 改变报表的列标签

在报表设计器中,利用报表控制工具栏上的标签按钮来写。

3. 修改报表表达式

在报表设计器中,双击需修改字段,在表达式对话框中输入新表达式。

4. 增加表格线

在报表设计器中,利用报表控制工具栏上的线条按钮来画。

5. 页面设置

利用文件菜单中的页面设置命令。

6. 字体设置

利用格式菜单中的字体命令。

7. 布局设置

利用格式菜单或布局工具栏。

8. 在报表中使用数据分组、汇总区

必须首先对表进行索引,否则出错。

8.4 标签设计

1. 概念

标签:指邮政标签、信封等,是数据库管理系统生成的最普通的一类报表。

标签保存后系统会产生两个文件:标签定义文件,扩展名为 .LBX;标签备注文件,扩展名为 .LBT。

2. 创建标签的方法

(1)用向导创建。选择"文件"→"新建"→"标签"→"向导"→"表"→"标签类型"→"设置布局"→"排序字段"→"保存方式",给出文件名及保存位置。

(2)用标签设计器(图 8.25)创建。选择"文件"→"新建"→"标签"→"新文件"→"标签布局"→"查看菜单"→"数据环境"→"设置数据环境"(将所需的数据表添加进来),将所需字段拖到细节区,关闭标签设计器,给出文件名及保存位置。

标签设计器窗口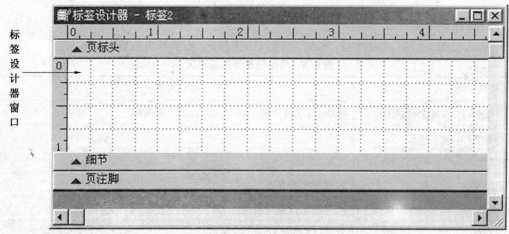

图 8.25 标签设计器

(3)用命令方式创建报表(表 8.4 和表 8.5)。

命令格式:CREATE LABEL [文件名 | ?]

功能:打开标签设计器,用上述 (2)方法创建标签。

表 8.4 报表和标签常规布局的说明

布局类型	说明	示例
列	每行一条记录,每条记录的字段在页面上按水平方向放置	分组/总计报表*、财政报表、存货清单、销售总结
行	一列的记录,每条记录的字段在一侧竖直放置	列表
一对多*	一条记录或一对多关系	发票、会计报表
多列	多列的记录,每条记录的字段沿左边缘竖直放置	电话号码薄、名片
标签	多列记录,每条记录的字段沿左边缘竖直放置,打印在特殊纸上	邮件标签*、名签

注: * 向导中才有的内容。

表 8.5 可以在报表和标签布局中插入以下类型报表控件

若要显示	请选用下列控件
表的字段、变量和其他表达式	字段
原义文本	标签
直线	线条
框和边界	矩形
圆、椭圆、圆角矩形和边界	圆整矩形
位图或通用字段	图片/OLE 绑定型

设置控件后,可以修改它们。可以格式化控件,更改控件颜色或给任何控件添加注释。

本章介绍了用编程打印输出报表和用 Visual FoxPro 本身的报表功能输出报表,这两种方法都各有特点。对于打印输出要求比较复杂,在用 Visual FoxPro 提供的报表解决不了时,只能用编程方法制作报表。对于一个模式相对简单的报表,可选用 Visual FoxPro 报表中的报表向导、快速报表和报表设计三种方法制作,这些方法不用编程,重点是用可视化工具制作。

习 题 8

一、选择题

1. 报表的基本带区中包括(　　)。

A. 标题,页注脚,总结带区　　　　B. 页标头,组标头,细节带区

C. 列标头,细节,总结带区　　　　D. 页标头,细节,页注脚带区

2. 报表文件的扩展名是(　　)。

A. . FRX　　　　B. . RPT　　　　C. . RPX　　　　D. . REP

3. 在报表设计器中可以使用的控件是(　　)。

A. 标签,列表框,文本框　　　　B. 标签,域,组合框

C. 标签,域,线条　　　　D. 线条,数据源,组合框

4. 打印或打印预览报表的命令是(　　)。

A. DO REPORT　　　　B. REPORT FORM

C. TO PRZNT　　　　D. RUN REPORT

5. 在用报表向导创建报表时,选定用语排行记录最多可选牵引字段数是(　　)。

A. 1　　　　B. 3　　　　C. 4　　　　D. 2

二、操作题

1. 根据学生,学生成绩,学生成绩 F 表,用报表向导建立一个学生管理报表,选定字段为学号,姓名,入学成绩,数学,Visual FoxPro,英语,原理,网络,C 语言。

2. 根据学生表用快速报表创建一个学生自然情况报表。

3. 根据学生表用报表设计器创建一个学生情况报表。

实 验 12

一、实验目的

掌握报表文件的创建与使用

二、实验内容与要求

设计如图 8.26 所示报表(学生基本情况. FRX),在报表中按学生所在班级分组显示学生的学习情况,在"页标头"带区中,通过域控件来显示页号,在每个分组的"组注脚"带区中,通过域控件来显示每个分组的入学成绩平均分数,在报表"总结"带区中,通过域控件来显示所有学生的入学成绩平均分数。学生班级为学生学号的前 4 个字符。

学生表

第　　　1　页

班级	姓名	性别	出生日期	入学成绩
0195				
	杨访	男	02/22/80	526
	桑玉	女	07/08/81	580
	黄飞燕	女	03/06/80	540
	韦振杰	女	11/12/83	510
			平均入学成绩	539.000000000
班级	姓名	性别	出生日期	入学成绩
0205				
	邱学军	男	11/13/80	525
	苏润仙	女	05/11/80	555
			平均入学成绩	540.000000000
			总的平均入学成绩	539.333333333

图 8.26　学生基本情况表

第 9 章

菜单与工具栏

菜单和工具栏在应用程序中是必不可少的,开发者通过菜单将应用程序的功能、内容有条理地组织起来展现给用户使用,开发者通过工具栏为用户提供快捷、简单、方便的使用工具。菜单和工具栏是应用程序与用户最直接交互的界面。Visual FoxPro 为开发者提供了自定义菜单和工具栏的功能,从而使开发者能根据需要设计符合实际应用的菜单和工具栏。

9.1 建立菜单

在应用程序中一般采用两种菜单,一种为下拉式菜单,另一种为快捷菜单。无论创建哪种菜单,首先都要根据需要对应用程序的菜单进行规划与设计,然后才是创建。

9.1.1 规划菜单

需要规划的内容如下:
(1)按用户的要求规划菜单。
(2)确定需要哪些菜单,有多少个菜单及子菜单。
(3)菜单应放在界面的哪个位置。
(4)确定每个菜单的标题和完成的任务。
(5)将菜单上的菜单项限制在一个屏幕内。
(6)确定哪些菜单项经常被使用,需要设置热键和快捷键。

9.1.2 建立下拉式菜单

下拉式菜单是一个应用程序的总体的菜单。

1.下拉式菜单的组成

下拉式菜单由条形菜单和弹出式菜单组成。Visual FoxPro 菜单就是一个下拉式菜单。在 Visual FoxPro 主界面窗口中,主菜单就是一个条形菜单,当在主菜单栏选中一菜单项时,在该菜单项下方出现的菜单就是弹出式菜单。Visual FoxPro 使用可视化设计工具——菜单设计器来创建菜单。

2. 建立下拉式菜单

建立下拉式菜单的基础步骤包括：打开菜单设计器，在菜单设计器中进行菜单定义，保存菜单，生成菜单程序，执行菜单程序。

（1）打开菜单设计器。选择"文件"→"新建"命令或使用常用工具栏中的新建按钮，在"新建"对话框中选定"菜单选项"→"新建"，打开"新建菜单"对话框，如图 9.1 所示，选定菜单按钮，打开菜单设计器，如图 9.2 所示。此时主菜单中增加了一个菜单选项，原来的显示菜单的选项也发生了变化。下面逐一介绍。

图 9.1 "新建菜单"对话框

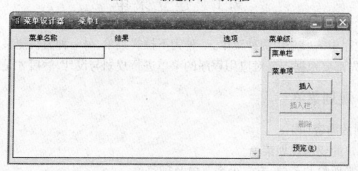

图 9.2 菜单设计器

（2）菜单设计器窗口。在菜单设计器中有菜单名称列、结果列、选项列、菜单级组合框及四个菜单项按钮，下面分别说明。

①菜单名称列。菜单名称列用来指定菜单项的名称。若菜单项需要设置热键，则在名称后加(\<字符)，如文件(\<F)。当名称输入后其左侧出现带上下箭头的按钮，它是用来调整菜单项顺序的。

②结果列。结果列是一个下拉列表框，内有命令、填充名称、子菜单、过程四个选项，默认值为子菜单。

a. 命令。若选此项，右边会出现一个文本框，可直接输入一个命令，当执行菜单选此菜单项时，就执行该命令。

b. 填充名称。若选此项，右侧出现一个文本框，可输入菜单项的内部名或序号在子菜单中填充名称用菜单项代替。

c.子菜单。若选此项,右侧出现创建按钮,单击该按钮可建立子菜单,一旦建立了子菜单,创建按钮就变为编辑按钮,用来修改子菜单。

d.过程。若选此项,右侧出现创建按钮,单击此按钮打开过程编辑窗口供用户编辑该菜单项被选中时要执行的过程代码。

注意:结果列中的命令选项只能输入一条命令,而过程中可以输入多条命令。

③选项列。每个菜单行的选项列都有一个无符号按钮,单击该按钮出现如图9.3所示的"提示选项"对话框,供用户定义该菜单项的附加属性,一旦定义了这些属性,按钮上便会出现√这个符号。

图9.3 "提示选项"对话框

下面说明提示选项对话框的功能:

a.快捷方式。用于定义快捷键。在键标签文本框中按一下组合键,如同时按"Ctrl+X",此时在键标签文本框、键说明文本框中自动填入"Ctrl+X"字符串,若要取消已定义的快捷键,只需在键标签文本框中按空格键即可。

b.位置。用于显示菜单位置。

c.跳过。定义菜单项跳过的条件。指定一个表达式,若表达式值为真时,此菜单项为灰色不可用。

d.信息。定义菜单项的说明信息,此信息必须用字符定界符括起来,它显示在系统的状态栏中。

e.主菜单名。用于指定菜单项的内容名或序号。如果不指定系统会自动填入。

f.备注。用于输入用户自己的备注,不影响程序代码的生成。

④菜单级组合框。用于显示当前设计的菜单级。它是一个下拉列表框,内含该菜单中所有菜单级名,通过选择菜单级名可直接进入所选菜单级。如在设计子菜单时想返回最上层菜单级时,可选名为菜单栏的第一层菜单级。

⑤插入按钮。单击此按钮,是在当前菜单行之前插入一个新的菜单项行。

⑥插入栏按钮。单击此按钮,打开插入"系统菜单栏"对话框,如图9.4所示,在"插入系统菜单栏"对话框中,选择需要的项目,然后按插入按钮即可。

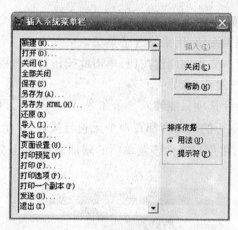

图 9.4 "插入系统菜单"对话框

⑦删除按钮。单击此按钮,删除当前菜单项行。

⑧预览按钮。单击此按钮,可预览菜单效果。

(3)显示菜单。在菜单设计器打开的基础上,显示菜单增加了常规选项和菜单选项两个命令。

①常规选项。选定显示菜单的常规选项命令,将打开"常规选项"对话框,如图 9.5 所示。它可以对菜单的总体属性进行定义。

a.过程编辑框,用于对条形菜单指定一个过程。当条形菜单中的某一个菜单项没有规定具体的动作,选择这个菜单项时,将执行此过程。

b.替换选项,是默认选项按钮,选定它表示用户菜单替换系统菜单。

c.追加选项,选定它将用户菜单添加到系统菜单的右侧。

d.在…之前选项,选定它将用户菜单插在系统菜单某菜单项(即条形菜单中菜单项)之前。

e.在…之后选项,选定它将用户菜单插在系统菜单某菜单项之后。

f.设置复选框,选定它可打开一个设置编辑器,单击确定按钮可在编辑窗中输入初始化代码,此代码在菜单产生之前执行。

g.清理复选框,选定它打开清理编辑窗口,单击确定按钮可在编辑器中输入清理代码,此代码在菜单显示出来后执行。

h.顶层表单复选框,选定它用于此次菜单出现在顶层表单中。

②菜单选项。选定显示菜单的菜单选项命令,打开"菜单选项"对话框,如图 9.6 所示。它用于定义弹出式菜单公共过程代码,当弹出式菜单某个菜单项没有具体动作时,将执行这段代码。

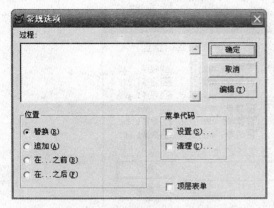

图9.5 "常规选项"对话框

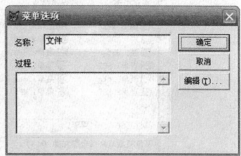

图9.6 "菜单选项"对话框

（4）正确退出菜单的常用命令。

①恢复 Visual FoxPro 主窗口命令。

格式：MODIFY WINDOW SCREEN

功能：恢复 Visual FoxPro 主窗口在它启动时的配置。

②恢复 Visual FoxPro 系统菜单命令。

格式：SET SYSMENU TO DEFAULT

功能：恢复 Visual FoxPro 系统菜单。

③激活命令窗口命令。

格式：ACTIVATE WINDOW COMMAND

功能：激活命令窗口。

（5）生成菜单程序。选定"菜单"菜单的生成命令，打开"确认"对话框，点击是，打开"另存为"对话框，在保存菜单为文本框中输入菜单名，如菜单1，点击保存，打开"生成菜单"对话框，如图9.7所示，点击生成，此时生成一个菜单1.MPR 文件。

图9.7 菜单生成对话框

（6）运行菜单。选择"程序"→"运行"，打开"运行"对话框，如图9.8所示，在文件列表中选菜单1.MPR，点击运行即可。

【例9.1】 设计一个下拉菜单，要求条形菜单中的菜单项有数据查询（C），数据维护（W），输出报表（B），退出（R），数据查询内部名为 a1，数据维护内部名为 a2。数据查询的弹出式菜单有按学号查询，按姓名查询，它们的快捷键分别为 Ctrl+H，Ctrl+X。数据维护的弹出式菜单有维护学生表，维护学生成绩表，快捷键分别为 Ctrl+E，Ctrl+F。输出报表无弹出式菜单。

操作步骤如下：

（1）打开菜单设计器。选择"文件"→"新建"，打开"新建"对话框，选"菜单"→"新

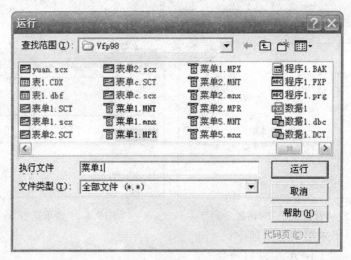

图9.8 "运行"对话框

建"→"菜单",打开菜单设计器,如图9.2所示。

(2)定义条形菜单,如图9.9所示。

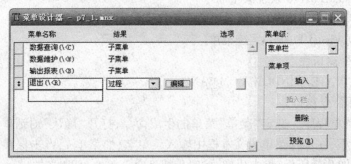

图9.9 条形菜单

(3)为退出菜单项定义过程,单击结果列上的创建,打开过程编辑器输入如下代码:

MODI WINDOW SCREEN

SET SYSMENU TO DEFAULT

ACTIVE WINDOW COMMAND

然后关闭。

(4)建立数据查询弹出式菜单。单击数据查询菜单项结果列上的创建按钮,菜单设计器进入子菜单页,然后在第一行菜单名称列中输入按学号查询,在结果列中选命令,在右侧框输入命令为:MESSAGEBOX("欢迎进入学号查询"),在第二行菜单名称列输入按姓名查询,在结果列中选命令,在右侧框输入命令为:MESSAGEBOX("欢迎进入姓名查询"),如图9.10所示。

(5)为学号查询设置快捷键,单击按学号查询行上的选项列,打开"提示选项"对话框,在键标签文本框中按"Ctrl+H",点击确定。用同样方法可为其他菜单项设置快捷键。

(6)为数据查询弹出菜单设内部名。在此时子菜单页状态下选"显示"→"菜单选项",打开"菜单选项"对话框,在名称文本框中输入a1,如图9.11所示,点击确定。用同

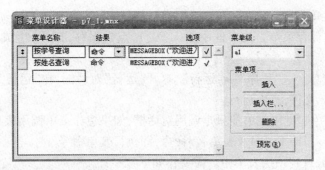

图 9.10 数据查询子菜单

样方法为其他子菜单设内部名。

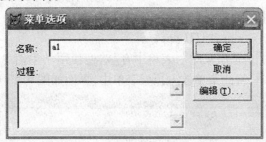

图 9.11 设置数据查询子菜单内部名

（7）在菜单级下拉列表框中选菜单栏返回到主菜单页。

（8）建立数据维护子菜单，如图 9.12 所示，并对各子菜单项设快捷键。

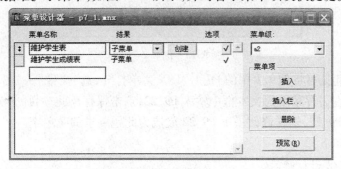

图 9.12 数据维护子菜单

（9）对数据维护子菜单设置内部名与默认过程。选择"显示"→"菜单选项"，打开"菜单选项"对话框，在名称文本框中输入 a2，在过程文本框中输入 MESSAGEBOX（"你已经进入了数据维护子菜单"），然后按确定。

（10）在菜单级下拉列表框中选菜单栏返回主菜单页。

（11）为条形菜单项设置默认过程。选"显示"→"常规选项"，打开"常规选项"对话框，在过程编辑框中输入 MESSAGEBOX（"你已经进入了学生信息管理系统"），然后按确定。

（12）预览菜单效果。在菜单设计器中单击预览按钮即可。单击"预览"对话框中的确定结束预览。

（13）生成菜单程序。选"菜单"→"生成"，打开"生成确认"对话框，点击是，打开"另存为"对话框，在保存菜单为文本框中输入 P9_1，点击保存，打开"生成菜单"对话框，点击生成。

（14）执行菜单。选"程序"→"运行"，打开"运行"对话框，在"运行"对话框的文件列表中选 P9_1. mpr 文件，点击运行。

本例为了简单起见用菜单项只是调用对话框，如果想让菜单调用表单，可在菜单项的命令与过程中加入 DO FORM <表单名>命令，即执行表单命令。

（7）将菜单放置到顶层表单中。需要作如下几步：

①在定义菜单时，将常规选项对话框中的顶层表单复选框选中。

②创建一个顶层表单，即将表单的 show window 属性设为2。

③在表单的 Init 事件中加入如下运行菜单的命令。

格式：DO <菜单名>. mpr WITH this, . T.

【例 9.2】 设计一个顶层菜单。表单中有"欢迎使用学生信息管理系统"，再设计一个学生信息管理的菜单，将此菜单放入顶层表单中，界面如图 9.13 所示。

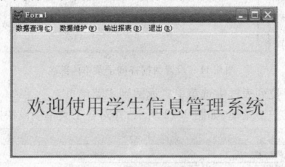

图 9.13 例 9.2 界面

为了简单起见可将例 9.1 中的 P9_1. MNX 菜单打开，选"文件"→"另存为"，打开"另存为"对话框，在另存菜单为文本框中输入 P9_22，点击保存。此举目的在于将 P9_1 菜单再另存一份为 P9_22，这样修改一下 P9_22 就成为此题要求的菜单了。

操作步骤如下：

（1）对 P9_22 进行修改。

①选"显示"→"常规选项"，打开"常规选项"对话框，选中顶层表单，点击确定。

②在菜单设计器主菜单页的菜单项所在行，单击结果列的编辑按钮，打开过程编辑器，在最后添加如下命令：CLEAR ALL，然后关闭过程编辑器。

③生成菜单程序。

④关闭菜单设计器。

（2）建立顶层菜单。

①打开表单设计器，在 Form1 中添加标签，将标签 label1 的 Caption 属性设为欢迎使用学生信息管理系统。

②将表单 Form1 的 ShowWindow 属性设为2，作为顶层表单。

③Form1 的 Init 事件代码如下：

do p9_22. mpr with this, . T.

④执行表单。选择"表单"→"执行表单",打开"确认"对话框,点击是,打开"另存为"对话框,在另存表单为文本框中输入表单名 P9_2,点击保存。

9.1.3　建立快捷菜单

快捷菜单是由一个或一组上下级的弹出式菜单组成。它主要是对某一个界面对象选中后单击鼠标右键而出现的,它是针对用户对某一具体对象操作时快速出现的菜单,在这一方面与下拉式菜单不同。由于快捷菜单简单方便,用户非常容易掌握它的操作和使用,因此应用极为普遍。

1. 快捷菜单的建立

(1)打开快捷菜单设计器。选择"文件"→"新建"或使用常用工具栏中的新建按钮,打开"新建"对话框,在文件类型中选"菜单"→"新建",打开"新建菜单"对话框,如图 9.1 所示,选择快捷菜单,打开快捷菜单设计器,如图 9.14 所示。

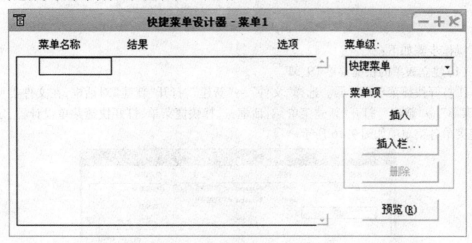

图 9.14　快捷菜单设计器

从快捷菜单设计器中发现它与菜单设计器中的项目是一样的,此外它对快捷菜单的定义与下拉菜单也相似。

(2)释放快捷菜单命令。

格式:RELEASE POPUS <快捷菜单名> [<EXTENDED>]

功能:从内存删除由快捷菜单名指定的菜单。

说明:当选[<EXTENDED>]时删除菜单,菜单项和所有与 ON SELECTION POPUP 及 ON SELECTION BAR 有关的命令。一般此命令可放在快捷菜单的清理代码中。

2. 生成快捷菜单

快捷菜单与下拉菜单的生成方法相同。

3. 快捷菜单的执行

在选定对象的 RightClick 事件代码中添加如下命令:DO<快捷菜单名>. MPR。

【例9.3】 设计两个快捷菜单,一个名为 P9_31,它是表单的快捷菜单,它含有两个菜单选项:学生自然情况、学生成绩。选学生自然情况显示"欢迎使用学生管理系统",选学生成绩显示"欢迎使用学生成绩管理系统"。显示信息用 MESSAGEBOX( )制作。另一个名为 P9_32,它是表单中标签 labell 的快捷菜单,它含有 3 个菜单项:快捷菜单使用说明,快捷菜单的操作,快捷菜单的帮助。要求选每个菜单项都要显示相应的信息对话框,即用 MESSAGEBOX( )制作的对话框。表单如图 9.15 所示。

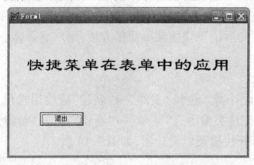

图 9.15 例 9.3 界面

操作步骤如下:

(1)建立表单的快捷菜单 P9_31。

①打开快捷菜单设计器。选择"文件"→"新建",打开"新建"对话框,在文件类型中选"菜单"→"新建",打开"新建菜单"对话框,选择快捷菜单,打开快捷菜单设计器,定义快捷菜单各菜单项如图 9.16 所示。

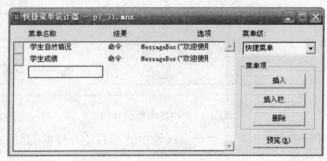

图 9.16 快捷菜单的菜单项

②生成菜单程序。选择"菜单"→"生成",打开"确认"对话框,点击是,打开"另存为"对话框,在保存菜单为文本框中输入快捷菜单名 P9_31,点击保存,打开"生成菜单"对话框,点击生成。

③关闭快捷菜单设计器。

(2)用同样的方法建立快捷菜单 P9_32。

(3)建立表单。

①按图 9.15 建立界面与属性。

②command1 即退出按钮的 Click 事件代码如下:

thisform. release

③Form1 的 RightClick 事件代码如下：

DO P9_31. mpr

④Labell 的 RightClick 事件代码如下：

DO P9_32. mpr

（4）将表单保存为 P9_3. SCX。

（5）执行表单。

9.2　建立工具栏

工具栏是将那些使用频繁的多种功能，转化成直观、形象、快捷、高速、简单方便的图形工具的集合。它已成为应用程序中不可缺少的组成部分。可以将那些用户经常重复执行的任务定义成自定义工具栏，以加速任务的执行。在这里介绍两种定义自定义工具栏的方法。

1. 运用容器定义自定义工具栏

这种方法是在表单中放置一个容器控件。在容器中可放图形化的按钮或复选框，让这些按钮或复选框完成不同的功能。

【例 9.4】　设计一个表单，表单中有一个标签控件显示"欢迎"，用容器设计一个工具栏，内有两个图形工具，一个为红色，它可将"欢迎"两字的颜色变为红色。另一个为隶书，它可将"欢迎"两字的字体变为隶书。若不选用工具栏，"欢迎"为黑色黑体。表单如图 9.17 所示。

图 9.17　例 9.4 界面

操作步骤如下：

（1）按图 9.19 设计表单，表单中拖放一个标签 Labell，按图为它设置 Caption 属性；拖放一个容器 Container1；在容器中放两个复选框 check1，check2，按图 9.19 为它们设置 Caption 属性，然后分别将 check1，check2 的 Style 属性设为 1-图形。再在表单中拖放一个按钮 Command1，按图为它设置 Caption 属性。

（2）Form1 的 Init 事件代码如下：

thisForm. labell. forecolor = rgb(0, 0, 0)

thisform. label1. fontname = "黑体"

thisform. label1. fontsize = 90

thisform. container1. check1. value = 0

thisform. container1. check2. value = 0

（3）"红色"check1 的 Click 事件代码如下：

if thisform. container1. check1. value = 1

thisform. label1. forecolor = rgb(255，0，0)

else

thisform. label1. forecolor = rgb(0，0，0)

endif

（4）"隶书"check2 的 Click 事件代码如下：

if thisform. container1. check2. value = 1

thisform. label1. fontname = "隶书"

else

thisform. label1. fontname = "黑体"

endif

（5）"退出"Command1 的 Click 事件代码如下：

thisform. release

（6）将表单保存为 P9_4. scx。

（7）执行表单。

2. 用定义工具栏类定义自定义工具栏

这种方法是定义一个基于工具栏类的自定义工具栏类,在表单集中创建自定义工具栏对象,这个自定义工具栏是属于整个表单集的,下面介绍自定义工具栏步骤。

（1）自定义工具栏类。选择"文件"→"新建"或使用常用工具栏中的新建按钮,打开"新建"对话框,在文件类型中选"类"→"新建",打开如图 9.18 所示的"新建类"对话框。在类名文本框中输入一个名字,如自定义工具栏,在派生于下拉列表框中选 Toolbar,在存储于文本框中输入一个工具栏的名,如用户控件,点击确定,打开类设计器,如图 9.19 所示,此时开始对自定义工具栏类进行编辑。

图 9.18 "新建类"对话框

（2）将类添加到工具栏中。单击表单工具栏中的查看类按钮,打开弹出菜单,选"添加"菜单项,打开"打开"对话框。在文件类型中选可视类库,在文件列表中选用户控件,点击确定,此时在表单工具栏中已有了自定义工具栏。

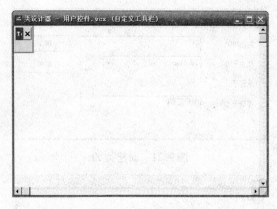

图 9.19 类设计器

(3)在表单集中创建自定义工具栏对象。建一个表单集,将表单控件工具栏中的自定义工具栏按钮拖入表单中即可。

(4)sys(1500)函数。

格式:sys(1500, <系统菜单项名>, <菜单名> | <子菜单名>)

功能:激活 Visual FoxPro 系统由子菜单名(或表单名)指定的子菜单中由系统菜单项名指定的菜单项。

sys(1500)函数有时可以用在制作工具栏。通过它可以调用系统菜单的功能来实现工具栏某工具按钮的功能。

【例 9.5】 设计一个带有图形工具栏的表单,如图 9.20 所示。图形工具栏共有 6 个按钮,分别为新建、打开、保存、剪切、复制和粘贴。在 Edit1,Edit2 中可利用工具栏自身或相互进行复制、剪切、粘贴。

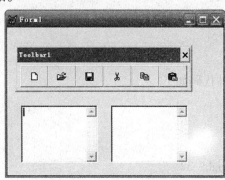

图 9.20 例 9.5 界面

操作步骤如下:

(1)建立自定义工具栏 Zt 类。选择"文件"→"新建",打开"新建"对话框,在文件类型中选"类"→"新建",打开"新建类"对话框,在类名文本框中输入 Zt,在派生于下拉列表框中选 Toolbar,在存储于文本框中输入用户工具,如图 9.21 所示,点击确定,打开类设计器,如图 9.22 所示。

(2)对 Zt 类编辑。

①在新建工具栏中添加 6 个命令按钮,即 Command1 ~ Command6。

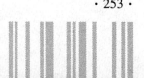

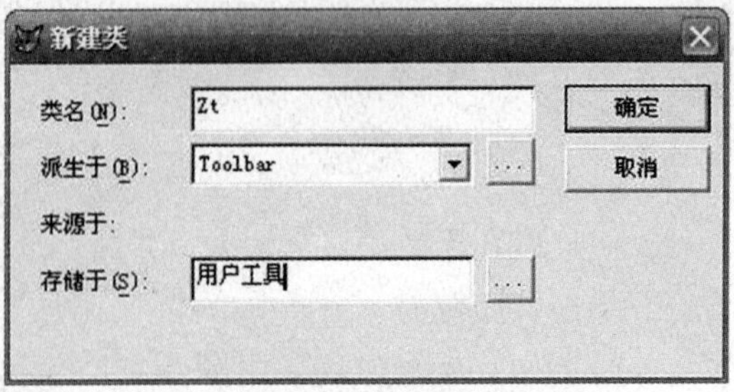

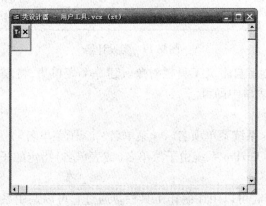

图 9.21 新建类 Zt

图 9.22 类设计器

②修改每个按钮的 Picture 属性,如图 9.20 所示。

③创建 r 属性。选择"类"→"新建属性",打开"新建属性"对话框,在名称文本框中输入 r,点击添加,点击关闭。

④Zt 的 Init 事件代码如下:

```
LPARAMETERS f
this. r=f
```

⑤Zt 的 AfterDock 事件代码如下:

```
with _VFP. activeform
. top=0
. left=0
. height=thisform. r. height−32
. width=thisform. r. width−8
endwith
```

⑥Command1 的 Click 事件代码如下:

```
sys(1500, "_mfi_new", "_mfile")
```

⑦Command2 的 Click 事件代码如下:

```
sys(1500, "_mfi_open", "_mfile")
```

⑧Command3 的 Click 事件代码如下:

```
sys(1500, "_mfi_save", "_mfile")
```

⑨Command4 的 Click 事件代码如下：

sys（1500，"_med_cut"，"_medit"）

⑩Command5 的 Click 事件代码如下：

sys（1500，"_med_copy"，"_medit"）

⑪Command6 的 Click 事件代码如下：

sys（1500，"_med_paste"，"_medit"）

⑫关闭类设计器。关闭类设计器，打开确认对话框，点击是，此时就按用户工具.VCX可视类库文件保存了。

（3）建立表单。按图 9.20 所示建立表单且拖放两个编辑框控件 Edit1，Edit2。

（4）创建表单集。选择"表单"→"创建表单集"。

（5）将自定义工具栏 Zt 类添加到工具栏。单击表单控件工具栏中的查看类按钮，打开弹出菜单，点击添加，打开"打开"对话框→在文件类型中选可视类库，在文件列表框中选用户工具.VCX，点击打开，此时 Zt 类自定义工具栏已在表单控件工具栏中。

（6）将 Zt 工具栏拖放到表单中。

（7）将表单按 P9_5.SCX 存盘。

（8）执行表单。

9.3　小　结

菜单和工具栏已成为应用程序必不可少的组成部分，菜单可以使用户一目了然地知道应用程序的总体功能和结构；工具栏可以使用户更为简捷地使用常用工具，因此说菜单和工具栏是直接与用户交互的界面。

菜单的设计应先规划后创建，菜单分为两种：一种为下拉式菜单，用于定义应用程序的总体菜单；另一种是快捷菜单，它是针对某一具体对象而响应的菜单。

在这里介绍了两种工具栏，一种为用容器中放按钮或复选框制作的工具栏；一种为用类制作的工具栏，在实际应用中应根据不同需要进行选择应用。

习　题　9

一、选择题

1.有连续两个菜单项追加和删除，要用分隔线将这两个菜单项分组，实现这一功能的方法是（　　）。

A. 在两个菜单项中添加一个菜单项，且在名称栏中输入"\-"

B. 在追加菜单项名称前面加上"\-追加"名称栏中输入"\-追加"

C. 在删除菜单项名称前加上"\-删除"

D. 以上都不对

2.在使用菜单设计器设计菜单时，如果要使所设计的统计菜单项的热键为S，可在菜单名称栏中输入（　　）。

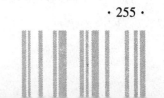

A. 统计（ALT+F）　　　B. 统计（KS）　　　C. 统计（S）　　　D. 统计（CTAR+S）

3. 菜单或菜单项所要执行的任务结果是（　　）。

A. 事件　　　　　　　　B. 方法　　　　　　C. 过程或命令　　D. ABC 都对

4. 用于自定义工具栏类的基类是（　　）。

A. command Button　　　B. Form　　　　　　C. Tool bar　　　　D. Label

5. 生成菜单的程序文件扩展名是（　　）。

A. . PRG　　　　　　　B. . FRT　　　　　　C. . MPR　　　　　D. . PIX

二、操作题

1. 设计一个下拉菜单，具体要求如下：

（1）条形菜单的菜单项包括文件操作（E）、查询（I）、统计（S）、报表输出（R）和退出（Q），它们分别激活弹出式菜单 fe, ie, se, re。

（2）弹出式 fe 的菜单项包括追加，修改，删除，它们的快捷键分别是 CTRL+Z, CTRL+G, CTRL+D。

（3）弹出式菜单 ie 的菜单项包括查询学生自然情况，查询学生成绩，它们的快捷键分别为 CTRL+K, CTRL+Id。

（4）弹出式菜单 se 的菜单项为学生的总分，快捷键为 CTRL+L。

（5）弹出式 re 的菜单项包括：学生情况表，快捷键为 CTRL+B。

（6）以上各菜单项可执行一个对话框，内容自定。

（7）退出菜单项要求用过程写代码，恢复主菜单，命令窗口，退出 Visual FoxPro 系统。

2. 设计一个表单，表单中有列表框，标签，文本框，请为表单及表单中各控件分别设计一个快捷菜单。快捷菜单中的菜单项及菜单项执行的任务自定。

实 验 13

一、实验目的

1. 掌握应用程序系统菜单的设计。

2. 熟悉菜单设计器的使用。

3. 掌握菜单文件的生成和运行。

4. 通过系统菜单结构，进一步理解前面实验中所设计的功能模块的作用，理解学生信息管理系统的设计思路。

二、实验内容

创建"学籍管理系统"菜单（XSGL. MNX），各菜单项对应的任务见表9.1。并由菜单文件 XSGL. MNX 生成菜单程序 XSGL. MPR，并运行。

表9.1 学生信息管理系统菜单结构

菜单名称	结果	菜单名称	结果	菜单名称	结果
系统管理(\<S)	子菜单	关于系统(\<A)	命令Ⅰ		
		\-			
		退出系统(\<Q)	命令Ⅱ		
数据管理(\<D)	子菜单	数据维护(\<M)	命令Ⅲ		
		数据浏览(\<B)	子菜单	学生档案浏览(\<F)	命令Ⅳ
				学生成绩浏览(\<J)	命令Ⅴ
		数据查询(\<Y)	子菜单	按班级查询(\<C)	命令Ⅵ
				按学号查询(\<N)	命令Ⅶ
数据打印(\<P)	子菜单	学生成绩报表(\<R)	命令Ⅷ		
		学生档案简表(\<G)	命令Ⅸ		
		学生档案卡(\<K)	命令Ⅹ		
		学生成绩标签(\<L)	命令Ⅺ		
系统帮助(\<H)	子菜单	系统简介(\<I)	命令Ⅻ		

三、实验步骤

1.通过"文件"→"新建"→"菜单"→"新建文件"→"菜单",打开菜单设计器窗口。

2.在菜单设计器窗口,按表9.1给出的结构,定义级联菜单的各个菜单项和相应结果,其中各命令见如下提示。

命令Ⅰ — do form gyxt

命令Ⅱ — do form tcxt

命令Ⅲ — do form sjwh

命令Ⅳ — do form dall

命令Ⅴ — do form cjll

命令Ⅵ — do form bjcx

命令Ⅶ — do form xhcx

命令Ⅷ — report form xscj

命令Ⅸ — report form dajb

命令Ⅹ — report form xsdak

命令Ⅺ — label form cjbq

命令Ⅻ — do form xtjj

3.关闭菜单设计器窗口,保存菜单 XSGL.MNX。

4. 打开菜单文件 XSGL. MNX,进入菜单设计器窗口。

5. 选择"菜单"→"生成…",按"生成"按钮,生成菜单程序 XSGL. MPR。

6. 关闭菜单设计器窗口。

7. 在命令窗口顺序输入如下命令,运行菜单程序 XSGL1. MPR。

_screen. caption = '学生信息管理系统'

do xsgl. mpr

第10章

Visual FoxPro 项目管理器

项目管理器是 Visual FoxPro 6.0 用来管理、组织数据和对象的主要工具,是 Visual FoxPro 的控制中心。在 Visual FoxPro 中,一个任务便是一个项目,项目中包含了完成该任务所需要的数据库、表、查询、视图、报表、表单和程序。Visual FoxPro 的项目存储在以.PJX 为扩展名的文件中。项目管理器管理的各种类型的资源既可以在项目文件中建立,也可以将事先建立好的相关文件添加到项目管理器中。

10.1 建立与打开项目文件

10.1.1 项目文件的建立

创建项目文通常有两种方法。

1. 菜单方式

选择"文件"菜单中的"建立"命令,或单击工具栏中的"新建"按钮,弹出"新建"对话框。选择"项目"选项,再单击"新建文件"按钮,即打开创建窗口,默认文件名是"项目1",选择项目文件的保存路径,也可以重命名项目文件,出现如图 10.1 所示的项目管理器。

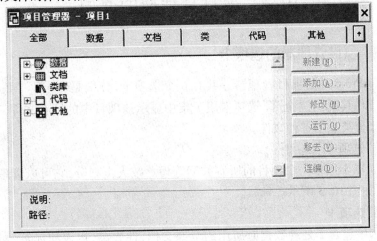

图 10.1 项目管理器

2. 命令方式

格式：Create Project［<项目文件名>|?］

说明：初建的项目文件是空的，不包含任何内容。可以在项目文件中新建或添加已经存在的数据库、表、表单、查询、视图、报表、表单和程序等。当关闭一个空的项目管理器时，系统会给出如图 10.2 所示的对话框，单击"删除"，则删除整个项目文件；单击"保持"，则不会删除项目文件。

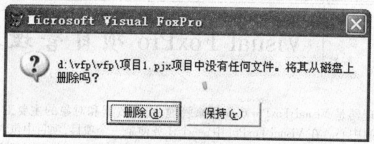

图 10.2　关闭空项目管理器显示的对话框

10.1.2　项目文件的打开

打开一个已有的项目文件时，通常有两种方法。

1. 菜单方法

选择"文件"菜单中的"打开"命令，在"打开"对话框中"查找范围"处选择文件路径，在相应路径下选择或输入要打开的项目文件名，然后单击"确定"按钮。

2. 命令方法

格式：Modify Froject［<项目文件名>|?］

说明：项目文件被打开后，项目管理器即是当前窗口。

10.2　项目管理器的界面

10.2.1　项目管理器的选项卡

Visual FoxPro 6.0 的项目管理器一共有 6 个选项卡，分别是"全部""数据""文档""类""代码"和"其他"。"全部"选项卡用于集中显示该项目中的所有文件，其他 5 个选项卡分别用于分类显示各种文件。

1."数据"选项卡

"数据"选项卡用于一个项目的所有数据管理。按大类划分，它可以管理数据库、自由表和查询，如图 10.3 所示。

2."文档"选项卡

该选项卡中包含了处理数据时所用的全部文档，即表单，报表和标签，如图 10.4 所示。

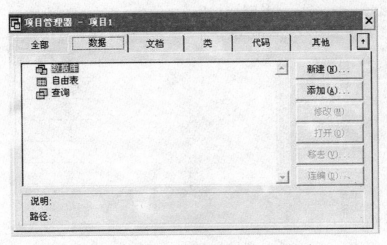

图 10.3 "数据"选项卡

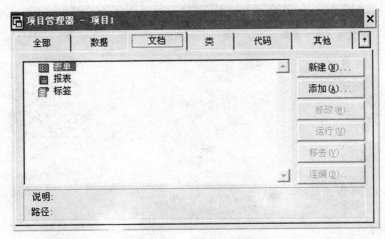

图 10.4 "文档"选项卡

3."类"选项卡

该选项卡显示和管理由类设计器建立的类库文件。

4."代码"选项卡

该选项卡显示和管理下列文件:程序文件、API 库文件、应用程序等。

5."其他"选项卡

该选项卡显示和管理下列文件:菜单文件、文本文件,其他文件(如图形、图像文件),如图 10.6 所示。

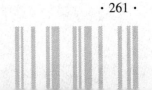

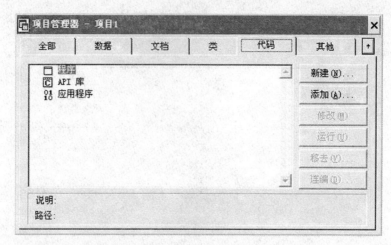

图 10.5 "代码"选项卡

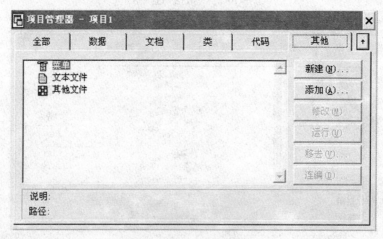

图 10.6 "其他"选项卡

10.2.2 项目管理器的命令按钮

1．"新建"按钮

创建一个新文件或对象,新文件或对象的类型与当前所选定的类型相同。使用项目管理器中的"新建"命令按钮,或"项目"菜单中的"新建文件"命令,建立的文件会自动包含在项目中。

2．"添加"按钮

把已经存在的文件加入到当前的项目文件中,单击"添加"按钮后,系统将显示"打开"对话框,可以从"打开"对话框中进行选择。

3．"修改"按钮

在相应的设计器中打开选定文件进行修改,例如,可以在数据库设计器中打开一个数据库进行修改。

4．"浏览"按钮

该按钮用于打开选定表的浏览窗口,用户可以在其中查看数据并进行相应的修改。

注意:该按钮只有在选中表时才可用。

5."运行"按钮

该按钮用于运行选定的查询、表单、菜单或程序文件。

注意:只有选中以上几种文件时,该按钮才可用。

6."移去"按钮

该按钮用于从项目中移去或从磁盘中删除当前选定的文件或对象。单击该按钮,系统将显示如图 10.7 所示的对话框。其中,"移去"表示将数据库从此项目中移出,仍然存在于磁盘上,"删除"表示从磁盘上删除。

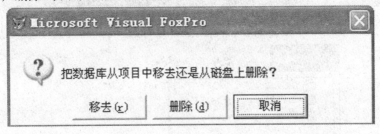

图 10.7 移去对话框

7."打开"按钮

该按钮用于打开选定的数据库文件,当选定的数据库文件打开后,此按钮变为"关闭"。

8."关闭"按钮

该按钮用于关闭选定的数据库文件。当选定的数据库文件关闭后,此按钮变为"打开"。

9."预览"按钮

该按钮用于浏览选定的报表或标签文件的打印情况。

注意:只有在项目管理器中选中一个报表或标签文件后,该按钮才可用。

10."连编"按钮

该按钮是将所有项目管理器中的所有的文件合成一个应用程序文件或连编成一个可执行文件。当单击该按钮时,系统将打开一个"连编"对话框,在此对话框中设置所需要的连编选项,单击"确定"按钮之后,系统将生成一个 APP 或 EXE 文件。

10.2.3 定制项目管理器

1. 移动和缩放项目管理器

将鼠标放置在窗口的标题栏上并拖拽鼠标即可移动项目管理器。将鼠标指针指向项目管理器窗口的顶端、底端、两边和角上,都可以通过拖动鼠标改变项目管理器的大小。

2. 折叠和展开项目管理器

项目管理器右上角的向上箭头按钮用于折叠或展开项目管理器窗口。该按钮正常时显示为向上箭头,单击时,项目管理器缩小为仅显示选项卡,如图 10.8 所示,同时该按钮变为向下箭头,称为还原按钮。在折叠状态,选择其中一个选项卡将显示一个较小窗口。

图 10.8　项目管理器折叠状态

3. 拆分项目管理器

首先单击向上箭头折叠项目管理器,然后选定一个选项卡,将它拖离项目管理器。将数据选项卡拖拽出来,如图 10.9 所示。

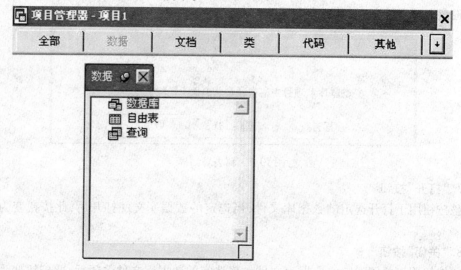

图 10.9　拖拽出的"数据"选择卡

4. 停放项目管理器

将项目管理器拖到 Visual FoxPro 主窗口的顶部就可以使它像工具栏一样显示在主窗口的顶部。停放后的项目管理器变成了窗口工具栏区域的一部分,不能将其整个展开,但是可以单击每个选项卡进行相应的操作。

10.3　项目管理器的使用

在项目管理器中,可以在该项目中新建文件,对项目中的文件进行修改、运行、预览等操作,还可以向项目管理器中添加文件,把文件从项目管理器中移去。

10.3.1　在项目管理器中新建或修改文件

1. 在项目管理器中新建文件

首先选定要创建的文件类型,如数据库、查询等,然后选择"新建"按钮。

例如,要新建一个表。打开已经建立的项目文件,选择"数据"选项卡中的"数据库"下的表,然后单击"新建"按钮,出现"新建表"对话框,如图 10.10 所示。选择"新建表"出现"创建"对话框,确定需要创建表的路径和表名,按"保存"按钮,如图 10.11 所示。

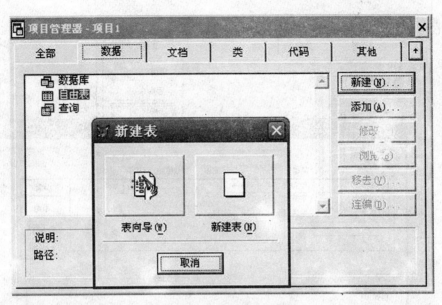

图 10.10　"新建表"对话框

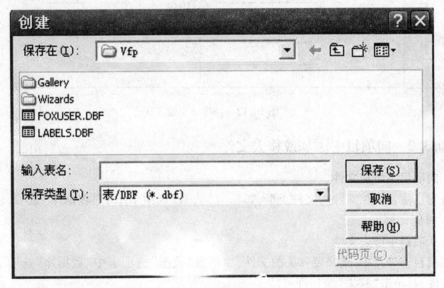

图 10.11　新建一个表

2. 在项目中修改文件

若要在项目中修改文件,只要选定要修改的文件名,再单击"修改"按钮。

例如,要修改一个表,先选定表名,然后选择"修改"按钮,该表便显示在表设计器中,如图 10.12 所示。

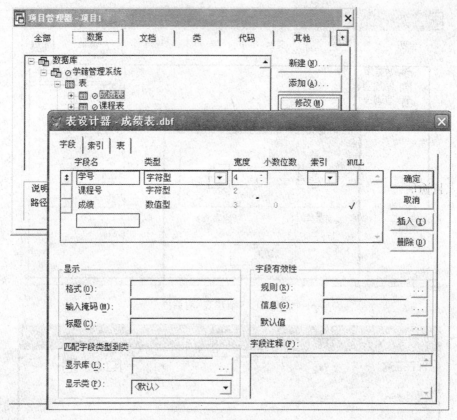

图 10.12　修改一个表

10.3.2　向项目中添加或移去文件

1. 向项目中添加文件

首先选定要添加文件的文件类型,如单击"数据"选项卡中的"数据库"选项,再单击"添加"按钮即可。

2. 从项目中移去文件

在项目管理器中,选择要移去的文件,如单击"数据"选项卡中"数据库"选项下的数据库文件,再单击"移去"按钮即可。

10.3.3　项目文件的连编与运行

连编是将项目管理器中的所有的文件连接编译到一起,形成一个可执程序。

1. 主文件

在连编之前,在项目管理器中设置主文件。主文件是项目管理器的主控程序,是整个应用程序的起点。

2. "包含"与"排除"

"包含"是指应用程序的运行过程中不需要更新的项目,也就是一般不会再变动的项目。

　　"排除"是指已添加在项目管理器中,但又不在使用状态上被排除的项目。通常,允许在程序运行过程中随意地更新它们,如数据库表。

　　指定项目"包含"与"排除"状态的方法是:打开项目管理器,选择菜单栏的"项目"命令中的"包含/排除"命令项,或者通过单击鼠标右键,在弹出的快捷菜单中,选择"包含/排除"命令项。

3. 在使用连编之前要注意的问题

(1)在项目管理器中加入所有参加连编的文件。

(2)指定主文件。

(3)对有关数据文件设置"包含/排除"状态。

(4)确定程序文件(包括窗体、菜单、程序、报表)之间的明确调用关系。

(5)确定程序在连续完成之后的执行路径和文件名。

习 题 10

一、选择题

1.向一个项目中添加一个数据库,应该使用项目管理的(　　　)。

A."代码"选项卡　B."类"选项卡　C."文档"选项卡　D."数据"选项卡

2.在"项目管理器"下为项目建立一个新报表,应该使用的选项卡是(　　　)。

A.数据　　　　　　B.文档　　　　　　C.类　　　　　　D.代码

3.项目管理器的"文档"选项卡用于显示和管理(　　　)。

A.表单和查询　　B.表单和报表　　C.报表和视图　　D.表单、报表和标签

4.在 Visual FoxPro 中修改数据库、表单和报表等组件的可视化工具是(　　　)。

A.向导　　　　　　B.生成器　　　　　C.设计器　　　　　D.项目管理器

5.扩展名为 PJX 的文件是(　　　)。

A.数据库表文件　B.表单文件　　　C.数据库文件　　D.项目文件

6.在项目管理器中,将一程序设置为主文件的方法是(　　　)。

A.将程序命名为 main

B.通过属性窗口设置

C.右键单击该程序从快捷菜单中选择相关项

D.单击修改按钮设置

7.如果添加到项目中的文件标识为"排除",则表示(　　　)。

A.此类文件不是应用程序的一部分

B.生成应用程序文件时不包括此类文件,用户可以修改

C.生成应用程序文件时包括此类文件,用户可以修改

D.生成应用程序时包括此类文件,用户不能修改

8.下面关于运行应用程序的说法正确的是(　　　)。

A.app 应用程序可以在 Visual FoxPro 和 Windows 环境下运行

B.app 应用程序只能在 Windows 环境下运行

C. exe 应用程序可以在 Visual FoxPro 和 Windows 环境下运行

D. exe 应用程序只能在 Windows 环境下运行

9. 创建新项目的命令是(　　　)。

A. Creatte new item　　　　　　B. Create item

C. Create new　　　　　　　　　D. Create project

10. 在项目管理器的"数据"选项卡中按大类划分可以管理(　　　)。

A. 数据库、自由表和查询　　　　B. 数据库

C. 数据库和自由表　　　　　　　D. 数据库和查询

11. 假设新建了一个程序文件 MYPROC. PRG(不存在同名的. EXE,. APP 和. FXP 文件)然后在命令窗口输入命令 DO MYPROC,执行该程序并获得正常的结果。现在用命令 ERASE MYPRO. PRG 删除该程序文件,然后再次执行命令 DO MYPROC,产生的结果是(　　　)。

A. 出错(找不到文件)

B. 与第一次执行的结果相同

C. 系统打开"运行"对话框,要求指定文件

D. 以上都不对

二、填空题

1. 项目文件的扩展名是_____。

2. 项目管理器中共有6个选项卡,分别是全部、_____、文档、_____、_____、_____。

3. 打开已存在项目文件的命令是_____。

4. _____选项卡中包含由类设计器建立的类库文件。

5. 连编之后系统将生成一个_____或_____或_____文件。

实 验 14

一、实验目的

掌握项目管理器的使用。

二、实验内容和步骤

1. 在 D 盘新建文件夹"new",并指定其为默认目录,其中新建项目"我的项目"。

2. 在项目管理器中新建数据库"成绩"。

3. 在项目管理器中新建空白表单"成绩单"。

4. 用"文件"下的"新建"命令新建一个表单"S",并将其添加到项目中。

5. 修改表单"成绩单",放一个按钮在中间。

6. 移去表单 S,删除表单"成绩单"。

7. 关闭项目。

第11章

综合应用——小型的学籍信息管理系统设计

11.1 实验目的

(1)掌握小型的学籍信息管理系统设计
(2)了解学籍信息管理系统设计思路、系统功能和系统结构。

11.2 实验内容与要求

MIS(Management Information System,信息管理系统)可用于中小型企事业单位业务处理和信息交流,从而大大提高企业运作的效率。微软公司的 Visual FoxPro 可视化面向对象的编程软件是一个设计 MIS 系统既简单又快捷的好软件。下面,就以 Visual FoxPro 6.0为开发环境,讲述设计学生学籍管理系统的详细设计过程,也在前面非表单设计的学生学籍管理系统的基础上继续了解并学习采用表单(Form)的方式设计 MIS 系统的方法。

1. 设计思路

学生学籍管理系统的运行以封面表单开始,如图 11.1 所示,要求用户输入登录密码,并设置三次检查功能,若三次输入的密码均有错,则自动退出系统;否则出现系统菜单,接收用户的操作,操作完毕后用户可以从系统菜单中退出系统。

2. 系统功能

系统的功能主要分成 10 个功能模块,分别是:录入数据、修改数据、删除数据、查询数据、统计数据、显示数据、打印数据、导出数据、导入数据和清空数据。录入数据可以实现学生信息的录入;修改数据可以实现学生信息的修改;删除数据可以实现学生数据的删除;查询数据可以实现学生信息的查询;统计数据可以实现学生人数、党员人数、学生总平均成绩、高数平均成绩、英语平均成绩和 Visual FoxPro 平均成绩的统计;显示数据可以实现以字段分布和二维表两种方式显示学生信息;打印数据可以实现用报表的形式打印学生的信息;导出数据可以实现学生数据的备份,防止数据丢失;导入数据可以实现学生数据的还原,保证数据的正确性;清空数据可以实现学生数据的清空操作。

图 11.1　学生学籍管理系统封面表单

3. 菜单结构框架图(图 11.2)

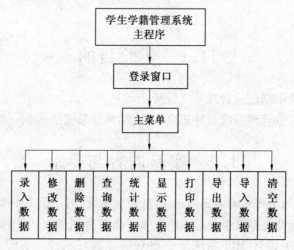

图 11.2　菜单结构框架图

4. 数据库结构

可定义表名为 XJ.DBF。

5. 具体设计

给出源代码,表单属性可参照表 11.1 在 Visual FoxPro 属性框中设置,所有程序文件和表单文件均通过 Visual FoxPro 项目管理器建立。

表 11.1　表单属性设置

字段名	类型	宽度	小数位数
学号	字符型	2	
姓名	字符型	6	
性别	字符型	2	
出生年月	字符型	10	
邮编	字符型	6	

续表 11.1

字段名	类型	宽度	小数位数
高数	数值型	5	1
英语	数值型	5	1
Visual FoxPro	数值型	5	1
是否党员	字符型	2	
电话	字符型	8	
通信地址	字符型	30	
备注	备注型	4	

(1)学生学籍管理系统主程序源代码(可定义程序名为 MAIN. PRG)。

```
_SCREEN. WINDOWSTATE = 2                && 设置窗口规格为第 2 种系统窗口。
_SCREEN. CAPTION = "学生学籍管理系统"   && 设置窗口标题为"学生学籍管理系统"
_SCREEN. CLOSABLE = . T.                && 去掉关闭按钮
_SCREEN. CONTROLBOX = . F.              && 去掉控制按钮
_SCREEN. MAXBUTTON = . F.               && 去掉最大化按钮
_SCREEN. MINBUTTON = . F.               && 去掉最小化按钮
_SCREEN. BACKCOLOR = RGB(50,100,128)    && 设置窗口的背景色
CLOSE ALL
CLEAR ALL
CLEAR
SET SYSMENU OFF
SET SYSMENU TO
SET TALK OFF
SET SAFETY OFF
SET STATUS BAR OFF                      && 关闭 Visual Foxpro 的状态栏
DO FORM A:\封面. SCX                    && 调用系统登录"封面"表单
READ EVENT                              && 响应用户输入
DO A:\菜单. MPX                         && 运行系统菜单
READ EVENT
SET SYSMENU TO DEFAULT                  && 恢复 Visual FoxPro 的系统菜单的默认值
SET SYSMENU ON                          && 显示 Visual FoxPro 的系统菜单
SET STATUS BAR ON                       && 显示 Visual FoxPro 的状态栏
CLOSE ALL                               && 关闭所有文件
CLEAR ALL
RETURN                                  && 返回
```

（2）封面表单源代码（A：\封面.SCT）。

```
PROCEDURE Click                    && 确定按钮的单击事件过程
SET EXACT ON                       && 设置精确比较命令
IF THISFORM. text1. VALUE = "8888"  && 如果文本框的值是 8888
    THISFORM. RELEASE              && 那么释放封面表单
    DO A：\菜单. MPX               && 运行菜单程序
ELSE                               && 否则
    THISFORM. NO = THISFORM. NO+1  && 将自定义属性 NO 的值由 0 加 1
    IF THISFORM. NO>=3             && 如果自定义属性 NO 的值为 3
    = MESSAGEBOX("密码三次输错,您不能使用本系统!",0+16+0,"学生学籍
管理系统")         && 那么弹出内容为"密码三次输错,您不能使用本系统!"的对话框
        QUIT                       && 结束程序的运行
    ELSE                           && 否则
    = MESSAGEBOX("密码错误!",48+0+0,"警告")
                                   && 弹出内容为"密码错误!"的对话框
        THISFORM. text1. VALUE = ""  && 设置文本框的内容为空
        THISFORM. text1. SETFOCUS  && 并将光标定位到文本框中
        THISFORM. REFRESH          && 刷新封面表单
    ENDIF
ENDIF
SET EXACT OFF                      && 设置关闭精确比较命令
ENDPROC
PROCEDURE Click                    && 取消按钮的单击事件过程
THISFORM. RELEASE                  && 释放封面表单
CLOSE ALL                          && 关闭所有文件
CLEAR EVENT
QUIT
ENDPROC
```

（3）录入数据表单源代码（A：\录入.SCT,如图 11.3 所示）。

```
PROCEDURE Init                     && 录入数据表单的初始化事件过程
SET TALK OFF
THISFORM. commandgroup1. command4. ENABLED = . f.
                                   && 设置第四个按钮为不可用状态
THISFORM. commandgroup1. command5. ENABLED = . f.
                                   && 设置第五个按钮为不可用状态
THISFORM. txt 学号. ENABLED = . f.  && 设置学号文本框为不可用状态
THISFORM. txt 姓名. ENABLED = . f.  && 设置姓名文本框为不可用状态
THISFORM. combo1. ENABLED = . f.   && 设置组合框 1 为不可用状态
```

图 11.3   录入数据

THISFORM. combo2. ENABLED = . f. && 设置组合框 2 为不可用状态
THISFORM. combo3. ENABLED = . f. && 设置组合框 3 为不可用状态
THISFORM. combo4. ENABLED = . f. & 设置组合框 4 为不可用状态
THISFORM. txt 邮编. ENABLED = . f. && 设置邮编文本框为不可用状态
THISFORM. txt 高数. ENABLED = . f. && 设置高数文本框为不可用状态
THISFORM. txt 英语. ENABLED = . f. && 设置英语文本框为不可用状态
THISFORM. txtVfp. ENABLED = . f. && 设置 VFP 文本框为不可用状态
THISFORM. combo5. ENABLED = . f. && 设置组合框 5 为不可用状态
THISFORM. txt 电话. ENABLED = . f. && 设置电话文本框为不可用状态
THISFORM. txt 通信地址. ENABLED = . f. && 设置通信地址文本框为不可用状态
THISFORM. edt 备注. ENABLED = . f. && 设置备注编辑框为不可用状态
ENDPROC
PROCEDURE Load && 录入数据表单的加载事件过程
CLOSE DATA && 关闭所有数据库
USE A : \XJ 存 && 打开 A 盘中的 XJ. DBF 表文件
SET MULTILOCKS ON && 设置锁定一组记录
 = CURSORSETPROP('buffering' ,5 , 'XJ') && 打开开放式表缓冲
ENDPROC
PROCEDURE InteractiveChange && 录入数据表单的交互改变事件过程
REPL 出生年月 WITH THISFORM. combo2. displayvalue + ". " + THISFORM. combo3. displayvalue + ". " +
THISFORM. combo4. displayvalue && 用组合框的值替换出生年月字段
THISFORM. REFRESH && 刷新录入数据表单
ENDPROC

```
PROCEDURE Command1. Click            && 单击命令按钮 1 的事件过程
APPEND BLANK                         && 添加一空白记录
THISFORM. REFRESH                    && 刷新录入数据表单
THISFORM. commandgroup1. command1. ENABLED = . f.
                                     && 设置命令按钮 1 为不可用状态
THISFORM. commandgroup1. command2. ENABLED = . f.
                                     && 设置命令按钮 2 为不可用状态
THISFORM. commandgroup1. command3. ENABLED = . f.
                                     && 设置命令按钮 3 为不可用状态
THISFORM. commandgroup1. command4. ENABLED = . t.
                                     && 设置命令按钮 4 为可用状态
THISFORM. commandgroup1. command5. ENABLED = . t.
                                     && 设置命令按钮 5 为可用状态
THISFORM. commandgroup1. command6. ENABLED = . f.
                                     && 设置命令按钮 6 为不可用状态
THISFORM. txt 学号. ENABLED = . t.
THISFORM. txt 姓名. ENABLED = . t.
THISFORM. combo1. ENABLED = . t.
THISFORM. combo2. ENABLED = . t.
THISFORM. combo3. ENABLED = . t.
THISFORM. combo4. ENABLED = . t.
THISFORM. txt 邮编. ENABLED = . t.
THISFORM. txt 高数. ENABLED = . t.
THISFORM. txt 英语. ENABLED = . t.
THISFORM. txtVfp. ENABLED = . t.
THISFORM. combo5. ENABLED = . t.
THISFORM. txt 电话. ENABLED = . t.
THISFORM. txt 通信地址. ENABLED = . t.
THISFORM. edt 备注. ENABLED = . t.
THISFORM. txt 学号. SETFOCUS
ENDPROC
PROCEDURE Command2. Click            && 单击命令按钮 2 的事件过程
SET DELETE ON                        && 设置打开删除命令
DELETE                               && 删除当前记录
YN = MESSAGEBOX('确实要删除这条记录?',4+32+256,'删除确认')
                                     && 弹出内容为"确实要删除这条记录?"的对话框
DO CASE                              && 运行条件判断语句
CASE YN = 6                          && 当单击"是"按钮时
```

```
=TABLEUPDATE(.T.)                                  && 执行更新表函数,删除当前记录
CASE YN=7                                           && 当单击"否"按钮时
RECALL                                              && 恢复已作了删除标记的当前记录
ENDCASE
THISFORM.REFRESH
ENDPROC
PROCEDURE Command3.Click                            && 单击命令按钮 3 的事件过程
THISFORM.commandgroup1.command1.ENABLED=.f.
THISFORM.commandgroup1.command2.ENABLED=.f.
THISFORM.commandgroup1.command3.ENABLED=.f.
THISFORM.commandgroup1.command4.ENABLED=.t.
THISFORM.commandgroup1.command5.ENABLED=.t.
THISFORM.commandgroup1.command6.ENABLED=.f.
ENDPROC
PROCEDURE Command4.Click                            && 单击命令按钮 4 的事件过程
=TABLEUPDATE(.T.)
THISFORM.commandgroup1.command1.ENABLED=.t.
THISFORM.commandgroup1.command2.ENABLED=.t.
THISFORM.commandgroup1.command3.ENABLED=.t.
THISFORM.commandgroup1.command4.ENABLED=.f.
THISFORM.commandgroup1.command5.ENABLED=.f.
THISFORM.commandgroup1.command6.ENABLED=.t.
ENDPROC
PROCEDURE Command5.Click                            && 单击命令按钮 5 的事件过程
=TABLEREVERT(.T.)
THISFORM.commandgroup1.command1.ENABLED=.t.
THISFORM.commandgroup1.command2.ENABLED=.t.
THISFORM.commandgroup1.command3.ENABLED=.t.
THISFORM.commandgroup1.command4.ENABLED=.f.
THISFORM.commandgroup1.command5.ENABLED=.f.
THISFORM.commandgroup1.command6.ENABLED=.t.
ENDPROC
PROCEDURE Command6.Click                            && 单击命令按钮 6 的事件过程
SELE 1                                              && 选择 1 号工作区
USE A:\XJ EXCLUSIVE                                 && 打开 A 盘中的 XJ.DBF 数据表
PACK                                                && 彻底删除已作了删除标记的记录
THISFORM.RELEASE                                    && 释放录入数据表单
ENDPROC
```

```
PROCEDURE InteractiveChange
REPL 是否党员 WITH THISFORM. combo5. DISPLAYVALUE
                                    && 用组合框的值替换是否党员字段
THISFORM. REFRESH
ENDPROC
```

(4)修改数据表单源代码(A:\修改.SCT,如图 11.4 所示)。

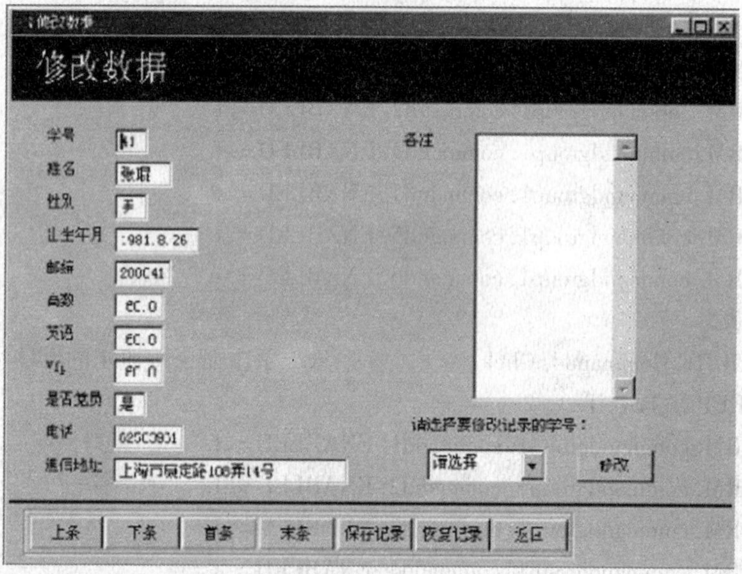

图 11.4 修改数据

```
PROCEDURE Command1. Click
IF NOT BOF( )                          && 如果记录指针没有到记录的开头
SKIP −1                                && 向上跳转一个记录
THISFORM. REFRESH
THISFORM. commandgroup1. command2. ENABLED = . t.
ELSE
WAIT WINDOW '已经是第一条记录了!'
                                    && 系统给出内容为"已经是第一条记录了!"提示窗口
ENDIF
ENDPROC
PROCEDURE Command2. Click
IF NOT EOF( )                          && 如果记录指针没有到记录的结尾
SKIP                                   && 向下跳转一个记录
THISFORM. REFRESH
THISFORM. commandgroup1. command1. ENABLED = . t.
ELSE
WAIT WINDOW '已经是最后一条记录了!'
```

```
ENDIF
ENDPROC
PROCEDURE Command3. Click
GO TOP                          && 将记录指针移到记录的开头
THISFORM. REFRESH
THISFORM. commandgroup1. command1. ENABLED = . f.
THISFORM. commandgroup1. command2. ENABLED = . t.
ENDPROC
PROCEDURE Command4. Click
GO BOTTOM                       && 将记录指针移到记录的结尾
THISFORM. REFRESH
THISFORM. commandgroup1. command1. ENABLED = . t.
THISFORM. commandgroup1. command2. ENABLED = . f.
ENDPROC
PROCEDURE Command5. Click
=TABLEUPDATE(. T. )
THISFORM. commandgroup1. command1. ENABLED = . t.
THISFORM. commandgroup1. command2. ENABLED = . t.
THISFORM. commandgroup1. command3. ENABLED = . t.
THISFORM. commandgroup1. command4. ENABLED = . t.
THISFORM. commandgroup1. command5. ENABLED = . f.
THISFORM. commandgroup1. command6. ENABLED = . f.
THISFORM. commandgroup1. command7. ENABLED = . t.
ENDPROC
PROCEDURE Command6. Click
=TABLEREVERT(. T. )       && 启用表缓冲,放弃表中对所有记录所做的修改函数
THISFORM. commandgroup1. command1. ENABLED = . t.
THISFORM. commandgroup1. command2. ENABLED = . t.
THISFORM. commandgroup1. command3. ENABLED = . t.
THISFORM. commandgroup1. command4. ENABLED = . t.
THISFORM. commandgroup1. command5. ENABLED = . f.
THISFORM. commandgroup1. command6. ENABLED = . f.
THISFORM. commandgroup1. command7. ENABLED = . t.
ENDPROC
PROCEDURE Command7. Click
USE A:\XJ EXCLUSIVE
PACK
THISFORM. RELEASE
```

ENDPROC

PROCEDURE Click

IF EMPTY(THISFORM. combo1. VALUE)　　&& 如果组合框 1 的值为空

=MESSAGEBOX("请选择学号!",48+0+0,"学生学籍管理系统")

　　　　　　　　　　　　　　 && 系统给出内容为"请选择学号!"的对话框

ENDIF

AA=RECNO( )　　&& 用显示记录号的函数将记录号赋给变量 AA

GO AA　　&& 将记录指针移到当前记录号

THISFORM. txt 学号. REFRESH　　　　　　　 && 刷新学号文本框的内容

THISFORM. txt 姓名. REFRESH　　　　　　　 && 刷新姓名文本框的内容

THISFORM. txt 性别. REFRESH　　　　　　　 && 刷新性别文本框的内容

THISFORM. txt 出生年月. REFRESH　　　　　 && 刷新出生年月文本框的内容

THISFORM. txt 邮编. REFRESH　　　　　　　 && 刷新邮编文本框的内容

THISFORM. txt 高数. REFRESH　　　　　　　 && 刷新高数文本框的内容

THISFORM. txt 英语. REFRESH　　　　　　　 && 刷新英语文本框的内容

THISFORM. txtVfp. REFRESH　　　　　　　　 && 刷新 VFP 文本框的内容

THISFORM. txt 是否党员. REFRESH　　　　　 && 刷新是否党员文本框的内容

THISFORM. txt 电话. REFRESH　　　　　　　 && 刷新电话文本框的内容

THISFORM. txt 通信地址. REFRESH　　　　　 && 刷新通信地址文本框的内容

THISFORM. edt 备注. REFRESH　　　　　　　 && 刷新备注编辑框的内容

THISFORM. commandgroup1. command5. ENABLED=. t.

THISFORM. commandgroup1. command6. ENABLED=. t.

ENDPROC

(5)查询数据表单源代码(A:\查询. SCT,如图 11.5 所示)。

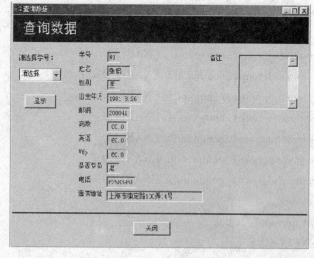

图 11.5　查询数据

PROCEDURE Click
IF EMPTY(THISFORM.combo1.VALUE)
= MESSAGEBOX("请选择学号!",48+0+0,"学生学籍管理系统")
ENDIF
AA=RECNO()
GO AA
THISFORM.txt 学号.REFRESH
THISFORM.txt 姓名.REFRESH
THISFORM.txt 性别.REFRESH
THISFORM.txt 出生年月.REFRESH
THISFORM.txt 邮编.REFRESH
THISFORM.txt 高数.REFRESH
THISFORM.txt 英语.REFRESH
THISFORM.txtVfp.REFRESH
THISFORM.txt 是否党员.REFRESH
THISFORM.txt 电话.REFRESH
THISFORM.txt 通信地址.REFRESH
THISFORM.edt 备注.REFRESH
ENDPROC

(6)统计数据表单源代码(A:\统计.SCT,如图11.6所示)。

图11.6　统计数据

PROCEDURE Click　　　　　　　　&& 单击"统计记录总数"按钮时的事件过程
COUNT TO AA FOR 是否党员="是"　　&& 对党员计数,并将计数结果赋给变量 AA
THISFORM.text5.value=AA　　　　&& 将变量 AA 的值赋给文本框5
THISFORM.text5.REFRESH

```
ENDPROC
PROCEDURE Click          && 单击"统计英语平均成绩"按钮时的事件过程
AVERAGE 英语 TO AA
                && 对所有记录的英语成绩求平均,并将平均值赋给变量 AA
THISFORM. text3. value = AA        && 将变量 AA 的值赋给文本框 3
THISFORM. text3. REFRESH
ENDPROC
PROCEDURE Click          && 单击"统计 VFP 平均成绩"按钮时的事件过程
AVERAGE vfp TO AA
                && 对所有记录的 VFP 成绩求平均,并将平均值赋给变量 AA
THISFORM. text4. value = AA        && 将变量 AA 的值赋给文本框 4
THISFORM. text4. REFRESH
ENDPROC
PROCEDURE Click          && 单击"统计总平均成绩"按钮时的事件过程
AVERAGE 高数 TO AA
                && 对所有记录的高数成绩求平均,并将平均值赋给变量 AA
AVERAGE 英语 TO BB
                && 对所有记录的英语成绩求平均,并将平均值赋给变量 BB
AVERAGE vfp TO CC
                && 对所有记录的 VFP 成绩求平均,并将平均值赋给变量 CC
STORE (AA+BB+CC)/3 TO DD
                && 将三门成绩的平均成绩和除 3 的总平均成绩赋给 DD
THISFORM. text6. value = DD      && 将变量 DD 的值赋给文本框 6
THISFORM. text6. REFRESH
ENDPROC
```

(7)显示数据表单源代码(A:\显示. SCT,如图 11.7 所示)。

```
PROCEDURE Command1. Click    && 单击"上条"按钮的事件过程
IF NOT BOF( )
SKIP −1
THISFORM. REFRESH
THISFORM. commandgroup1. command2. ENABLED = . t.
ELSE
WAIT WINDOW '已经是第一条记录了!'
ENDIF
ENDPROC
PROCEDURE Command2. Click    && 单击"下条"按钮的事件过程
IF NOT EOF( )
SKIP
```

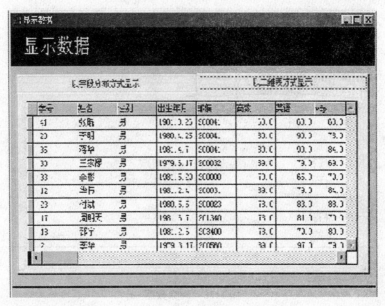

图11.7 显示数据

THISFORM. REFRESH

THISFORM. commandgroup1. command1. ENABLED = . t.

ELSE

WAIT WINDOW '已经是最后一条记录了!'

ENDIF

ENDPROC

PROCEDURE Command3. Click && 单击"首条"按钮的事件过程

GO TOP

THISFORM. REFRESH

THISFORM. commandgroup1. command1. ENABLED = . f.

THISFORM. commandgroup1. command2. ENABLED = . t.

ENDPROC

PROCEDURE Command4. Click && 单击"末条"按钮的事件过程

GO BOTTOM

THISFORM. REFRESH

THISFORM. commandgroup1. command1. ENABLED = . t.

THISFORM. commandgroup1. command2. ENABLED = . f.

ENDPROC

PROCEDURE Command5. Click && 单击"返回"按钮的事件过程

THISFORM. RELEASE

ENDPROC

(8)删除数据表单源代码(A:\删除.SCT,如图11.8所示。)

PROCEDURE Click   && 单击"显示"按钮的事件过程

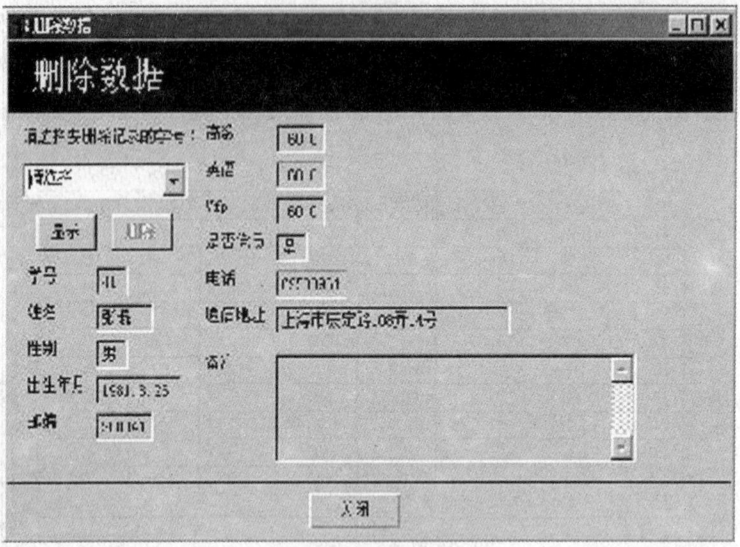

图 11.8　删除数据

IF EMPTY(THISFORM. combo1. VALUE)

　　=MESSAGEBOX("请选择学号!",48+0+0,"学生学籍管理系统")

THISFORM. command2. ENABLED=. f.

ELSE

THISFORM. command2. ENABLED=. t.

ENDIF

AA=RECNO( )

GO AA

THISFORM. txt 学号. REFRESH

THISFORM. txt 姓名. REFRESH

THISFORM. txt 性别. REFRESH

THISFORM. txt 出生年月. REFRESH

THISFORM. txt 邮编. REFRESH

THISFORM. txt 高数. REFRESH

THISFORM. txt 英语. REFRESH

THISFORM. txtVfp. REFRESH

THISFORM. txt 是否党员. REFRESH

THISFORM. txt 电话. REFRESH

THISFORM. txt 通信地址. REFRESH

THISFORM. edt 备注. REFRESH

ENDPROC

PROCEDURE Click　　　　　　　&& 单击"删除"按钮的事件过程

SET DELETE ON

```
DELETE
YN=MESSAGEBOX('确实要删除这条记录?',4+32+256,'删除确认')
DO CASE
CASE YN=6
  =TABLEUPDATE(.T.)
  =MESSAGEBOX("记录已成功删除!",0+64+0,'学生学籍管理系统')
  THISFORM.command2.ENABLED=.f.
  THISFORM.combo1.DISPLAYVALUE="请选择"
  GO TOP
CASE YN=7
  RECALL
ENDCASE
THISFORM.REFRESH
ENDPROC
PROCEDURE Init                     && 删除数据表单的初始化过程
SET TALK OFF
THISFORM.command2.ENABLED=.f.
ENDPROC
PROCEDURE Click
USE A:\XJ EXCLUSIVE
PACK
THISFORM.RELEASE
ENDPROC
```

(9)导出数据表单源代码(A:\导出.SCT,如图 11.9 所示)。

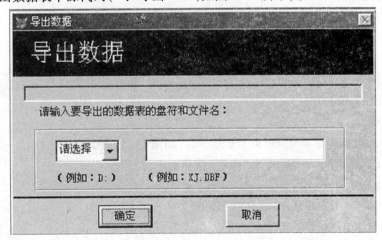

图 11.9　导出数据

```
PROCEDURE Click                    && 单击"确定"按钮的事件过程
```

```
SET SAFETY OFF                    && 覆盖文件时不提示确认
USE A:\XJ
GO TOP
IF EMPTY(THISFORM.combo1.VALUE)
= MESSAGEBOX("请选择盘符!",48+0+0,"学生学籍管理系统")
ELSE
    IF EMPTY(THISFORM.text1.VALUE)
    =MESSAGEBOX("请输入文件名!",48+0+0,"学生学籍管理系统")
    ELSE
        IF RECC( )>0    && 如果表记录大于 0
        DRIVER=THISFORM.COMBO1.DISPLAYVALUE
                        && 将组合框 1 的值赋给变量 DRIVER
        FILENAME=ALLTRIM(THISFORM.TEXT1.TEXT)
                        && 将去掉空格的文件名赋给变量 FILENAME
        COPY TO &DRIVER\&FILENAME
                        && 将系统表文件复制到选定的盘符和文件名中
        =MESSAGEBOX("本系统所有数据已转出完毕!",48,"信息提示")
        USE
        THISFORM.RELEASE
        ELSE
        =MESSAGEBOX("没有任何数据,不能转出",48,"信息提示")
        USE
        THISFORM.RELEASE
        ENDIF
    ENDIF
ENDIF
ENDPROC
PROCEDURE Click              && 单击"取消"按钮的事件过程
RELEASE THISFORM
ENDPROC
```

(10)导入数据表单源代码(A:\导入.SCT,如图 11.10 所示)。

```
PROCEDURE Click    && 单击"确定"按钮的事件过程
SET SAFETY OFF
IF EMPTY(THISFORM.combo1.VALUE)
= MESSAGEBOX("请选择要导入的数据表所在的盘符!",48+0+0,"学生学籍管理系
统")
THISFORM.text1.SETFOCUS
ELSE
```

图 11.10　导入数据

```
IF EMPTY(THISFORM. text1. VALUE)
= MESSAGEBOX("请输入要导入的数据表名!",48+0+0,"学生学籍管理系统")
ELSE
DRIVER = THISFORM. combo1. VALUE
FILENAME = ALLTRIM(THISFORM. TEXT1. VALUE)
USE A:\XJ
?                                              && 打印一空行
ON ERROR ? MESSAGE()            && 发生找不到文件的错误时,打印错误信息
APPEND FROM &DRIVER\&FILENAME    && 将选定的文件追加到系统表文件中
= MESSAGEBOX('数据表已成功导入原表!',0+64+0,'学生学籍管理系统')
USE
THISFORM. RELEASE
ENDIF
ENDIF
ENDPROC
```

(11)打印数据表单源代码(A:\打印. SCT,如图 11.11 所示)。

```
PROCEDURE Command1. Click
?? CHR(7)
REPORT FORM A:\学生学籍管理表. frx NOEJECT NOCONSOLE TO PRINTER
ENDPROC
PROCEDURE Command2. Click
REPORT FORM A:\学生学籍管理表. frx PREVIEW
ENDPROC
PROCEDURE Command3. Click
THISFORM. RELEASE
```

图 11.11　打印数据

ENDPROC

学生学籍管理系统的开发和应用,可以提高学校的管理水平和办公效率,为学校的信息管理提供了一个良好的工具,化简了繁琐的工作模式,从而使学校的管理更加合理化和科学化。良好的管理信息系统节省了大量的人力和物力,也避免了大量重复性工作。高效的管理信息系统也为工作人员提高自身的计算机水平提供了机会,每个人都应该适应社会高新技术的发展,努力追赶科技潮流。

参考文献

[1] 孔庆彦. Visual FoxPro 程序设计与应用教程[M]. 北京:中国铁道出版社,2007.

[2] 李奎明. 数据库应用技术[M]. 北京:研究出版社,2008.

[3] 蔡卓毅,林盛雄,林羽扬,等. Visual FoxPro 6.0 数据库程序设计与实例[M]. 北京:冶金工业出版社,2003.

[4] 赵晓侠,郑发鸿. Visual FoxPro 8.0 数据库程序设计[M].2 版. 北京:中国铁道出版社,2005.

[5] 兰顺碧,李祥生. Visual Foxpro 程序设计教程[M]. 北京:清华大学出版社,2008.

[6] 高巍巍,杨巍巍. Visual Foxpro 程序设计习题集与实验指导[M]. 北京:清华大学出版社,2008.

[7] 史济民. Visual FoxPro 及其应用系统开发[M]. 北京:清华大学出版社,2011.

[8] 李淑华. Visual FoxPro 6.0 程序设计[M].2 版. 北京:高等教育出版社,2009.

读者反馈表

尊敬的读者:

您好!感谢您多年来对哈尔滨工业大学出版社的支持与厚爱!为了更好地满足您的需要,提供更好的服务,希望您对本书提出宝贵意见,将下表填好后,寄回我社或登录我社网站(http://hitpress. hit. edu. cn)进行填写。谢谢!您可享有的权益:

☆ 免费获得我社的最新图书书目　　　　☆ 可参加不定期的促销活动
☆ 解答阅读中遇到的问题　　　　　　　☆ 购买此系列图书可优惠

读者信息
姓名_____　□先生　□女士　　年龄_____　学历_____
工作单位_____　职务_____
E-mail_____　邮编_____
通讯地址_____
购书名称_____　购书地点_____

1. 您对本书的评价

内容质量　　□很好　　　□较好　　　□一般　　　□较差
封面设计　　□很好　　　□一般　　　□较差
编排　　　　□利于阅读　□一般　　　□较差
本书定价　　□偏高　　　□合适　　　□偏低

2. 在您获取专业知识和专业信息的主要渠道中,排在前三位的是:
①_____　②_____　③_____
A. 网络 B. 期刊 C. 图书 D. 报纸 E. 电视 F. 会议 G. 内部交流 H. 其他:_____

3. 您认为编写最好的专业图书(国内外)

书名	著作者	出版社	出版日期	定价

4. 您是否愿意与我们合作,参与编写、编译、翻译图书?
_____

5. 您还需要阅读哪些图书?
_____

网址:http://hitpress. hit. edu. cn
技术支持与课件下载:网站课件下载区
服务邮箱 wenbinzh@ hit. edu. cn　duyanwell@ 163. com
邮购电话 0451 - 86281013　0451 - 86418760
组稿编辑及联系方式　赵文斌(0451 - 86281226)　杜燕(0451 - 86281408)
回寄地址:黑龙江省哈尔滨市南岗区复华四道街 10 号　哈尔滨工业大学出版社
邮编:150006　传真 0451 - 86414049